国家出版基金资助项目
"十三五"国家重点图书
材料研究与应用著作

氩弧熔覆制备金属基复合涂层

METAL MATRIX COMPOSITE COATING PREPARED BY ARGON ARC CLADDING

王振廷　著

哈爾濱工業大學出版社
HARBIN INSTITUTE OF TECHNOLOGY PRESS

内 容 提 要

本书系统地介绍了利用氩弧熔覆技术制备金属基复合涂层的组织结构与性能。第 1 章综述氩弧熔覆技术国内外研究现状;第 2 章为氩弧熔覆制备 ZrC 增强 Fe 基复合涂层;第 3~4 章为氩弧熔覆制备 Ti(C,N)–TiB$_2$/Ni60A 复合涂层和 TiB$_2$–TiN 增强 Ti 基复合涂层;第 5 章为采用氩弧熔覆技术制备高温抗氧化复合涂层;第 6 章为采用氩弧熔覆–注射技术制备纳米结构 WC 复合涂层;第 7 章为 Q235 钢表面氩弧熔覆 Ni–Mo–Zr–WC–B$_4$C 复合涂层;第 8 章为氩弧熔覆 WC+Ni$_3$Si/Ni 基复合涂层;第 9 章为氩弧熔覆原位合成 TiN 增强 Ni 基复合涂层;第 10 章为氩弧熔覆 Mo–Ni–Si 复合涂层;第 11 章为氩弧熔覆制备(Zr,Ti)C/Ni60A 复合涂层。

本书可作为材料熔覆制备技术、表面工程技术等领域科技及工程技术人员的参考书,也可作为高等院校材料科学与工程专业研究生、高年级本科生的参考书。

图书在版编目(CIP)数据

氩弧熔覆制备金属基复合涂层/王振廷著. —哈尔滨:哈尔滨工业大学出版社,2016.11
ISBN 978 – 7 – 5603 – 5706 – 5

Ⅰ.①氩… Ⅱ.①王… Ⅲ.①金属复合材料-涂层技术 Ⅳ.①TB331

中国版本图书馆 CIP 数据核字(2015)第 267159 号

材料科学与工程
图书工作室

策划编辑	张秀华 杨 桦
责任编辑	刘 瑶
封面设计	卞秉利
出版发行	哈尔滨工业大学出版社
社　　址	哈尔滨市南岗区复华四道街 10 号　邮编 150006
传　　真	0451 – 86414749
网　　址	http://hitpress.hit.edu.cn
印　　刷	哈尔滨市石桥印务有限公司
开　　本	787mm×960mm　1/16　印张 17　字数 300 千字
版　　次	2016 年 11 月第 1 版　2016 年 11 月第 1 次印刷
书　　号	ISBN 978 – 7 – 5603 – 5706 – 5
定　　价	88.00 元

(如因印装质量问题影响阅读,我社负责调换)

前　言

　　氩弧熔覆技术是以钨极氩弧作为热源,在氩气的保护作用下,将预涂覆在基体表面的合金粉末熔化,从而获得与基体呈冶金结合的熔覆层,进而提高材料表面的综合性能。与其他熔覆技术相比,氩弧熔覆热量集中,始终受到氩气的保护,设备操作简单,灵活性高,使用方便,价格便宜,具有广泛的工程应用价值。

　　自 2006 年以来,笔者一直从事氩弧熔覆技术的研究工作,从氩弧熔覆原位合成单颗粒增强金属基复合涂层,到氩弧熔覆原位合成双颗粒增强金属基复合涂层,再到氩弧熔覆–注射技术制备纳米结构复合涂层等进行了一系列研究。本书的主要内容为笔者近年来的研究成果。为了给从事表面工程技术的研究人员、在校研究生和高年级本科生提供一本氩弧熔覆制备金属基复合涂层的参考资料,笔者在氩弧熔覆原位合成制备金属基复合涂层的基础上,增加了氩弧熔覆制备抗氧化涂层、氩弧熔覆注射制备纳米结构涂层以及氩弧熔覆制备金属基复合涂层的内容,经过整理、总结撰写了本书。

　　本书的主要内容包括:采用氩弧熔覆技术制备 ZrC 增强 Fe 基复合涂层;采用氩弧熔覆技术原位合成 Ti(C,N)–TiB_2 及 TiB_2–TiN 增强 Ti 基复合涂层;采用氩弧熔覆技术制备高温抗氧化复合涂层;采用氩弧熔覆–注射技术制备纳米结构 WC 复合涂层;氩弧熔覆 Ni–Mo–Zr–WC–B_4C 复合材料涂层制备;氩弧熔覆 WC+Ni_3Si/Ni 基复合涂层组织制备;氩弧熔覆原位合成 TiN 增强 Ni 基复合涂层制备;氩弧熔覆 Mo–Ni–Si 复合涂层制备氩弧熔覆制备(Zr,Ti)/Ni60A 复合涂层。书中对以上复合涂层的组织和性能进行了较系统的介绍。

1

本书的出版得到了国家出版基金项目的资助,并得到了哈尔滨工业大学出版社的大力支持,在此一并表示衷心的感谢。

　　由于作者水平有限,加之可参阅的资料有限,书中难免存在不足之处,恳请各位读者和专家批评指正。

2015 年 6 月

目　　录

第1章 绪　　论

1.1　氩弧熔覆技术概况

工程材料的磨损和腐蚀等现象大多从表面开始,因此材料表面保护具有重要的工程应用价值。耐磨材料的研究在向提高材料整体耐磨性方向发展的同时,各种表面改性技术及工艺在耐磨材料中的应用也日益受到重视[1]。表面熔覆作为一种新型的表面处理技术,将硬度较高的增强相熔覆到基体表面,在保证表面具有高的硬度和耐磨性的同时,也保留了基体材料的韧性,使材料的整体性能得到大幅度提高。

熔覆就是将经过高温熔炼、球化处理、机械研磨混合等特殊处理的合金粉末用如水玻璃、胶水、松香油、酚醛树脂等某种黏结剂进行黏合处理;然后将处理后的合金粉末均匀地涂在基体表面并进行加热烘干,但烘干的温度必须严格控制;最后用某种高温热源进行处理,使合金粉末熔化,最终使熔覆材料与基体形成一种冶金结合层[2]。目前熔覆的方法很多,如激光熔覆、等离子熔覆、氧-乙炔焰熔覆、感应熔覆和氩弧熔覆等,其中,激光熔覆热变形小,覆层成分及稀释率可控,但因其设备昂贵,对工件和工艺要求高,不易在施工现场操作等原因,使激光熔覆多用于试验研究。等离子熔覆技术是以联合型或转移型等离子弧为热源,以熔化焊丝或者合金粉末作为填充金属来制备熔覆层[3,4]。与其他方法相比,等离子弧弧柱稳定,温度高,热量集中,规范参数可调性好,熔覆效率高,可通过参数调节获得熔深浅而熔宽宽的熔覆层,以满足表面工程的基本要求。但其缺点是设备成本高,噪声大,紫外线强,产生臭氧污染,不符合可持续发展的先进加工技术要求。但是相比较而言,氩弧熔覆有着自己独有的特点。

氩弧熔覆即在氩气的保护作用下,以电弧作为热源将涂敷在基体表面的合金粉末涂层熔化,最终获得与基体呈冶金结合并改善机体性能的合金涂层方法。与其他熔覆方法相比,氩弧熔覆的特点主要有:

(1)熔覆过程中氩弧的热量集中,最高可达 5 000 K 左右,能量密度介于自由电弧和压缩电弧之间,即使氩弧的热量没有激光束高,但仍能熔化大部分材料,可满足一般使用要求。

（2）在氩弧熔覆过程中,熔化的涂层粉末均处在氩气氛围中,始终受到氩气的保护,因此避免了高温加热下氧化和烧损现象的发生,进而会形成性能良好的熔覆层,且熔覆层与基体间呈冶金结合。

（3）氩弧焊机设备轻便,灵活性高,使用方便,可实现手工操作,可在复杂的表面及体积较大的基体表面进行熔覆,还可在野外进行作业。

（4）氩弧熔覆设备与激光熔覆设备相比较,不但使用方便,而且价格便宜,因此具有更广泛的工程使用价值。

图 1.1 为氩弧熔覆原理示意图。

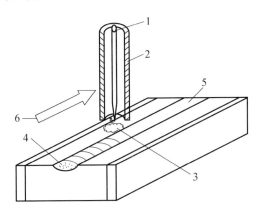

图 1.1　氩弧熔覆原理示意图
1—电极;2—喷嘴;3—保护气体(氩气);4—熔化带;5—预熔覆涂层;6—熔覆方向

1.2　氩弧熔覆技术的研究现状

目前国内外关于氩弧熔覆技术的研究比较少。国外有关此方面的研究多数是用于钛合金或不锈钢表面制备耐腐蚀涂层。如 Soner Buytoz 等人[5]利用氩弧熔覆技术在 AISI4340 不锈钢表面获得了 WC 增强的熔覆层,其维化硬度为 950～1 200HV,磨损失重最小,同时还发现熔覆层的微观组织与熔覆参数有关。Mridha[6]用氩弧熔覆方法在钛合金表面制备了 Ti-Al 金属间化合物 Ti_3Al,TiAl 增强的表面涂层,并对其微观组织、力学性能及磨损性能进行了研究,熔覆层硬度超过了 500HV;F. T. Cheng 等人[7]为了提高抗腐蚀性能,在 AISI316 不锈钢表面用 TIG 焊方法熔覆了 Ni-Ti 合金涂层,涂层显微硬度约为 750HV,其腐蚀率仅为母材的 1/9,比激光熔覆 Ni-Cr-Si-B 涂层还要低。

国内关于氩弧熔覆的研究多局限在铸铁表面重熔强化和低碳钢表面熔覆自熔性合金粉末方面[8]，有的研究用钨极氩弧重熔焊接件的缺陷区域以获得"熔修"效果，也有用氩弧熔覆技术制备了耐磨复合涂层，并取得了良好的效果。由于 Ni 基合金粉末自熔性好，熔点低，润湿性好，且耐蚀、耐磨和抗氧化，因此，氩弧熔覆 Ni 基复合涂层是氩弧熔覆技术中研究和应用最早最多的。随着研究的深入，陆续有人使用氩弧熔覆技术制备了 Fe 基、Ti 基和 Al 基等复合涂层。

1.2.1 氩弧熔覆 Ni 基复合涂层

李炳等人[9]在 4Cr13 钢上熔覆 WC+Ni60 合金粉末，通过改变 WC 的质量分数来改变熔覆层性能。研究发现随着 WC 质量分数的不断增加，熔覆层硬度不断提高。当 WC 的质量分数超过 30% 后，其增强效果缓慢。当 WC 的质量分数达到 30% 时，其耐磨性为 Ni60 的 17 倍。

王旭等人[10]在 Q235 钢上涂覆不同配比的 Ni35B 和 SiC 粉末，通过氩弧熔覆后发现，相比较于基体，熔覆层硬度大大提高，含 70% SiC① 为最佳比例，熔覆层硬度最高可达 55HRC，SiC 的质量分数超过 70%，熔覆层组织逐渐粗化，硬度下降。熔覆层中无 SiC 颗粒，强化机制为 C、Si 的固溶强化，第二相粒子强化，GP 区强化，γ-Ni 相富集及细晶强化。

郝建军等人[11]采用预置法，将 Ni60A 和铸造 WC 涂覆在 Q235 钢上，通过氩弧熔覆在 Q235 钢上制备 WC 增强 Ni 基涂层。通过着色渗透剂和超声波探伤检验熔覆层表面和内部，未发现气孔、裂纹等缺陷。熔覆层与基体之间呈冶金结合，无夹杂、气孔等缺陷。熔覆层硬度最高可达 700HV$_{0.1}$，远高于基体，耐磨性优于 65Mn 钢。

王永东等人[12]以 Ti 粉、C 粉、WC 和 Ni60A 粉末作为原料，利用氩弧熔覆技术在 Q235 钢基材表面成功制备出 Ni 基增强相复合涂层。通过显微硬度和耐磨性测试结果表明，涂层的显微硬度较基体 Q235 钢提高 4 倍以上；在常温干滑动磨损条件下，复合涂层具有优异的耐磨性。

史晓萍等人[13]以 WC、SiC 和 Ni60A 粉末为原料，采用氩弧熔覆技术在 Q345 钢基体表面制备出 WC+γ-Ni$_5$Si$_2$ 增强 Ni 基复合涂层。结果表明，熔覆层与基体呈冶金结合，无裂纹、气孔等缺陷；涂层最高硬度可达 1 200HV$_{0.2}$，是基体金属的 4 倍以上；在室温干滑动磨损试验条件下具有优

---

① "70% SiC"的形式在本书中均指物质的质量分数。

异的耐磨损性能,耐磨性比基体提高了11倍。

王永东等人[14]以 C 粉、Nb 粉和 Ni60A 粉末为原料,利用氩弧熔覆技术在 Q345 钢基材表面原位合成了 NbC 增强 Ni 基复合涂层。结果表明,复合涂层与基体界面呈冶金结合,并且没有气孔和裂纹;涂层的显微硬度达到1 000HV$_{0.2}$,比基体提高了3倍左右;耐磨性比基体 Q345 钢提高近11倍。

孟君晟等人[15]利用氩弧熔覆技术在 16Mn 钢表面原位合成 TiC 增强 Ni 基复合耐磨涂层,采用 XRD 和 SEM 等手段分析涂层的组织,测试涂层的室温干滑动磨损性能。结果表明,其室温干滑动磨损机制为显微切削磨损,熔覆层与基体呈冶金结合,TiC 颗粒均弥散分布于熔覆层中,涂层有较高的硬度,在室温干滑动磨损试验条件下具有优异的耐磨性。

王永东等人[16]以 Ni60A 粉末、SiC 粉末为原料,利用氩弧熔覆技术在 Q235 钢基材表面制备出复合涂层,应用 SEM 和 XRD 方法分析了涂层的显微组织。结果表明,复合涂层与基材实现了良好的冶金结合,复合涂层无单独的 SiC,而是由 Ni$_3$Si 枝晶、M$_7$C$_3$ 和 γ-Ni 固溶体组成,Ni$_3$Si 枝晶均匀地分布在 γ-Ni 固溶体基体上,涂层的显微硬度达到1 100HV$_{0.2}$,涂层的耐磨性较基体提高近13倍。

孟君晟等人[17]采用 MW3000 型氩弧焊机在 16Mn 钢表面进行熔覆,在原位生成 TiC 颗粒增强 Ni 基复合涂层,他们研究了氩弧焊接工艺参数(焊接电流、焊接速度及氩气流量)对熔覆层性能和质量的影响,利用 SEM 和 XRD 等手段对熔覆层显微组织和物相进行了研究。结果表明,氩弧焊接电流、焊接速度等工艺参数的合理匹配是原位生成 TiC 颗粒的关键因素。当焊接电流为 120 A、焊接速度为 8 mm/s、氩气流量为 10 ~ 12 L/min 时,能获得良好的性能及表面成型复合涂层。原位生成的 TiC 颗粒均弥散分布于熔覆层中,涂层的显微硬度可达1 100HV。

1.2.2 氩弧熔覆 Fe 基复合涂层

焦少彬等人[18]将不同比例的 Fe 粉和 SiC 粉末均匀混合,预涂在 Q235 钢表面,采用不同的氩弧熔覆工艺制备了 SiC 熔覆涂层。通过对不同工艺得到熔覆层的对比试验发现,熔覆电流为 150 A,氩气流量为 8 L/min,SiC 的质量分数为 80% 时获得的熔覆层性能最好。

杨皓宇等人[19]采用氩弧熔覆技术,在 45 钢表面制备出 WC 颗粒增强的复合涂层。熔覆层强化机制包括 WC 等硬质相的弥散强化、细晶强化以及 C,W 等合金元素进入固溶体产生的固溶强化。熔覆层硬度和耐磨性得到显著提高,显微硬度呈梯形分布,表面硬度最高,过渡区次之,基体硬度最低,耐磨性约为基体的 6 倍。

郭国林等人[20]利用氩弧熔覆技术,在 Q235 钢表面熔覆一层 Fe 基合金耐磨涂层。结果表明,在 Q235 钢表面制备了以马氏体组织和 γ-(Fe-Cr-Ni-C)合金固溶体为基体,以$(Cr,Fe)_7C_3$,Fe_3C,Fe_2B 等化合物为增强相的合金涂层;涂层的显微硬度可达 600HV,涂层的耐磨性较基体提高近 8 倍。

徐峰等人[21]以 Ti 粉、C 粉、Fe 粉为原料,利用氩弧熔覆技术在 Q235 钢表面原位合成了 TiC 增强 Fe 基复合涂层。结果表明,复合涂层与基体层冶金结合,界面无气孔、裂纹等宏观缺陷;熔覆层组织由等轴晶和树枝晶组成,主要分布于晶界处和晶粒内;熔覆层表面硬度最高为 57.9HRC,是基体的 2 倍;内部硬度随着与表面距离的增加而减小。

王永东等人[22]以 Mo 粉、Si 粉为原料,利用氩弧熔覆技术在 Q235 钢基材表面原位合成了 FeMoSi/Fe_3Si 金属硅化物复合涂层。结果表明,复合涂层由 α-Fe、初生相 FeMoSi 三元金属硅化物树枝晶和枝晶间的鱼骨状 FeMoSi/Fe_3Si 共晶组织组成;涂层的显微硬度达到 $1\,000HV_{0.2}$,较基体提高 3 倍左右;相对耐磨性较基体 Q235 钢提高近 11 倍。

焦少彬等人[23]采用氩弧熔覆技术,在碳钢基体表面采用不同工艺方法制备了含有 Si 粉和 Fe 粉的涂层。结果表明,Si 的含量由表向里逐渐减少,在氩弧熔覆过程中 SiC 颗粒发生分解,形成了碳化物;由于碳化物的存在,熔覆层硬度达到 45.8HRC 以上,比基体硬度提高 1 倍以上,摩擦因数较基体有所提高,磨损失重比基体小,具有良好的耐磨性。

王永东等人[24]以 Mo 粉、Si 粉、Ni 粉为原料,采用氩弧熔覆技术在 Q235 钢基材表面原位合成了 MoNiSi/Ni_3Si 金属硅化物复合涂层,分析和测试了涂层的显微组织、显微硬度及耐磨性。结果表明,在 Q235 钢表面成功制备了以 MoNiSi/Ni_3Si 为基体,以金属硅化物 MoNiSi 为增强相的复合涂层;涂层的显微硬度可达 1 000HV,涂层耐磨性较基体提高 12 倍。

王永东等人[25]以 Ti 粉、C 粉、Ni 粉和 Ni60A 粉末为原料,利用氩弧熔覆技术在 16Mn 钢基材表面成功制备出 Ni 基增强相复合涂层,应用 OM,SEM,XRD 对复合涂层的显微组织和物相进行了分析,并测试了不同载荷作用下的磨损性能。结果表明,熔覆层与基体结合,无气孔、裂纹等缺陷,呈冶金结合,复合涂层物相由(Ti,Nb)C 颗粒、γ-Ni 奥氏体枝晶和枝晶间

的 $Cr_{23}C_6$ 共晶组织组成。随着载荷的增加,复合涂层磨损量缓慢增大,16Mn 钢磨损失重迅速增大,熔覆涂层的耐磨性较基体提高近 11 倍,其磨损机制主要为擦伤式磨损。

王永东等人[26]以 Fe 粉、Ti 粉和 B 粉为原料,利用氩弧熔覆技术在 Q235 钢基材表面制备出 TiB/FeB 增强 Fe 基复合涂层,应用 SEM 和 XRD 方法分析了涂层的显微组织,并测试了涂层的硬度和耐磨性。结果表明,在 Q235 钢表面成功制备了以 α-Fe 为基体,以 TiB/FeB 颗粒为增强相的复合涂层;涂层的显微硬度可达 1 100HV,涂层耐磨性较基体提高近 12 倍。复合涂层的磨损机理为显微擦伤式磨损。

王永东等人[27]以 Ti 粉、C 粉、TiN 粉和 Ni60A 粉末为原料,利用氩弧熔覆技术在 16Mn 钢基材表面成功制备出 Ni 基增强相复合涂层,应用 OM,SEM,RD 对复合涂层的显微组织和物相进行了分析。结果表明,复合涂层物相由 TiC、TiN 颗粒、γ-Ni 奥氏体枝晶和枝晶间的 Cr23C6 共晶组织组成;涂层的硬度达到 $900HV_{0.2}$,较基体 16Mn 钢提高了 3 倍多;相对耐磨性较基体 16Mn 钢提高了 8 倍。

1.2.3　氩弧熔覆 Ti 基复合涂层

孟君晟等人[28]采用氩弧熔覆技术在 TC4 合金表面成功制备出 TiC 颗粒增强 Ti 基复合涂层。熔覆层组织均匀致密,与基体呈冶金结合。涂层中含有大量的 TiC 枝晶和条块状的 TiC 颗粒,硬度最高可达 9.57 GPa,约为基体的 3 倍,耐磨性为基体的 20 倍。

孟君晟等人[29]为提高钛合金表面性能,利用氩弧熔覆技术,以 TiN 粉和 Ti 粉为原料,在 TC 合金表面成功制备出 TiN 增强 Ti 基复合涂层。由于加热过程中不同区域的温度不同,因此熔覆层表层组织由粗大的 TiN 棒状枝晶组成,底部由 TiN 棒状枝晶和 TiN 颗粒组成。熔覆涂层硬度较基体有显著提高,最高可达 9.5 GPa。熔覆硬度呈梯状分布,随着与表面距离的增加而降低。熔覆涂层具有优异的耐磨性能,其耐磨性较基体提高了约 9 倍。

孟君晟等人[30]利用氩弧熔覆技术,在 TC4 合金表面原位合成了 TiC-TiB$_2$ 增强 Ni 基复合涂层,利用 SEM 和 XRD 等方法分析了涂层的显微组织,并测试了涂层的显微硬度。结果表明,熔覆组织主要由 TiC,TiB$_2$ 和 Ti(Ni,Cr)组成,TiB$_2$ 主要以棒状形式存在;在所形成的 TiC-TiB$_2$/Ti 复合涂层中,TiC 和 TiB$_2$ 颗粒分布均匀且尺寸细小;熔覆涂层由表及里有不同的组织;熔覆层与基体呈冶金结合,无气孔、裂纹等缺陷;涂层的显微硬度达到 13.8 GPa,较基体提高了 4.5 倍。

孟君晟等人[31]利用氩弧熔覆技术在 TC4 合金表面制备出 TiC 增强的 Ti 基复合涂层,利用 SEM,XRD 和 EDS 分析了熔覆涂层的显微组织;利用显微硬度仪测试了复合涂层的显微硬度;利用摩擦磨损试验机测试了涂层在室温干滑动磨损条件下的耐磨性能。结果表明,氩弧熔覆涂层组织均匀致密,熔覆层与基体呈冶金结合,涂层中有大量的 TiC 树枝晶和条块状 TiC 颗粒;复合涂层明显改善了 TC4 合金的表面硬度,HV 平均硬度可达 9 GPa;复合涂层室温干滑动磨损机制为磨粒磨损和轻微黏着磨损。

孟君晟等人[32]利用氩弧熔覆技术在 TC4 合金表面成功制备出 TiC, TiB 和 TiB$_2$ 增强 Ti 基复合涂层,利用 SEM,XRD 和 EDS 分析了熔覆涂层的显微组织;利用显微硬度仪测试了复合涂层的显微硬度;利用摩擦磨损试验机测试了涂层在室温干滑动磨损条件下的耐磨性能。结果表明,氩弧熔覆涂层组织均匀致密,熔覆层与基体呈冶金结合,TC4 合金表面有颗粒状 TiC、粗大棒状相 TiB$_2$ 及细小棒状相 TiB 生成;复合涂层明显改善了 TC4 合金的表面硬度,涂层的最高显微硬度可达 1 300HV$_{0.2}$;复合涂层在室温干滑动磨损试验条件下具有优异的耐磨性,磨损机制主要是磨粒磨损,其耐磨性较 TC4 合金基体提高近 10 倍。

1.2.4　氩弧熔覆 Al 基复合涂层

汤文博等人[33]以 Ti,Al 和石墨为混合粉末,按质量比 2∶7∶1 混合均匀,采用钨极氩弧焊,成功地在纯铝表面熔覆了 Al-Ti-C 合金体系的堆焊层。该涂层中没有 Al$_4$C$_3$ 脆性相,Ti,C 未完全溶入 Al 中,没有完全生成 TiC 颗粒。提高熔池高温停留时间有利于 TiV 的生成,以提高熔覆涂层的性能。

孟君晟等人[34]以 Al 粉、Ti 粉和 C 粉为原料,利用氩弧熔覆技术,在 ZL104 合金表面原位合成了 TiC 增强 Al 基复合涂层。结果表明,氩弧熔覆过程中可以充分反应合成 TiC 颗粒;呈球状的 TiC 颗粒弥散分布于熔覆层中。熔覆层与基体结合致密;复合涂层的显微硬度可达 660HV$_{0.2}$,涂层耐磨性较基体提高近 7 倍。

孟君晟等人[35]利用氩弧熔覆技术,在 ZL104 合金表面原位合成了 TiCp/Al 复合涂层,利用 X 射线衍射、扫描电子显微镜及显微硬度计,研究了熔覆层的显微组织及性能。结果表明,(Ti+C)的质量分数在 30% 以下时,复合涂层组织由 TiC 颗粒和块状的 Al$_3$Ti 组成;当(Ti+C)的质量分数在30%以上时,氩弧熔覆过程中可以充分反应合成 TiC 颗粒;在所形成的 TiCp/Al 复合涂层中,TiC 颗粒尺寸细小,约为 1.5 μm;在经氩弧熔覆后的 TiCp/Al 复合涂层中,TiC 分布均匀,熔覆层与基体呈冶金结合,无裂纹、气孔等缺陷;熔覆层硬度从基体到表面呈梯度分布,涂层的显微硬度达到 650HV$_{0.2}$,较基体提高近 7 倍。

孟君晟等人[36]以 Al 粉、Ti 粉和 C 粉为原料,利用氩弧熔覆技术,在 ZL104 合金表面原位合成了 TiC 增强 Al 基复合涂层,借助扫描电镜和 X 射线衍射仪对复合涂层的组织进行了分析;利用显微硬度计和摩擦磨损试验机对复合涂层性能进行了测试。结果表明,在氩弧熔覆过程中可以充分反应合成 TiC 颗粒;TiC 颗粒呈球状分布,颗粒尺寸约为 1.5 μm,均弥散分布于熔覆层中。熔覆层与基体呈冶金结合,无裂纹、气孔等缺陷;复合涂层的显微硬度可达 660HV$_{0.2}$,涂层耐磨性较基体提高近 7 倍。

1.3 针对氩弧熔覆方面的研究

长期以来作者一直从事耐磨材料和材料表面工程方面的研究工作,尤其在氩弧熔覆原位合成 Fe 基和 Ni 基等复合涂层方面的研究,取得了一定的成果。

以 Ni 粉、Si 粉、WC 粉为原料,采用氩弧熔覆技术,在 Q235 钢表面制备出由 WC 和 Ni$_3$Si 增强的 Ni 基耐磨复合涂层[37],在熔覆层中,WC 颗粒和 Ni$_3$Si 枝晶在 Ni 基体上均匀分布。由于颗粒强化、固溶强化和细晶强化等强化作用,熔覆层硬度和耐磨性得到显著提高,硬度可达 1 400HV$_{0.2}$,耐磨性为 Q235 钢的 5.5 倍。

以 BN 和 Ni60A 合金粉末为熔覆材料,采用氩弧熔覆技术在 TC4 合金表面原位合成 TiB$_2$-TiN 增强颗粒耐磨涂层[38]。结果表明,熔覆层与基体呈良好的冶金结合,无气孔、裂纹等缺陷。TiB$_2$-TiN 颗粒弥散分布,尺寸细小;涂层具有较高的硬度,并随 BN 粉量加入的增加而增加,最高可达 1 250HV。在室温干滑动磨损试验条件下具有优良的耐磨性能。

把石墨粉末预涂在钛合金表面上,利用氩弧熔覆技术成功制备出原位自生 TiC 增强的金属基复合涂层[39]。结果表明,氩弧熔覆涂层组织均匀致密,原位自生的 TiC 呈树枝晶和细碎的条状,均匀地分布在整个涂层中。其明显地改善了钛合金的表面硬度,平均硬度约为 700HV$_{0.2}$,且沿层深方向呈梯度分布;涂层在室温干滑动磨损条件下的耐磨性明显优于基体,约为钛合金的 10.5 倍。

利用氩弧熔覆技术,以 Ni 粉、Mo 粉、Zr 粉、WC 粉和 B_4C 粉为原料,在 Q235 钢表面原位合成了 $(Fe,Mo,W,Ni)_2B$,$(Fe,Mo,W,Zr)C_{0.7}$,$(Fe,Mo,W,Ni,Zr)(B,C)$ 增强 α-Fe 基复合涂层[40]。复合涂层与基体呈冶金结合,复合涂层无裂纹、气孔等缺陷。原位合成的增强相在熔覆涂层中弥散分布,熔覆层硬度较高可达 1 300HV,在室温干摩擦条件下,耐磨性较为优异,约为基体的 14 倍。

为提高钢材料表面性能,以 Ti 粉、Zr 粉、B_4C 粉和 Fe 粉等为原料,采用氩弧熔覆技术,在 Q345D 钢表面制备出原位合成 ZrC 和 TiB_2 颗粒增强 Fe 基复合涂层[41]。在复合涂层中,α-Fe 基体上分布着方块状 ZrC 颗粒和长条状 TiB_2 颗粒。熔覆层与基体层冶金结合,无气孔、夹杂等缺陷。熔覆层显微硬度可达 14 GPa,摩擦因数较低,耐磨性为 Q345D 钢的 18 倍。

在 Q345D 钢表面氩弧熔覆 TiN+石墨+Ni60,成功制备出 Ti(CN) 增强 Ni 基复合涂层[42]。熔覆层与基体层冶金结合,组织均匀,无气孔、裂纹等缺陷,熔覆层基体中弥散分布原位合成的 Ti(CN) 颗粒。熔覆层表面硬度提升较大,平均约为 1 100HV,涂层耐磨性比基体提高了 30 多倍。

为克服石墨在 723 K 以上会发生氧化反应不足,因此在石墨电极表面,采用氩弧熔覆技术,以 Si 和 Ti 粉末为原料,制备原位合成的高温抗氧化复合涂层[43]。复合涂层内包含 TiC,SiC,$TiSi_2$ 和 Ti_5Si_3 等陶瓷颗粒,组织致密,孔隙率低,与基体呈机械铆钉式结合,具有一定的抗急冷急热循环能力。在 1 537 K 条件下灼烧 60 min,氧化失重为 0.875%。

以 Ta 粉、B 粉和 Ni60A 粉为原料,利用氩弧熔覆技术在 Q235 钢基体表面制备原位生成 TaB_2 颗粒以增强 Ni 基复合涂层[44]。通过金相显微镜、扫描电镜、X 射线衍射仪、显微硬度计以及摩擦磨损试验机对复合涂层的显微组织、物相、显微硬度以及涂层耐磨性进行分析研究,结果表明,Ni 基复合涂层形成良好,无气孔、裂纹等缺陷,涂层与基体呈现良好的冶金结合。熔覆层由原位生成的 TaB_2 颗粒相、Fe-Cr 相及 Cr_7C_3 相组成。TaB_2 颗粒弥散分布在基体上,氩弧熔覆涂层的平均显微硬度达到 11.50 GPa,比基体 Q235 钢提高约 4 倍。在室温干滑动磨损条件下,该熔覆涂层的耐磨性比基体提高约 12 倍。

以 Ti 粉、BN 粉和 Ni 粉为原料,在 Q345D 钢表面采用氩弧熔覆技术制备了 TiN 增强 Ni 基复合涂层[45]。利用扫描电镜(SEM)和 X 射线衍射仪

(XRD)对复合涂层的显微组织进行了分析,TiN 颗粒呈球形、不规则椭球状和枝晶状,并对其形貌特征进行了解析,利用显微硬度计和摩擦磨损试验机,对复合涂层的相关性能进行了测试和分析。结果表明,涂层表面平均硬度达到 840HV,磨损机制主要为磨粒磨损,伴随着黏着磨损,硬质点颗粒的分布提高了基体的耐磨性能。

以 Ti 粉、B_4C 粉和 Fe 粉为原料,利用氩弧熔覆技术在 Q235 钢基体表面制备出原位自生 $TiC - TiB_2$ 增强 Fe 基复合涂层[46]。利用扫描电镜(SEM)、X 射线衍射仪(XRD)、显微硬度计和滑动磨损试验机对复合涂层的显微组织、硬度、耐磨性进行了研究。结果表明,熔覆层组织为 TiC,TiB_2 和 α-Fe,TiC 以四面体和花瓣状先析出,后析出的 TiB_2 多以六边形、短棒状存在,涂层中 TiB_2 的含量大于 TiC 的含量;熔覆层与基体呈冶金结合,无裂纹、气孔等缺陷;涂层维氏硬度为 8 300 ~ 9 000 MPa,比基体提高近 4倍;最大耐磨性比基体提高近 20 倍,在室温干滑动磨损试验条件下具有优异的耐磨损性能。

以 B_4C 和 Ni60A 粉末为预涂材料,采用氩弧熔覆技术,在 Ti6Al4V 合金表面原位合成 TiC 与 TiB_2 增强相增强 Ti 基复合涂层[47]。运用 XRD,SEM 等分析手段研究了复合涂层的显微组织,利用显微硬度仪测试了复合涂层的显微硬度,并用磨损试验机分析了其在室温干滑动磨损条件下的耐磨性能。结果表明,熔覆层组织主要由 TiC 和 TiB_2 组成,TiC 颗粒和 TiB_2 颗粒弥散分布在基体上,TiC 颗粒的尺寸为 2 ~ 3 μm,而呈长条状的 TiB_2 颗粒的尺寸为 3 ~ 5 μm。显微硬度和耐磨性测试结果表明,该复合涂层显微维氏硬度高达 1 200 MPa 左右,复合涂层的耐磨性能比 Ti6Al4V 基体提高约20 倍。

在 Q235D 钢表面采用氩弧熔覆技术制备了 Ti(C,N)-TiB_2 增强 Ni60A基复合涂层[48]。利用 SEM 对复合涂层的显微组织进行了分析,Ti(C,N)颗粒成花瓣状和不规则的球状,TiB_2 颗粒呈短棒状和六面体,并对其组织结构进行表征。利用显微硬度计和摩擦磨损试验机对复合涂层的性能进行了测试和分析,涂层表面平均硬度达到 1 250HV。摩擦磨损试验表明,涂层的磨损机制主要为磨粒磨损,伴随着黏着磨损。

以 Ti 粉、B_4C 粉和 Fe 粉为原料,利用氩弧熔覆技术在 Q235 钢基体表面制备出原位自生 $TiC - TiB_2$ 增强 Fe 基复合涂层[49]。利用扫描电镜(SEM)、X 射线衍射仪(XRD)对涂层的显微组织进行了分析,并分析了TiC 和 TiB_2 颗粒的形成机理和氩弧熔池的凝固特性。结果表明,熔覆层组织为 TiC 和 TiB$_2$弥散分布在 α-Fe 中,熔覆层与基体呈冶金结合,无裂纹、气孔等缺陷;涂层中 TiC 和 TiB$_2$的体积分数约为68%。其形成机理主要是以固态扩散机制为主,TiC 以小颗粒状和花瓣状先析出,后析出的 TiB$_2$多以六边形、短棒状存在,TiB$_2$的组织比较粗大,TiC 颗粒比较细小,TiB$_2$的体积分数大于 TiC 的体积分数。

为提高钢材料表面性能,以 Ti 粉、Zr 粉、B$_4$C 粉和 Fe 粉等为原料,采用氩弧熔覆技术,在 Q345D 钢表面制备出原位合成 ZrC 和 TiB$_2$颗粒增强 Fe 基复合涂层[50]。利用扫描电镜、X 射线衍射仪、显微硬度计和滑动摩擦磨损试验机研究了熔覆层的显微组织、硬度和耐磨性。结果表明,熔覆层组织由方块状 ZrC 颗粒、长条状 TiB$_2$颗粒和 α-Fe 基体组成;熔覆层与基体呈冶金结合,界面洁净,无裂纹、气孔等缺陷;熔覆层平均硬度(HV)为 14 GPa;在室温干滑动摩擦磨损试验条件下,其耐磨性约为基体的 18 倍。该研究为原位合成 ZrC 和 TiB$_2$提供了新方法。

为提高钢材料的耐磨性,以 Ti,TiN 和 Ni60A 三种粉末作为涂层材料,采用氩弧熔覆、原位合成技术,在 Q235 钢表面制备 TiN 复合涂层[51]。利用扫描电镜(SEM)、X 射线衍射仪(XRD)、显微硬度计及滑动磨损试验机(MMS-2B)对复合涂层的显微组织结构、硬度和耐磨性进行分析。结果表明,涂层主要由 TiN 和 α-Fe 组成,TiN 分布均匀且与基体呈现冶金结合,涂层显微硬度最高达 738.17 GPa,耐磨性为 Q235 钢的 8 倍。涂层在室温干滑动摩擦磨损条件下表现出优异的耐磨损性能,具有应用价值。

参考文献

[1] 阎洪. 金属表面处理技术[M]. 北京:冶金工业出版社,1996.

[2] 中国机械工程学会. 焊接手册焊接方法及设备[M]. 北京:机械工业出版社,2000.

[3] EEONOMOU S,De BONIE M,CELIS J P,et al. Tribological behavior of TiC/TaC reinforced ceemet plasma sprayed coatings tested against sapphire[J]. Wear,1995,185(1-2):93-110.

[4] DAMANI R J,MAKROCZY P. Microstruetural development heat treatment indueed phase and in bulk plasma sprayed[J]. Journal of the European Ceramic Society,2000,20(7):567-858.

[5] SONER B T,MUSTAFA U T,YILDIRIM M M. Dry sliding wear behavior

of TIG welding clad WC composite coatings[J]. Applied Surface Science, 2005,252(5):1313-1323.

[6] MRIDHA S. Intermetallic coatings produced by TIG surface melting[J]. Journal of Materials Processing Technology,2001,113(3):516-520.

[7] CHENG F T,LO K H,MAN H C. NiTi cladding on stainless steel by TIG surfacing process Part Ⅰ:cavitation erosion behavior[J]. Surface and Coatings Technology,2003,172(3):308-315.

[8] 刘政军,林克光,刘斌山,等. 铸铁钨极氩弧局部重熔强化的研究[J]. 焊接技术,1998,6:39-43.

[9] 李炳,王顺兴,李玮. 氩弧熔覆 Ni60+WC 合金层的组织与性能[J]. 河南冶金,2004,12(4):8-9.

[10] 王旭,温家伶,高芹. 氩弧熔覆 Ni-SiC 熔覆层组织与性能研究[J]. 材料热处理技术,2009,38(8):85-86.

[11] 郝建军,赵建国,彭海滨,等. 氩弧熔覆 WC 增强镍基涂层的组织与性能分析[J]. 焊接学报,2009,30(12):26-28.

[12] 王永东,王振廷,张海军,等. 氩弧熔覆 TiC-WC 增强镍基复合涂层组织和性能分析[J]. 焊接学报, 2010,31(10):47-49.

[13] 史晓萍,孟君晟,刘荣祥,等. 氩弧熔覆(WC+SiC)/Ni 基复合涂层组织及性能研究[J].金属热处理,2011,36(2):48-50.

[14] 王永东,李柏茹,王淑花,等. 氩弧熔覆原位自生 NbC 增强镍基复合涂层分析[J].特种铸造及有色合金,2011,31(3):206-208.

[15] 孟君晟,王振廷,史晓萍,等.氩弧熔覆原位自生 TiCp/Ni60A 复合材料组织和耐磨性[J].材料热处理学报,2009,6:174-177.

[16] 王永东,王振廷,孟君晟,等. 氩弧熔覆 SiC/Ni 复合材料涂层组织与抗磨性分析[J]. 焊接学报,2009,3:58-60.

[17] 孟君晟,王振廷,邝栗山,等. 氩弧熔覆原位自生 TiC 增强 Ni 基复合涂层的显微组织及工艺[J]. 中国表面工程,2009,1:33-36.

[18] 焦少彬,肖良红,易沛林,等. 钢基底表面钨极氩弧熔覆 SiC 涂层制备工艺及耐磨性能的研究[J]. 材料热处理技术,2012,41(8):138-143.

[19] 杨皓宇,杜晓东,王建峰. 氩弧熔覆制备 WC 颗粒增强复合涂层及其组织性能研究[J]. 特种铸造及有色合金,2010,30(9):856-858.

[20] 郭国林,张娜,王俊杰,等. Q235 钢氩弧熔覆铁基合金涂层的耐磨性研究[J]. 铸造技术,2012,33(6):674-676.

[21] 徐峰,李文虎,艾桃桃,等. Q235 钢表面氩弧熔覆 TiC 复合涂层的组织与性能[J]. 表面技术,2012,41(5):53-55.

[22] 王永东,刘兴,朱艳,等,Q235 钢表面氩弧熔覆 Mo-Si 复合涂层组织和性能分析[J]. 焊接学报,2009,30(5):42-44.

[23] 焦光彬,尚良红,易沛林,等.钢基底表面钨极氩弧覆 SiC 涂层制备工艺及耐磨性能研究[J].材料热处理技术,2012,41(8):138-143.

[24] 王永东,王振廷,陈丽丽,等. Q235 钢表面氩弧熔覆 MoNiSi/Ni$_3$Si 金属硅化物复合涂层组织与性能研究[J]. 粉末冶金技术,2009,2:83-85.

[25] 王永东,李柏茹,王淑花,等.氩弧熔覆原位合成(Ti,Nb)C 增强金属基复合涂层组织与抗磨性能[J]. 焊接学报,2012,3:61-64.

[26] 王永东,刘兴,李柏茹,等.氩弧熔覆 TiB/FeB 增强 Fe 基复合涂层组织与性能研究[J]. 粉末冶金技术,2009,3:182-184.

[27] 王永东,于小永,刘兴.氩弧熔覆原位自生 TiC/TiN 增强镍基复合涂层分析[J]. 特种铸造及有色合金,2014,4:420-422.

[28] 孟君晟,史晓萍,王振廷,等. TC4 合金表面氩弧熔覆 TiCp/Ti 基复合涂层组织及耐磨性[J]. 稀有金属材料与工程,2012,4(17):1259-1262.

[29] 孟君晟,王振廷. TC4 合金氩弧熔覆 TiN 复合涂层的组织及耐磨性[J]. 黑龙江科技学院学报,2012,22(2):123-126.

[30] 孟君晟,吉泽升.氩弧熔覆原位合成 TiC-TiB$_2$/Ti 基复合涂层组织及性能分析[J].焊接学报,2013,9:67-70.

[32] 孟君晟,吉泽升. TC4 合金氩弧熔覆 Ni60+B$_4$C 复合涂层组织及耐磨性[J]. 材料热处理学报,2013,34(3):140-144.

[33] 汤文博,王红锐,曲娜娜.Al-Ti-C 合金体系在 Al 表面的氩弧熔覆研究[J]. 机械制造文摘,2010,5:1-4.

[34] 孟君晟,史晓萍,王振廷,等. ZL104 合金氩弧熔覆原位合成 TiCp/Al 基复合涂层组织及耐磨性[J]. 材料热处理学报,2011,32(10):141-145.

[35] 孟君晟,史晓萍,王振廷,等.氩弧熔覆原位合成 TiCp/Al 基复合涂层组织及性能分析[J]. 焊接学报,2011,5:73-76.

[36] 孟君晟,史晓萍,王振廷,等.ZL104 含金氩弧熔敷原位合成 TiCp/Al 基复合涂层组织及耐磨性[J].材料热处理学报,2011(10):101.

[37] 王振廷,丁元柱,梁刚.钛合金表面氩弧熔覆原位合成 TiB$_2$-TiN 涂层组织及耐磨性能[J].焊接学报,2011,32(12):105-108.

[38] 王振廷,陈丽丽,张显友.钛合金表面氩弧熔覆 TiC 增强复合涂层组织与性能分析[J].焊接学报,2008,29(9):43-45.

[39] 王振廷,陈丽丽.氩弧熔覆 WC+Ni3Si/Ni 基复合涂层的组织与耐磨性[J].金属热处理,2008,33(10):54-56.

[40] 王振廷,秦立富.氩弧熔覆 Ni-Mo-Zr-WC-B$_4$C 复合材料涂层组织与耐磨性[J].焊接学报,2009,30(8):13-16.

[41] 王振廷,殷力佳,梁刚.氩弧熔覆原位合成 ZrC-TiB$_2$/Fe 基复合涂层组织与耐磨性[J].黑龙江科技学院学报,2011,21(3):219-222.

[42] 王振廷,梁刚,赵国刚.氩弧熔覆 TiN+石墨+Ni60 增强镍基复合涂层的组织与耐磨性[J].金属热处理,2011,36(11):96-98.

[43] 王振廷,梁刚.氩弧熔覆原位合成高温抗氧化性涂层[J].黑龙江科技学院学报,2012,22(3):308-319.

[44] 王振廷,范景欣,高红明,等.原位生成 TaB$_2$ 颗粒增强镍基复合涂层的组织与耐磨性[J].黑龙江科技大学学报,2014,1:67-69.

[45] 王振廷,郑维,周晓辉.原位合成 TiN 增强 Ni 基复合涂层的组织与性能[J].焊接学报,2011,3:93-96.

[46] 王振廷,周晓辉.氩弧熔覆原位自生 TiC-TiB$_2$/Fe 复合涂层组织与磨损性能的研究[J].稀有金属材料与工程,2009,S1:155-158.

[47] 王振廷,高红明,梁刚,等.Ti6Al4V 合金表面氩弧熔覆原位合成 TiC-TiB$_2$ 增强钛基复合涂层组织与耐磨性[J].焊接学报,2014,11:51-54.

[48] 王振廷,郑维.氩弧熔覆原位合成 Ti(C,N)-TiB$_2$/Ni60A 基复合涂层的组织与耐磨性[J].材料热处理学报,2011,12:115-119.

[49] 王振廷,周晓辉,张显友,等.原位自生 TiC-TiB$_2$ 增强 Fe 基复合涂层的凝固特性及形成机理[J].材料热处理学报,2009,3:154-159.

[50] 王振挺,殷力佳,梁刚,等.氩弧熔覆原位合成 ZrC-TiB$_2$/Fe 基复合涂层组织与耐磨性[J].黑龙江科技学院学报,2011,3:219-222.

[51] 王振廷,胡磊,高红明,等.氩弧熔覆原位合成 TiN 复合涂层的组织与耐磨性[J].黑龙江科技大学学报,2014,5:451-454.

第2章 氩弧熔覆制备 ZrC 增强 Fe 基复合涂层

本章介绍采用氩弧加热熔覆技术,以 Zr,Fe 和石墨粉末为熔覆原料,在普通 Q235 钢表面原位生成 ZrC 颗粒增强 Fe 基复合涂层。通过涂层成分配比和熔覆工艺参数优化设计,制备出综合性能优良的 ZrC 颗粒增强 Fe 基复合涂层。利用扫描电子显微镜和 X 射线衍射仪对涂层的组织结构、界面特点及涂层中形成的颗粒相进行了分析和表征,系统分析了原位合成的 ZrC 颗粒的形核、长大特性以及颗粒的大小、形状和分布;对涂层的磨损状况和磨屑形貌进行了观察和分析;探讨了 ZrC 颗粒的形成机制;利用显微硬度计和摩擦磨损试验机测试了 ZrC 颗粒增强 Fe 基复合涂层的显微硬度和抗磨性能;探讨了 ZrC/Fe 基复合涂层的磨损机理。

2.1 引 言

用于金属基复合材料熔覆层的增强相,通常都选择具有高强度、高熔点、高抗磨损、耐高温及耐腐蚀性能的增强颗粒,并在物理性能上与基体金属相匹配,能够与之形成良好的冶金结合,获得优异的综合力学性能。表 2.1 为常用增强相的物理和力学性能。

表 2.1 常用增强相的物理和力学性能[1,2]

性质	TiC	TaC	NbC	HfC	VC	ZrC
晶体结构	面心立方 NaCl 型					
点阵常数/nm	0.443 19	0.445 5	0.446 1	0.464 8	0.416 5	0.469 8
密度/(g·cm^{-3})	4.93	14.48	7.78	12.2	5.36	6.36
生成热/(kcal·g^{-1})	−183.4	−146.5	−140.7	−230.3	−124.8	−196.8
摩尔热容/[J·(mol·K)$^{-1}$]	47.7	36.4	36.8	37.4	32.3	37.8
熔点/℃	3 140	3 880	3 500	3 930	2 800	3 400
热膨胀系数/(10^{-6}K^{-1})	7.74	6.29	6.65	6.59	7.2	6.73

续表 2.1

性质	TiC	TaC	NbC	HfC	VC	ZrC
显微硬度(HV)	3 200	1 800	2 400	2 600	2 800	2 700
横向断裂强度/MPa	240 ~ 400	350 ~ 450	300 ~ 400			
弹性模量/MPa	451 000	285 000	338 000	352 000	422 000	348 000
热导率/[W·(m·K)$^{-1}$]	21	22	14	20	38.9	20.5
电阻率 μ/(Ω·cm)	68.2	25	35	37	60	42

　　碳-锆体系相图如图 2.1 所示。ZrC 陶瓷为 B1-NaCl 型面心立方结构[5],$a=0.469\ 8$ nm,其晶体结构示意图如图 2.2 所示。滑移面为{111},平行于(111)的原子平面为相同的 Zr 原子和 C 原子平面交替构成,即 Zr,C,Zr,C,由于相邻的 Zr 原子面与 C 原子平面间以 Zr-C 最强键结合,且最强键是对称分布的,ZrC 是高硬度(2 890HV$_{0.2}$)、高熔点(3 530 ℃)的物质。作为强化相能够直接阻止位错的移动或稳定晶界和亚晶界,限制可移动位错的滑移或攀移,因而能够提高材料抗磨损能力和强度,尤其提高材料抗高温蠕变能力,具有较好的应用前景。

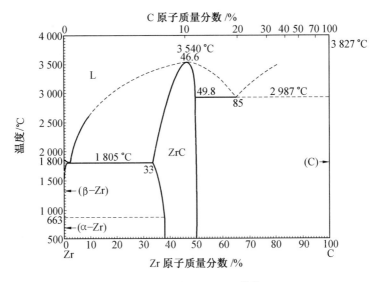

图 2.1　碳-锆体系相图[3,4]

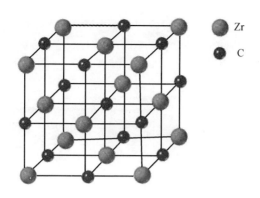

图 2.2　ZrC 晶体结构示意图

2.2　试验方法

2.2.1　试验材料

1.基体材料

试验所采用的基体材料为 Q235 钢,其化学成分见表 2.2。其尺寸大小为 50 mm×15 mm×10 mm。在预置涂层前,基体材料表面用砂纸打磨出金属光泽,然后用无水乙醇和丙酮清洗,除油去锈,干后待用。

表 2.2　Q235 钢的化学成分

元　素	C	Si	Mn	Fe
质量分数/%	0.14 ~ 0.22	0.12 ~ 0.30	0.4 ~ 0.65	余量

2.熔覆材料

试验用熔覆材料为 Zr 粉、石墨粉和 Fe 合金粉末,原始粉末的性能见表 2.3,其 SEM 照片及相应的能谱如图 2.3 所示。

表 2.3　熔覆用原始粉末的性能

粉　末	晶粒尺寸/μm	纯度/%	来　源
Zr 粉	5 ~ 15	>99.0	北京有色金属研究院
石墨粉	≤30	>97.0	鸡西奥宇石墨有限公司
Fe 合金粉末	20 ~ 40	>99.0	上海寿长实业发展有限公司

3.熔覆材料的选择

①熔覆材料应具有所需要的耐磨性能。

(a) Zr 粉

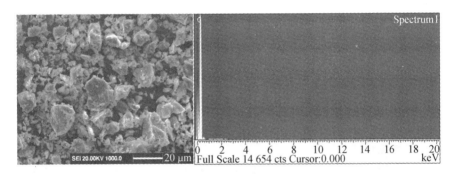

(b) 石墨粉

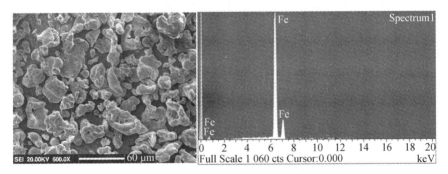

(c) Fe 合金粉末

图 2.3　试验用原始粉末的 SEM 照片及相应的能谱图

　　②熔覆粉末材料的热膨胀系数和导热性与涂层材料应接近,这样可以减少涂层中的残余应力。

　　③熔覆材料应具有良好的润湿性能,以利于得到平整光滑的涂层。

　　④熔覆材料应有良好的除气性能,在熔覆合金粉末氩弧熔化过程中,

会吸入一些气体,因此在熔覆熔化过程中涂层应有良好的除气、脱氧能力。

⑤基体材料的熔点不宜太低,基体熔点太低,涂层成型不好,不能得到平整光滑的涂层。

4.熔覆材料的制备

氩弧熔覆涂层的质量首先取决于涂层的成分设计,优秀的设计能保证原位合成所需要的颗粒相,能达到预期的涂层性能;其次,解决涂层中ZrC的原位合成问题;最后是氩弧工艺参数如电流、电压、工件移动速度、粉末预置厚度、保护气体等的选择,进行最佳工艺条件下的熔覆处理。通过调整成分设计和工艺参数来达到组织与性能的最佳配合。再根据试验结果,重新对成分配比进行设计,优化工艺参数和成分配比,获得最佳熔覆层。

5.熔覆材料的配比

利用FC204型电子天平进行材料的称量。每种配比粉末的总质量为5 g,材料成分配比见表2.4。

表 2.4　熔覆材料成分配比

(Zr+C)的质量分数/%	$w(Zr):w(C)$	Zr 的质量/g	C 的质量/g	Fe 的质量/g
5	4:1	0.20	0.05	4.75
10	4:1	0.40	0.10	4.50
15	4:1	0.60	0.15	4.25
20	4:1	0.80	0.20	4.00
25	4:1	1.00	0.25	3.75

原位合成 ZrC 颗粒需要解决的问题如下:①Zr,C 以何种方式加入;②加入元素之间能否反应,反应对涂层形成有无影响;③生成 ZrC 颗粒分布状态及其与 Fe 基合金之间的结合,以及 ZrC 能否作为强化相起到提高熔覆层耐磨性的目的。

将 Zr 粉和石墨粉在行星式球磨机上混制10~20 h 后,再与 Fe 粉末混制1~2 h,然后加入黏结剂搅拌均匀,按一定厚度涂敷在基体材料表面,风干后在烘箱内烤干,再采用氩弧熔覆,即得到所需涂层。

6.合金粉末的涂覆工艺

将配制好的合金粉末混合均匀后用水玻璃调匀涂覆在 Q235 基体的表面,然后将其烘干。在制备涂层过程中应重点注意以下几个方面:

(1)基体材料表面清理

Q235 基体材料表面必须经过打磨除锈,清洗除油污,否则在氩弧熔覆时合金粉末将会在基体表面形成熔滴,而不能和金属基材熔合或者合金粉末不能均匀地熔于基材表面。

（2）黏结剂加入量

采用水玻璃为黏结剂,在水玻璃加入以前一定要在行星式球磨机上混制充分研磨,让粉末充分混合。水玻璃的加入原则为:尽量少,能保证粉末成型就可以,如果水玻璃加入过多,粉料很稀,粉末之间会留有间隙,使涂在基体表面的粉料很难成型,直接影响熔覆效果;但如果水玻璃加入过少,粉料过干也不利于涂刷,结合不牢固甚至脱落。

（3）涂覆厚度

涂覆厚度控制在 1.2～1.5 mm,太厚则不易熔透。涂覆粉末时要预留2 mm 左右的引弧端。涂覆后待表面稍微干燥后,用表面经过丙酮擦洗的玻璃片压平,表面高度大约相同,使涂覆层具有良好的平整度。

（4）烘干

涂覆好以后放在通风的地方阴干 24 h,待涂覆层中的水分自然干燥挥发后,再放入烘干箱内。首先加热至 60 ℃左右,保温 2.5 h,然后再把炉温升高到 150 ℃,保温烘干 2 h,这样就可以把涂覆层中的气体排出去,以防止涂覆层在氩弧加热时涂层内产生气孔。在氩弧熔覆时电弧会很不稳定,而且会使合金粉末烧损得很严重。

7. 试验工艺流程

本书中熔覆层的制备采用钨极氩弧作为热源,利用氩弧热把预涂粉末熔化,熔池凝固后形成熔覆层的制备方法。氩弧熔覆设备采用 MW3000 型氩弧数字焊接机,该设备由奥地利弗尼斯公司生产。氩弧熔覆原位合成ZrC/Fe 复合涂层工艺流程如图 2.4 所示。

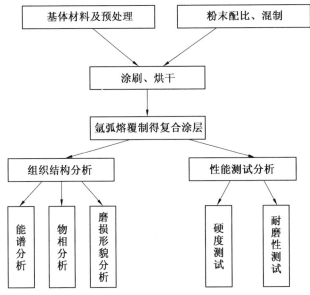

图 2.4　氩弧熔覆原位合成 ZrC/Fe 复合涂层工艺流程

2.2.2　组织结构与性能分析

1. 复合涂层的 X 射线物相分析

将经过氩弧熔覆的涂层试样用线切割机截取尺寸为 15 mm×15 mm× 10 mm 的试样,其表面用砂纸磨平,再用硝酸酒精处理干净。采用 D/max–Rb 型 XRD 对打磨处理后的涂层表面进行物相分析。

2. 金相试样制备及组织观察

氩弧熔覆试样用线切割机沿横截面切开后,横截面经过研磨和抛光, 再用氢氟酸和硝酸酒精溶液腐蚀,待试样腐蚀处理后,先用德国莱斯生产 的光学显微镜进行金相显微观察,合格后再用 MX–2600FE 型扫描电镜观 察。主要观察涂层中原位合成的增强相颗粒大小、形状和分布特点,还要 观察涂层与基体的界面结合和元素扩散情况,确定原位合成增强相的成 分。

3. 复合涂层显微硬度测试

熔覆涂层的显微硬度采用 MHV2000 型显微硬度仪进行测量,加载时 间为 10 s,施加压力为 200 N。沿涂层表面到基体依次进行测量。通过多 次测量,最后取平均值。

4. 复合涂层的摩擦磨损性能

摩擦磨损试验采用型号为 TB–100 型销-盘式摩擦磨损试验机。用线 切割机加工成 ϕ5 mm×10 mm 的圆柱形试样,其工作原理如图 2.5 所示。 采用株州硬质合金厂生产的 YG8 硬质合金对磨盘,其硬度为 89.5HRA,尺 寸为 ϕ70 mm×10 mm。试验摩擦参数:滑动距离为 540 m;法向载荷为 10 N,30 N,50 N,70 N;滑动速度为 0.8 mm/s。

试样磨损前后的质量采用精度为 10^{-5} g 的分析天平进行测量。材料 的相对耐磨性计算公式为

$$\varepsilon_{相} = \frac{\Delta W_{试}}{\Delta W_{标}}$$

式中　$\Delta W_{标}$ 和 $\Delta W_{试}$——"标准"材料及试验材料的磨损失重;

　　　$\varepsilon_{相}$——该材料的相对耐磨性的值。

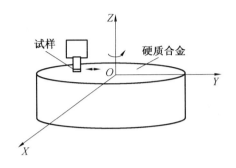

图 2.5　销–盘式摩擦磨损试验机工作原理示意图

2.3　结果与分析

2.3.1　复合涂层的工艺研究

影响氩弧熔覆复合涂层质量的因素主要包括熔覆材料、成分配比和氩弧熔覆工艺参数。熔覆材料的熔点、热膨胀系数、热导率以及合金粉末的成分配比都会影响涂层的宏观和微观质量。氩弧熔覆工艺参数如熔覆电流、熔覆速度、预置粉末层厚度是决定涂层组织和性能的重要因素。本节通过对熔覆层微观组织和 ZrC 增强相的数量、尺寸、分布特征等的分析,研究熔覆工艺参数和粉末含量对熔覆层组织及性能的影响机理和影响规律,用于指导氩弧熔覆制备复合涂层的工艺制订和合金系设计。

1. 熔覆电流对熔覆层表面硬度的影响

图 2.6 是(Zr+C)质量分数为 20% 时熔覆层的显微硬度。在预涂粉末厚度为 1.2 mm、熔覆速度为 8 mm/s、氩气流量为 12 L/min、电压为 14.2 V 的条件下,分别采用熔覆电流为 100 A,110 A,120 A,130 A 和 150 A 时进行测定。从图 2.6 可以看到,随着熔覆电流的增加,熔覆层的表面硬度呈上升趋势;当熔覆电流达到 130 A,表面硬度达到一个最大值,继续增大电流,表面硬度则有所下降。熔覆电流过小,由于氩弧热量输入不足,熔覆层表面宏观质量较差,熔覆层没有完全熔化,涂覆层有未熔化的现象,涂层表面硬度分布不均匀。增大熔覆电流,氩弧热源热量增加,熔覆层熔化完全。当电流采用 150 A 后,由于热输入的增加,基体熔化量明显增多,熔深深,熔宽大,熔覆层的稀释率增大,造成熔覆层的硬度降低。熔覆层基体的金属组织变粗大,熔覆层的硬度和抗裂性下降。因此,氩弧熔覆试验时熔覆

电流采用 120 ~ 130 A。

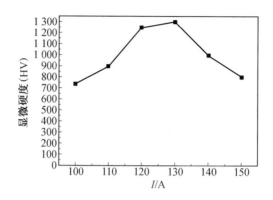

图 2.6 不同熔覆电流下氩弧熔覆层的显微硬度

2. 熔覆速度对熔覆层显微硬度的影响

图 2.7 为(Zr+C)的质量分数为 20% 时在不同熔覆速度下氩弧熔覆层的显微硬度曲线图。其熔覆电流为 125 A，氩气流量为 12 L/min，预涂覆粉末厚度为 1.0 mm。

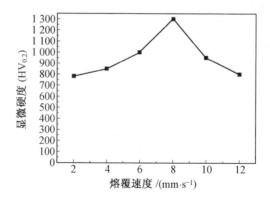

图 2.7 不同熔覆速度下氩弧熔覆层的显微硬度

分析表明，当熔覆速度较慢时，钨极在试样表面停留的时间过长，表层吸收热量过多，使得基体熔化体积增大，熔覆层与基体之间的元素相互扩散，稀释率增大，使得熔覆层的表面硬度显著降低。当熔覆速度适当时，钨极在试样表面停留的时间较长，吸收的热量较多，预涂粉末吸收热量较大，合金元素之间充分扩散，原位反应能够发生且形成较多的增强相，熔覆层的表面硬度较高。当熔覆速度较快时，钨极在试样表面停留的时间较短，表层吸收热量较少，预涂粉末吸收热量则相应减少，造成熔覆层很薄或没

23

有很好地熔化,原位反应不能进行,使得熔覆层的硬度较低。

3. 预置粉末厚度对涂层质量和性能的影响

在氩弧熔覆试验中,熔覆电流、熔覆速度及预置粉末厚度都会对涂层质量和性能产生较大影响,三者之间也有一定的关联性。针对特定的熔覆材料,在熔覆电流、熔覆速度等工艺参数确定的情况下,预置粉末厚度也是一个重要的影响因素。在试验过程中发现,当试样表面预置粉末厚度小于 0.8 mm 时,单位体积内吸收的热量大,基体的稀释作用明显,颗粒增强相较少,形成的涂层较薄,导致复合涂层的硬度降低。当预置粉末厚度大于 1.2 mm 时,由于热输入不足,造成涂层表面局部有未熔化区域,厚度不均,涂层表面易出现气孔等缺陷,与基体结合不良,涂层性能差。因此,当涂覆粉末厚度为 1.0 ~ 1.2 mm 时,涂层表面的宏观形貌美观,微观质量较好,综合性能优良。

图 2.8 是(Zr+C)的质量分数为 20% 时,不同预置涂层厚度氩弧熔覆后得到的熔覆层宏观形貌。

在熔覆速度为 8 mm/s,焊接电流为 110 A,氩气流量为 10 L/min 的条件下,预涂覆粉末厚度分别为 0.8 mm,1.0 mm,1.2 mm 时所测定的复合涂层的表面宏观形貌。从图 2.8 可以看出,预置粉末厚度对复合涂层的显微硬度有很大影响,当预置粉末厚度为 1.0 ~ 1.2 mm 时,涂层的显微硬度较为理想。

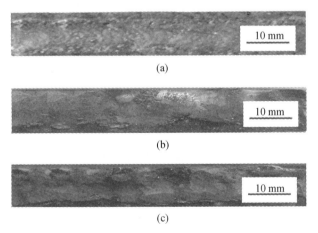

(a)

(b)

(c)

图 2.8　不同预置涂层厚度氩弧熔覆层后得到的熔覆层宏观形貌

4.(Zr+C)的质量分数对熔覆涂层显微硬度的影响

图 2.9 为不同质量分数(Zr+C)涂层的显微硬度曲线。

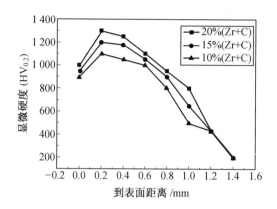

图 2.9　不同质量分数(Zr+C)涂层的显微硬度曲线

从图 2.9 中可以看出,熔覆层的显微硬度曲线随(Zr+C)质量分数的增加而增大,在距表层 0.2～0.4 mm 时,涂层的显微硬度最大,即为1 000～1 100HV$_{0.2}$。从涂层的扫描照片中可以看出,由于 TiC 颗粒含量的增加,使涂层的硬度有所增加。但在涂层界面和热影响区处,显微硬度较低。但当(Ti+C)的质量分数过高时,在加热过程中涂层剧烈燃烧飞溅,得到的涂层外观质量差,从而影响涂层的质量。所以涂层中(Zr+C)的质量分数不能大于 25%。

5.(Zr+C)的质量分数对熔覆层显微组织的影响

图 2.10 为 10%(Zr+C)复合涂层不同区域的 SEM 照片。图 2.10(a)为氩弧熔覆层低倍组织截面图,图 2.10(b)～(d)分别为图 2.10(a)中 A 区、B 区和 C 区的高倍 SEM 照片。可见,在熔覆层中不同区域 ZrC 颗粒相的形态存在明显差别。在整个熔覆区,大部分 ZrC 以花瓣状的形态存在,分布均匀,尺寸为 0.5～1 μm。从图 2.10(b)～(d)中可以看出,由表及里,ZrC 颗粒的大小和质量分数都在逐渐减少。

图 2.11 为 15%(Zr+C)复合涂层不同区域的 SEM 照片。图 2.11(a)为熔覆层低倍组织图,图 2.11(b)～(d)分别为图 2.11(a)中 A 区、B 区和C 区的高倍 SEM 照片。在熔覆层的表层 A 区和 B 区,大部分 ZrC 以块状和花瓣状的形态存在,分布均匀,尺寸为 0.5～1 μm。从图 2.11(b)～(d)中可以看出,由表及里,ZrC 颗粒的大小和质量分数都在逐渐减少。

图 2.12 为 20%(Zr+C)复合涂层不同区域的 SEM 照片。图 2.12(a)为熔覆层低倍组织图,图 2.12(b)～(d)分别为图 2.12(a)中 A 区、B 区和C 区的高倍组织图。在熔覆层的表层 A 区和 B 区,大部分 ZrC 以块状的形

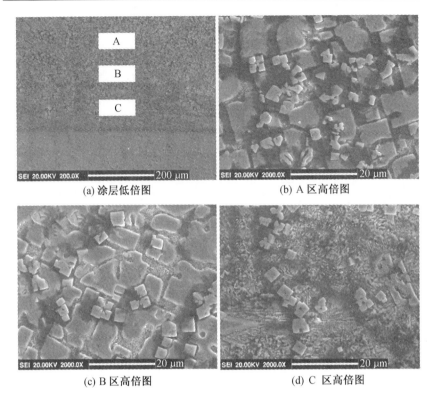

(a) 涂层低倍图　　　　　　　　　　(b) A 区高倍图

(c) B 区高倍图　　　　　　　　　　(d) C 区高倍图

图 2.10　10%(Zr+C)复合涂层不同区域的 SEM 照片

态存在,分布均匀,尺寸为 0.5~1 μm。

　　由上述分析可以看出,熔覆层的组织不但与(Zr+C)的质量分数有关,而且还与涂层中不同区域的位置有关。从涂层的总体来看,随着(Zr+C)质量分数的增加,涂层中 ZrC 颗粒的形状、尺寸和数量都在变化,即涂层由表及里,ZrC 颗粒的数量和尺寸都在减少,形状也发生变化。熔覆层中不同区域 ZrC 颗粒的形态多与加热温度和冷却速度有关。在熔覆层表层,加热温度高,ZrC 颗粒的尺寸较大,并且多以花瓣状形式存在。

　　从三种成分的涂层组织可以明显看出,ZrC 在涂层厚度方向具有明显的梯度分布特征,在表层 ZrC 的含量较多,陶瓷颗粒主要存在于涂层的上部区域,并指出其主要形成原因为熔池的快速流动及其速度场的不均匀性可以加速陶瓷颗粒的上浮,导致涂层凝固后出现颗粒梯度分布特征。

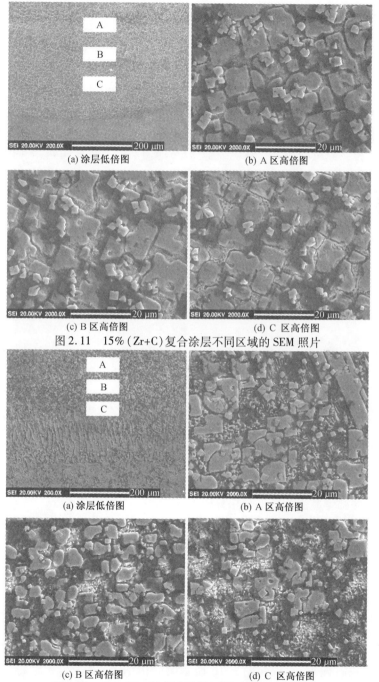

(a) 涂层低倍图   (b) A 区高倍图

(c) B 区高倍图   (d) C 区高倍图

图 2.11   15%（Zr+C）复合涂层不同区域的 SEM 照片

(a) 涂层低倍图   (b) A 区高倍图

(c) B 区高倍图   (d) C 区高倍图

图 2.12   20%（Zr+C）复合涂层不同区域的 SEM 照片

2.3.2　复合涂层微观组织结构

下面利用扫描电子显微镜、X 射线衍射仪分析涂层的微观组织结构和 ZrC 颗粒的相结构特征;研究 ZrC 热力学形成条件和长大特点。

1. 复合涂层的组织特征

图 2.13 为质量分数为 20% 的(Zr+C)的氩弧熔覆 ZrC 增强 Fe 基复合涂层的横截面扫描照片。从图 2.13 中可以看出,涂层与基体具有良好的冶金结合。原位合成 ZrC 颗粒细小,分布均匀。涂层及界面处无气孔和裂纹等缺陷。大量的 ZrC 颗粒弥散地分布在涂层中,涂层厚度大约为 300 μm。

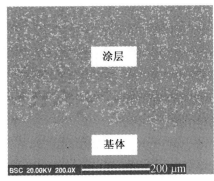

图 2.13　氩弧熔覆 ZrC 增强 Fe 基复合涂层的横截面扫描照片

图 2.14 为 20%(Zr+C)熔覆层的 SEM 背散射电子图。由图 2.14(a)可以看出,白色的 ZrC 颗粒均匀地分布在涂层基体中,ZrC 颗粒尺寸为 0.4~1 μm。图 2.14(b)是图 2.14(a)熔覆层的局部区域高倍组织,从图中可以清晰地看出,ZrC 颗粒的形貌呈方块状和花瓣状。

2. 氩弧熔覆层组织的物相分析

图 2.15 为 20%(Zr+C)复合涂层的 X 射线衍射图谱。对衍射峰标定表明,复合涂层由 α-Fe 固溶体、Fe_3C 和 ZrC 颗粒相组成。

3. 熔覆涂层中颗粒相的能谱分析

对 20%(Zr+C)的复合涂层中颗粒相进行能谱分析。其微区分析的位置(Spectrum1,Spectrum2,Spectrum3 和 Spectrum4)如图 2.16 所示。

需要说明的是,由于 C 是轻量元素,一般电子探针难以检测分析。尽管本试验所用的能谱仪元素分析范围是 B~U,C 元素在此范围内,但对 C 的分析仍有偏差,表现在图 2.16 所示的分析图上,虽然 C 元素的谱线偏低,但可以大致判断微区中元素是否存在。从图 2.16 中可以看出,在颗粒

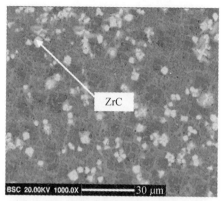

(a) 低倍形貌

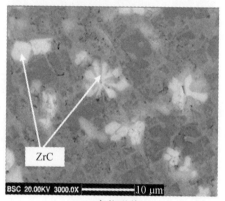

(b) 高倍形貌

图 2.14 20%(Zr+C)复合涂层的 SEM 背散射电子图

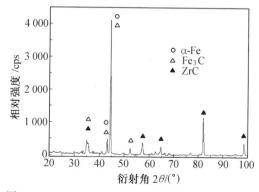

图 2.15 20%(Zr+C)复合涂层的 X 射线衍射图谱

相中 Spectrum1 点和 Spectrum2 点的主要元素是 Zr 和 C,Spectrum3 点主要由 C 和 Fe 元素组成,Spectrum4 点的主要元素是 Fe。因此,Zr 和 C 是组织

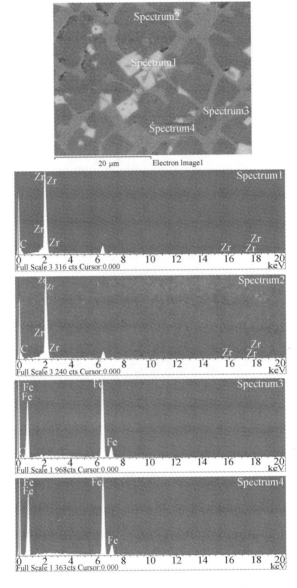

图 2.16 氩弧熔覆涂层组织及能谱分析位置

中颗粒相内的两个主要组成元素。颗粒相中 Zr 和 C 原子比接近为1∶1,充分说明图 2.16 中颗粒相为 ZrC。Spectrum3 点为 Fe_3C, Spectrum4 点为 α-Fe固溶体。

2.3.3 熔覆层热力学分析

氩弧熔覆原位合成 ZrC/Fe 熔覆层的原始合金粉末,在熔覆过程中发生一系列物理化学变化,通过这些变化最终形成稳定的物相组成和组织结构。由于原位合成 ZrC 颗粒的反应复杂,需要应用热力学分析方法对化学反应的趋势、方向和达到平衡的状态进行初步判断。下面从原位合成 ZrC 增强相颗粒的热力学条件方面入手,对原位反应合成 ZrC 增强相颗粒的可行性进行初步热力学分析。

1. Zr–Fe–C 体系的热力学分析

本书用于原位合成 ZrC 增强相颗粒的原始粉末以 Zr, Fe 和 C 为基本组分,因此氩弧熔覆时涉及的熔池反应主要为 Zr–Fe–C 体系的反应。对于 Zr–Fe–C 合金系,本试验选择了以下两个基本的反应方程式

$$Zr + C \longrightarrow ZrC$$
$$Fe + C \longrightarrow Fe_3C$$

在合金粉末 Zr–Fe–C 体系中,合金元素有 Zr, Fe 和 C,因此在合金反应中涉及三种元素的反应。根据热力学计算数据,可以对试验中氩弧熔覆原始粉末各元素之间的反应自由能进行热力学分析。通过各种合金元素可能形成相的化学反应 G–T 图,即各种化合物相的形成吉布斯自由能①随温度变化曲线,来分析本试验中原始粉末反应最终所得各种化合物的趋势。

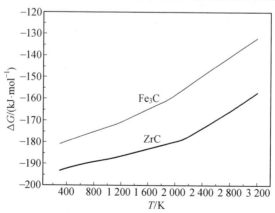

图 2.17 ZrC, Fe$_3$C 的自由能随温度的变化

根据热力学数据,Zr, C 和 Fe 三种元素可能形成 ZrC 和 Fe$_3$C 两种化合

---

① 本书中的"自由能"均指吉布斯自由能。

物,通过进行热力学计算,给出自由能随温度变化的关系曲线,如图2.17所示。由图 2.17 可知,温度在 298 ~ 3 100 K 范围内,ZrC 和 Fe_3C 颗粒形成的自由能均为负值,且 ZrC 颗粒形成的自由能比 Fe_3C 颗粒形成的自由能低。因此,从热力学角度分析,在熔覆层中 ZrC 和 Fe_3C 的形成是可行的。ZrC 和 Fe_3C 形成以后,在熔覆层中发生固溶变化,最终在熔覆层中形成了 ZrC 颗粒也是可行的[6-9]。

2. 熔覆层中增强相 ZrC 形成机理

在 ZrC/Fe 熔覆层中,Zr,C 和 Fe 三种元素会发生两种冶金化学反应。经过分析认为主要有两种情况:一种情况是 Zr-Fe-C 体系在熔覆过程中存在 Zr+C ——→ZrC 和 Fe+C ——→Fe_3C 两个反应。依据前文的热力学研究,这两个反应的吉布斯自由能 ΔG 均为负值,说明这两个反应在热力学上都是可行的。但前一反应的自由能较低,所以前一反应优先进行。因原始粉末成分设计时保持 C 过量,所以前一反应完成时,后一反应也能顺利进行。通过以上两个反应在熔覆层中首先生成了 ZrC 和 Fe_3C[10]。

3. 熔覆层中增强相 ZrC 颗粒的生长机制

氩弧熔覆原位合成 ZrC/Fe 熔覆层中,增强相 ZrC 颗粒的生长机制是一个较为复杂的过程。熔覆层中 ZrC 的形核、长大除了受熔池凝固过程中 Zr,Fe 和 C 元素的浓度影响外,还受氩弧热源的传输外部条件的影响。

图 2.18 为氩弧熔覆原位合成 ZrC 颗粒形貌图。经分析认为,在钨极氩弧熔覆的特殊热循环条件下,熔池中的 Zr,Fe 和 C 原子浓度分布不均匀,凝固过程中共晶 ZrC 或 Fe_3C 均会在 Zr,Fe 和 C 原子浓度较高的区域形核,其形核具有分散性和偶然性较强的特点。依据前文的热力学分析,ZrC 和 Fe_3C 反应的自由能 ΔG 均为负值,且在氩弧熔覆的温度范围内 ZrC 始终具有更负于 Fe_3C 的自由能,所以在熔覆层中 ZrC 优先形核长大。但是因原始粉末成分设计时保持 C 过量,所以在 ZrC 形核长大过程中,Fe_3C 也进行形核长大。那么在这一过程中,二者又限制了彼此的形核长大,使得最终所得到的 ZrC 增强相颗粒的形态与 ZrC 或 Fe_3C 理想形态有较大差别,最终呈现不规则的八面体形且颗粒尺寸更加细小。此外,在凝固过程中由于 α-Fe 的生长速度快,含量大,因此,有些共晶凝固时的 α-Fe 会很快包覆在未能长大的 ZrC 或 Fe_3C 晶核周围,抑制其晶体生长的各向异性,晶体的长大需要通过固态扩散机制进行,从而使晶体生长速度缓慢,不易分枝及选择性生长,使得最终得到的 ZrC 增强相颗粒比较细小,尺寸为 1 ~ 2 μm,其形态呈现不规则的六面体形和花瓣状,与图 2.18 所示试验结果一

致。

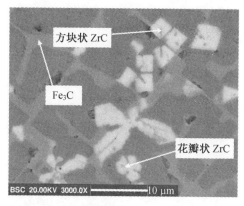

图 2.18　氩弧熔覆原位合成 ZrC 颗粒形貌图

2.3.4　复合涂层的摩擦磨损性能

采用 TB-100 型销-盘磨损试验机,测试 Q235 钢和氩弧熔覆层在不同载荷下的摩擦磨损性能。通过对摩擦表面和磨屑形貌的分析,揭示氩弧熔覆复合涂层的摩擦磨损机理。

1. 载荷对摩擦因数的影响

图 2.19 是在不同载荷下 Q235 钢和氩弧熔覆层的摩擦因数与滑动距离的关系曲线。从图 2.19 中可以看出,在低载荷和高载荷的条件下,氩弧熔覆层的摩擦因数都是最低,摩擦因数都是随载荷的增大而先增大后减小。

2. 磨损性能

图 2.20 是在相同摩擦条件下 10%(Zr+C)/Fe,15%(Zr+C)/Fe 和 20%(Zr+C)/Fe 氩弧熔覆层和 Q235 钢相对耐磨性的对比图。由图 2.20 可见,三种氩弧熔覆层的耐磨性远高于 Q235 钢。20%(Zr+C)/Fe 氩弧熔覆层的耐磨性是 Q235 钢的 20 倍。

3. 强化机制

（1）弥散强化

在陶瓷颗粒增强金属基复合材料中,陶瓷颗粒是复合材料的主要承担者[11],因此颗粒传递机制是复合材料很重要的强化因素。氩弧熔覆层中的 ZrC 主要以颗粒状形式存在,由于作为硬质点的 ZrC 粒子在基体中是弥散分布的,对位错的滑移具有阻碍作用。当复合材料进行塑性变形时,随着滑移的进行,位错难以越过 ZrC 颗粒而发生塞积,ZrC 引起的位错塞积可产生较高的位错塞积能,从而形成较大的位错塞积应力场[12]。

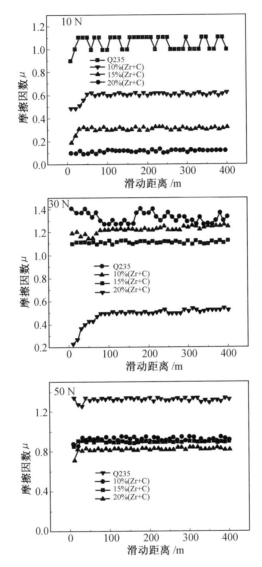

图 2.19 不同载荷下 Q235 和氩弧熔覆层的摩擦因数与滑动距离的关系曲线

对于原位 ZrC 颗粒对耐磨性的影响,可用位错理论予以解释。由奥罗万(Orowan)关系得出强度为

$$\tau_y = \frac{2\alpha Gb}{\lambda} + \tau_a \tag{2.1}$$

式中 G——剪切模量;

b——柏氏矢量;

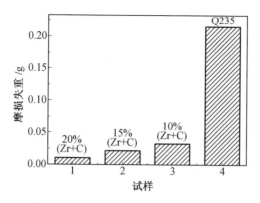

图 2.20　Q235 和氩弧熔覆层的相对耐磨性$(v=0.8\text{ m/s},S=540\text{ m},50\text{ N})$

τ_a——基体材料的屈服强度；

λ——颗粒间的平均自由程；

α——一个位错的线张力。

对于一定的基体材料，α,G 和 b 为定值，则有

$$\tau_y=\frac{C}{\lambda}+\tau_a \qquad (2.2)$$

可以将式(2.2)改写成

$$\tau_y=\frac{K}{r}f^{\frac{3}{2}}+\tau_a \qquad (2.3)$$

式中　r——颗粒相的半径；

　　　K——常数；

　　　f——颗粒相的体积分数。

再把屈服应力变换成耐磨性，则有

$$\varepsilon=\frac{K}{r}f^{\frac{3}{2}}+\varepsilon_{\text{Ni}} \qquad (2.4)$$

从式(2.4)可以看出，随着颗粒相体积分数的增加，材料的耐磨性提高。然而随着粒子颗粒尺寸的增大，耐磨性反而下降。从本试验可以得出，原位形成的 ZrC 颗粒尺寸为 $0.5\sim1.0$ μm，且体积分数大，颗粒弥散分布。

(2)细晶强化

由于氩弧熔池的冷却速度快，熔覆层的组织细小，颗粒来不及长大。文献[13]认为，在滑动过程中，表层发生弹-塑性变形，位错的运动在晶界处受阻，晶界阻碍位错运动，产生加工硬化。这种应变硬化使滑动更为困难，增大滑动摩擦力。从图 2.14 中还可以看出，由于 ZrC 细小且分布均

匀,必然引起晶界或相界强化,这对提高熔覆层的强韧性十分有利。

由上述分析可以看出,氩弧熔覆层中存在弥散强化、固溶强化和细晶强化等多种强化作用,使熔覆层具有极高的耐磨性能。

4.磨损机理

从磨损试验结果得出,氩弧熔覆 20%(Zr+C)/Fe 复合涂层耐磨性比 Q235 钢显著提高。其主要原因是复合涂层存在大量弥散分布的 ZrC 颗粒,由于 ZrC 颗粒在涂层中原位合成,因此涂层的耐磨机理与 Q235 钢有很大不同。

下面首先分析 Q235 钢的磨损机理,再讨论 20%(Zr+C)/Fe 复合涂层的磨损机理。

图 2.21(a)是 Q235 钢磨损表面的扫描电镜照片及磨屑形貌,从图中可以看到许多磨沟和部分犁沟变形,且磨沟较深、犁沟变形量较大。图 2.21(b)是 Q235 钢磨屑形貌,是典型的磨粒磨损。

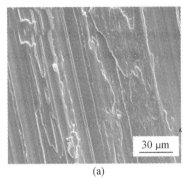

30 μm

(a)

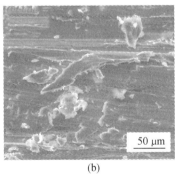

50 μm

(b)

图 2.21 Q235 钢磨损表面的扫描电镜照片及磨屑形貌($v=0.8$ m/s,$S=540$ m,50 N)

对于 Q235 钢,由于其硬度低,其磨损机理可分为如下两种[14]:

(1)显微擦伤磨损机理

当对磨材料的微凸起或硬质相作用在 Q235 钢的磨损表面时,在法向载荷力的作用下,当对磨材料的微凸起或硬质相将刺入材料表面,切向力则使其刺入表面做切向运动。如果硬质相具有锐利的棱角和一定的切削角度,硬质相在切向力的作用下在 Q235 钢表面产生显微切削作用,结果今在 Q235 钢表面留下磨沟并导致磨损。

(2)犁沟变形疲劳机理

如果硬质相的棱角不够锐利,则硬质相在切向载荷的作用下,使 Q235 钢表面产生犁沟变形,即向前运动的硬质相将 Q235 钢犁向沟槽的两侧,或将 Q235 钢推挤至前方,形成表面堆积变形。随着磨损过程的进行,这些已经受到一定程度塑性变形的区域在反复作用下,不断地重复着上述塑性变形过程。由于材料具有一定的疲劳极限,当材料的变形程度超过材料允许的疲劳极限后,上述变形区域将产生疲劳裂纹,裂纹的扩展与连接将最终导致变形区域的疲劳断裂,从而造成材料的磨损。

图 2.22 是 20%(Zr+C)/Fe 复合涂层磨损表面 SEM 照片。从图 2.22 中可以看出,涂层表面犁沟较浅,磨损表面较为光滑。其主要原因是由于对磨材料表面存在硬质相或硬的微凸体,在涂层表面与对磨材料表面摩擦磨损过程中,硬质相很难压入涂层材料中,随着对磨材料与涂层相对滑动,在复合涂层表面形成平行的细小犁沟,形成显微切削磨损。

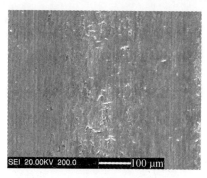

图 2.22　20%(Zr+C)/Fe 复合涂层磨损表面 SEM 照片($v=0.8$ m/s,$S=540$ m,50 N)

图 2.23 为 20%(Zr+C)/Fe 氩弧熔覆复合涂层的磨损表面背散射 SEM 照片。从图 2.23 中可以看出,涂层的磨损表面平整,没有发现 ZrC 颗粒剥落的现象。通过对图中黑色颗粒进行的能谱分析,这些黑色颗粒主要由 Zr 和 C 两个元素组成,可以看出这些黑色颗粒区域不是 ZrC 留下的剥落坑,而是依然存在于磨损表面上的 ZrC 颗粒。ZrC 颗粒在摩擦磨损过程中未发生塑性变形,也未从基体中剥落,起着良好的抗磨支撑作用。其磨

损机制主要以显微擦伤为主。

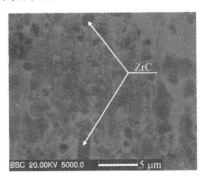

图 2.23　20%(Zr+C)/Fe 氩弧熔覆复合涂层的磨损
表面背散射 SEM 照片(v=0.8 m/s,S=540 m,50 N)

图 2.24 是 20%(Zr+C)/Fe 氩弧熔覆涂层的磨屑形貌。从图 2.24 中可以看出,涂层在摩擦磨损过程中被磨掉的细小 ZrC 颗粒有团聚现象。分析表明,由于 ZrC 颗粒的硬度较高,与基体结合牢固,在摩擦磨损过程中,磨屑具有团聚特性,因此出现团聚状的大磨屑。

由以上分析可见,Q235 及 20%(Zr+C)/Fe 氩弧复合涂层磨损机理有很大的区别。Q235 主要表现为黏着磨损和磨粒磨损,而 20%(Zr+C)/Fe 氩弧复合涂层是显微擦伤磨损。

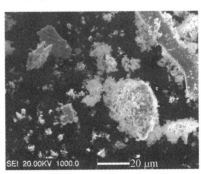

图 2.24　20%(Zr+C)/Fe 氩弧熔覆层的磨屑形貌(v=0.8 m/s,S=540 m,50 N)

2.4　结　　论

以 Zr 粉、C 粉和 Fe 粉为原料,采用氩弧熔覆技术在 Q235 钢表面原位合成 ZrC/Fe 复合涂层。氩弧熔覆技术为材料表面改性提供了新思路和新方法,该技术具有广阔的应用前景。

①采用氩弧熔覆技术,在 Q235 钢表面原位合成 ZrC/Fe 复合涂层,涂层与基体呈冶金结合。涂层中 ZrC 颗粒是由 Zr 和 C 通过原位反应合成的。原位生成的 ZrC 颗粒细小,分布均匀,平均尺寸为 0.5~1 μm。

②研究了原位生成 ZrC 颗粒的形状特征。涂层中原位合成的 ZrC 颗粒呈现多种形状,有规则的八面体状,也有不规则的八面体状,还有花瓣状。

③在高载荷下滑动磨损过程中,由于原位生成的 ZrC 与基体组织界面结合牢固,颗粒在摩擦磨损过程中没有脱落现象,而是受到对磨盘硬质合金的显微擦伤磨损,涂层具有较强的耐磨性。

④计算了 Fe 粉、Zr 粉和石墨粉合金体系中可能生成相,根据氩弧熔覆过程中各相的热力学分析,提出了 ZrC 优先形成的可能性。

⑤氩弧熔覆涂层粉组织主要由 Fe 基体、Fe_3C 和弥散分布的 ZrC 颗粒组成。

⑥ZrC 颗粒的长大是由微小的八面体 ZrC 颗粒堆积而成,以对角连接方式长大的 ZrC 颗粒,其长大速度最快。

⑦随着(Zr+C)含量的增加,ZrC 颗粒的形状、尺寸和数量都在变化,即涂层由表及里 ZrC 颗粒数量、尺寸都在减小,形状也发生变化。ZrC 在涂层的厚度方向具有明显的梯度分布特征,在表层 ZrC 的含量较多。

⑧与 YG8 硬质合金对磨试验表明,摩擦因数与载荷有关。10 N 载荷下氩弧熔覆层摩擦因数为 0.19~0.20;当载荷大于 30 N 时,20%(Zr+C)/Fe 氩弧熔覆层的摩擦因数最低,其熔覆层磨损主要以擦伤式磨损为主。

⑨在本试验中,当熔覆电流为 120 A,熔覆速度为 1.0 mm/s,预涂覆粉末厚度为 1 mm 时,所制备的涂层综合质量最好。

⑩20%(Zr+C)复合涂层的耐磨性远高于其他成分的熔覆层和 Q235 钢。20%(Zr+C)复合涂层的耐磨性是 Q235 钢 20 倍。

参考文献

[1] 李荣久. 陶瓷-金属复合材料[M]. 北京:冶金工业出版社,2004.
[2] 张国军,金宗哲. 原位合成复相陶瓷概述[J]. 材料导报,1996,2:62.
[3] 长崎诚三,平林真. 二元合金状态图集[M]. 刘安生,译. 北京:冶金工业出版社,2004.
[4] 章桥新. 锆的难熔化合物价电子结构[J]. 中国有色金属学报,2000,

10(4)：516-518.

[5] 吴人洁. 金属基复合材料研究进展[J]. 复合材料学报,1987,4(3)：1-10.

[6] CIYNE T W,WITHERS W J. 金属基复合材料导论[M]. 北京:冶金工业出版社,1996：42-45.

[7] 张国定. 金属基复合材料界面问题[J]. 材料研究学报,1997,11(6)：649-650.

[8] 安希忠,贾非,林克光,等. 钨极氩弧局部重熔对铸铁组织和性能的影响[J]. 铸造,1999,6：39-41.

[9] 刘喜明,张建设,赵宇. 氩弧熔覆层的强化和耐磨性[J]. 机械工程材料,2000,6：14-17.

[10] 张文. 焊接冶金学(基本原理)[M]. 北京:机械工业出版社,1993:5-6.

[11] 韩国明. 焊接工艺理论及技术[M]. 北京: 机械工业出版社,2007：157-160.

[12] 陈剑峰,武高辉,孙东立,等. 金属基复合材料的强化机制[J]. 航空材料学报,2002,22(2)：49-53.

[13] 张松,王茂才,毕红运,等. 激光熔覆 TiC/Ti 复合材料的组织及摩擦学性能[J]. 摩擦学学报,1999,19(1)：18-22.

[14] 刘家浚. 材料磨损原理及其耐磨性[M]. 北京:清华大学出版社,1993:136-140.

第3章 氩弧熔覆制备 Ti(C,N)–TiB$_2$/Ni60A 复合涂层

本章以 Ti 粉、B$_4$C 粉和 Fe 粉为原料,在 Q235D 钢表面采用氩弧熔覆技术制备出 Ti(C,N)–TiB$_2$ 增强 Ni60A 基复合涂层。优选出最佳配比 (40% Ni60A,w(Ti):w(BN):w(B$_4$C) = 30:15:15)和最佳工艺参数,并利用扫描电镜(SEM)、显微硬度计、X 射线衍射仪(XRD)和滑动磨损试验机对熔覆层的显微组织、硬度及耐磨性进行研究。

3.1 引 言

Ti(C,N)是一种性能优良、用途广泛的非氧化物材料[1]。目前,关于 Ti(C,N)的研究多集中在 Ti(C,N)基金属陶瓷方面,Ti(C,N)基金属陶瓷是在 TiC 基金属陶瓷基础上发展起来的,是一种具有耐高温和耐磨性能及良好的韧性和强度的新型金属陶瓷材料[2]。1931 年 Ti(C,N)基金属陶瓷就已问世,在 1968~1970 年,维也纳工业大学 Kieffer 等人发现,在 TiC–Mo–Ni 系金属陶瓷中添加 TiN,不仅可以显著细化陶瓷相晶粒,改善金属陶瓷的室温和高温力学性能,而且还可以大幅度提高金属陶瓷的高温耐腐蚀和抗氧化性能。从此 Ti(C,N)基金属陶瓷得到迅速发展[3]。

Ti(C,N)基金属陶瓷通常以 Ti(C,N)为陶瓷相,Ni,Co 和 Mo 等作为金属相,还可以加入 WC,Mo$_2$C,VC,ZrC,Cr$_3$C$_2$,HfC 和 AlN 等陶瓷相成分起增强作用,形成 Ti,V,W,Nb 和 Zr 固溶相,以固溶强化机制强化硬质相。此外,加入 TiB$_2$ 和 Al$_2$O$_3$ 等,可以提高材料的硬度和耐磨性[4]。

Ti(C,N)是由 TiC 和 TiN 连续固溶而形成的单一化合物[5],Ti(C,N)的晶体结构与 TiC 类似,只是 TiC 中部分 C 原子被 N 原子取代了。TiC 和 TiN 是形成 Ti(C,N)的基础,TiC 和 TiN 都是 NaCl 型晶体结构,属立方晶系,面心立方点阵。C 原子(对于 TiN 来说是 N 原子)位于面心立方点阵 (f.c.c)的角顶位置上,在面心立方(f.c.c)的点(1/2,0,0)位置由 Ti 原子形成超晶格。TiC 的晶格常数为 0.432 0 nm,TiN 的晶格常数为 0.424 1 nm,Ti(C,N)的晶格常数介于 TiC 和 TiN 之间,随着 C 质量分数的

减小,其晶格常数也相应地减小。TiC 中的 C 原子可以被 N 原子以任何的比例替代,形成一种连续的固溶体 Ti(C$_{1-x}$N$_x$)(0≤x≤1)(图 3.1),其性能随着组成 x 的改变而有所改变[6]。TiC 硬度较高而 TiN 韧性较好,所以一般来说,随着 x 值的增大,材料的硬度降低,韧性提高[7]。TiN 的热导率比 TiC 更高一些,这使得 Ti(C,N)的导热性比 TiC 更好,从而比 TiC 更加抗热震。高角 X 射线衍射测定碳氮化钛的晶格常数表明,Ti(C$_{1-x}$N$_x$)中 x 的增大,晶格常数直线减小,其关系为 $a = 0.430\ 5 - 0.007x$[8]。随着Ti(C$_{1-x}$N$_x$)中 N 质量分数的提高,其显微硬度可能下降,热导率有所提高[9]。

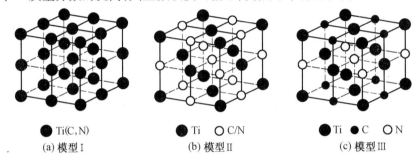

Ti(C,N)
(a) 模型Ⅰ

Ti ○ C/N
(b) 模型Ⅱ

Ti ● C ○ N
(c) 模型Ⅲ

图 3.1 Ti(C,N)的结构模型

碳氮化钛是一种性能优良、用途广泛的非氧化物陶瓷材料,兼具 TiN 和 TiC 的优点,具有熔点高、硬度高、耐磨损、耐腐蚀、抗氧化性以及良好的导电、导热性等优点,可作为耐磨零件、切削刀具、电极和涂层材料,也可作为钟表和珠宝的防划伤保护层以及电子及自动耐火器件,在机械、电子、化工、汽车制造和航空航天等许多领域具有广阔的应用前景[10]。

二硼化钛(TiB$_2$)属 C32 型六方结构,空间群为 P6/mmm,晶体结构如图 3.2 所示,晶格常数为 $a = 0.303\ 034$ nm,$c = 0.322\ 953$ nm。晶体结构中的 B 原子和 Ti 原子交替出现构成二维网络结构。研究表明,B 原子有类似于石墨的层状结构,所以 TiB$_2$ 具有良好的导电性和金属光泽,加上 B—B 共价键和 B—Ti 离子键的强结合,决定了 TiB$_2$ 晶体具有极高的熔点(3 225 ℃)、极高的硬度(4 000HV)、优异的耐磨性和高的化学稳定性等优点,从而作为硬质工具材料、合金添加剂、磨料及耐磨部件而被广泛应用[12,13]。TiB$_2$ 晶体的主要物理性质见表 3.1。

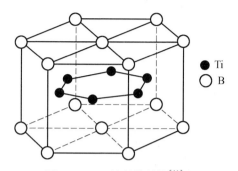

图 3.2　TiB$_2$的晶体结构[11]

表 3.1　TiB$_2$晶体的主要物理性质[14]

性能参数	数值及单位
晶体结构	六方晶系
密度	4.5 g/cm^3
熔点	3 225 ℃
电阻率	10^{-5} Ω·cm
硬度	30 GPa
弹性模量	574 GPa
泊松比	0.11
断裂韧性	6.7 MPa·m$^{1/2}$
断裂能	407 J/m^2
弯曲强度	750 MPa

Ti(C,N)–TiB$_2$复合陶瓷作为原位自生金属基复合材料的研究在国内外还未见报道。Ti(C,N)–TiB$_2$复合陶瓷具有高硬度、高熔点、高电导率、耐冲击、高温稳定性好、密度低等优点,可以制作耐热元件、耐磨部件、刀具材料以及成型模具、防护装甲、核反应堆的第一层防护瓦、气热喷涂材料、电解铝中的 Hall–Heroult 电池阴极等,作为高温结构陶瓷,在航天和装甲方面具有很大的应用潜力。

3.2　试验方法

3.2.1　试验材料

1.基体材料

本试验采用生产中广泛应用的 Q235 钢作为基体材料,尺寸为 50 mm×15 mm×10 mm,其化学成分见表 3.2。基体预先切割图样如图 3.3 所示,并去除表面的铁锈和氧化皮,然后用丙酮和无水乙醇清洗,去油去锈。

表 3.2　Q235 钢的化学成分

元素	C	Si	Mn	S	P	Fe
质量分数/%	0.14 ~ 0.22	0.12 ~ 0.30	0.4 ~ 0.65	<0.03	<0.035	余量

图 3.3　基体预选切割图样

2. 熔覆材料

熔覆材料选用 Ni60A 粉、Ti 粉、BN 粉和 B$_4$C 粉。其中，Ti 粉的平均粒度为 20 μm，纯度为 99.9%；BN 的平均粒度为 20 μm，纯度均为 99.5%；Ni60A 粉和 B$_4$C 粉的平均粒度为 30 μm，纯度为 99.5%。试验用各种原始粉末 SEM 照片如图 3.4 所示。Ni60A 的化学成分见表 3.3。

(a) Ni60A 粉　　　　　　　　　　(b) Ti 粉

(c) BN 粉　　　　　　　　　　(d) B$_4$C 粉

图 3.4　试验用原始粉末 SEM 照片

表 3.3   Ni60A 的化学成分

元素	Si	Cr	B	C	Fe	Ni
质量分数/%	3.5～5.5	15～20	3.0～4.5	0.5～1.1	≤5	余量

3. 试验工艺流程

本试验按照设计、制备、测试和分析的工艺流程进行。具体的制备工艺流程如图 3.5 所示。

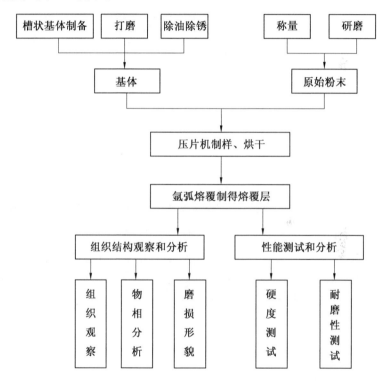

图 3.5   工艺流程图

4. 熔覆材料的配比

利用 FC204 型电子天平对原始粉末进行称量,其精度可达到 0.000 1 g。每种配比的粉末总质量为 3 g,共进行两组配比,一组为配比保持 Ti,BN,B_4C 的质量分数不变,合金粉末的成分配比见表 3.4;另一组为配比保持 Ni60A 粉末的质量分数不变,合金粉末的成分配比见表 3.5。称量后的粉末用玛瑙研钵研磨均匀,使合金粉末能充分接触,反应更充分。

表 3.4 不同质量分数熔覆材料成分配比

Ni60A 的 质量分数/%	$w(\text{Ti}):w(\text{BN}):$ $w(\text{B}_4\text{C})$	Ti 的质 量/g	BN 的 质量/g	B₄C 的 质量/g	Ni60A 的 质量/g
30	30 : 15 : 15	1.05	0.525	0.525	0.9
40	30 : 15 : 15	0.9	0.45	0.45	1.2
50	30 : 15 : 15	0.75	0.375	0.375	1.5
60	30 : 15 : 15	0.6	0.3	0.3	1.8

表 3.5 相同质量分数熔覆材料成分配比

试样	Ni60A 的 质量分数/%	$w(\text{Ti}):w(\text{BN}):$ $w(\text{B}_4\text{C})$	Ti 的质 量/g	BN 的 质量/g	B₄C 的 质量/g	Ni60A 的 质量/g
a	40	30 : 10 : 20	0.9	0.3	0.6	1.2
b	40	30 : 15 : 15	0.9	0.45	0.45	1.2
c	40	30 : 20 : 10	0.9	0.6	0.3	1.2
d	40	20 : 20 : 20	0.6	0.6	0.6	1.2

5. 熔覆材料的制备

首先,将 Ni60A 粉、Ti 粉、BN 粉和 B₄C 粉放在玛瑙研钵中搅拌均匀,取适量粉末放入玻璃培养皿中,然后用胶水作为黏结剂,使粉末在培养皿中混合均匀,在这个过程中一定要掌握好混合粉末的干湿度。混合粉末不能过稀,若过稀,则粉末之间会留有间隙,且当胶水过多时,熔覆时飞溅会很严重,同时会产生气孔,影响熔覆效果;也不能过干,若过干,则不容易涂刷,导致与基体结合不牢固,容易脱落。

然后,将粉末均匀地涂刷在 Q235 钢基体表面的槽中,厚度稍高于基体两边沿。再将基体放入模具中组装好,放上模具上盖,在压力机上完成制样,压力选取 6 t,保压时间设定为 80 s。压力机采用天津市科器高新技术公司生产的 DY-20 台式电动压片机,制样模具和压片机如图 3.6 所示。

试样制备完成后,从模具中取出,待表面干燥后,放置在通风处自然干燥约 24 h。

最后在真空干燥箱中烘干 2 h,温度为 150 ℃,使得试样表面具有较高的结合强度,可以抵抗一定的气流吹力。

6. 氩弧熔覆设备

本试验采用的氩弧熔覆设备为奥地利弗尼斯公司制造的 MW3000 型

(a) 制样模具

(b) 压片机

(c) 模具工作示意图

图 3.6　制样模具及压片机图

数字焊接机,直流正接,直径为 2.5 mm 的铈钨极。该设备为晶体管控制,尤其适合于手工氩弧焊接,且具有交流和直流两种电源。该设备与手弧焊机在主回路、驱动电路、辅助电源和保护电路等方面都是相似的。但它在手弧焊机的基础上增加了以下几项控制:

①采用高频高压控制,保证安全起弧,起弧后不再使用。

②采用手开关控制,实现焊接过程对电流、气体的控制要求。

③增压起弧控制,为了容易起弧,保证焊接的质量,利用高频高压发生器的变压器的另一组次边作为增压变压器,使得在高频高压发生器工作的同时抬高输出端电压,以保证起弧,起弧后增压装置也随着高频高压电流发生器一起被其断开。在输出回路上,该氩弧焊机采用负极输出方式,输出的负极接电源负极,而正极则接工件。

3.2.2　氩弧熔覆层的组织结构及性能测试

1. 试样的制备方法

（1）试样的切割

用 NH7720 电火花线切割机沿着焊缝的横断面切割尺寸符合要求的试样。

（2）扫描电镜试样。

试验中进行元素成分扫描的试样不用腐蚀；进行 SEM 形貌观察的试样则采用 20%（质量分数）的硝酸+氢氟酸（φ(HF)：φ(HNO$_3$) = 1：9）的溶液进行腐蚀，腐蚀后的试样采用 MX-2600FE 型扫描电镜进行观察组织形貌，同时用其附带的 OXFORD 能谱分析仪分析相成分、基体与结合区、结合区与熔覆区的界面元素分布。

（3）XRD 试样

沿熔覆层的横截面截取尺寸为 10 mm×10 mm×10 mm 试样。衍射面要用预磨机打磨平整，然后再用粗砂纸磨，放入超声波清洗仪中进行清洗，最后用 4% 稀盐酸进行轻微腐蚀，用 Rigaku D/MAX2200 旋转阳极 X 射线衍射仪进行物相分析。

2. 显微硬度测试

本试验采用 MHV2000 型显微硬度计进行氩弧熔覆涂层的显微硬度测定，使用的载荷为 1.961 4 N，加载时间为 10 s。测定时沿氩弧熔覆层横截面的最厚点由表及里进行复合涂层的显微硬度测定，测量三次后取平均值。

3. 摩擦磨损性能测试

本试验采用 MMS-2A 型磨损试验机，并采用环试样干滑动摩擦方式。室温下干滑动摩擦磨损试验示意图如图 3.7 所示。该试验的工作原理为，通过下试样（标准试样）的不断匀速转动同熔覆试样进行滑动摩擦，试验中，熔覆试样在摩擦过程中固定在卡具上保持固定，然后通过试验机自带的计算机控制系统，记录试验中摩擦因数-时间的变化曲线。在本试验前，需先将氩弧熔覆试样表面磨平，除去氧化皮，用线切割截取尺寸为 10 mm×10 mm×10 mm 的试样，下试样对磨环采用 W$_6$Mo$_5$Cr$_4$V$_2$ 圆环，其中内径为 10 mm，外径为 40 mm，要求硬度为 64~67HRC。本试验温度为室温 15 ℃ 左右，磨损试样在试验前后表面均要求用丙酮清洗，晾干。试验参数如下：试验力为 100 N，200 N，对磨环转速设置为 200 r/min，磨损时间设置为 120 min，最后利用 FC204 型电子天平对磨损的试样进行试验前后的质量测量(其精度达到 0.000 1 g),从而计算磨损失重。

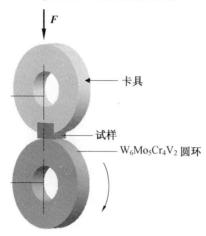

图 3.7 干滑动摩擦磨损试验示意图

用"相对耐磨性"进行复合材料抵抗磨损的性能评价,相对耐磨性的计算公式为

$$\varepsilon_{相} = \frac{b_B}{b_A} \tag{3.1}$$

式中 b_A——试样材料在单位时间内的磨损量;

b_B——标准试样在单位时间内的磨损量;

$\varepsilon_{相}$——该材料的相对耐磨性。

3.3 结果与分析

3.3.1 Ti(C,N)–TiB$_2$/Ni60A 熔覆层的工艺参数

熔覆层质量的好坏对于工件表面的耐磨、耐蚀、耐热性及其他特性有着至关重要的影响,而影响原位自生 Ti(C,N)–TiB$_2$增强 Ni60A 基复合涂层组织与性能的因素很多。这些因素为:

①熔覆层原始粉末成分配比对熔覆层的影响,主要包括 Ni60A 的质量分数和 Ti,BN,B$_4$C 的质量分数比等相关参数;

②氩弧熔覆工艺参数的影响,主要包括熔覆时电流、电压、熔覆速度、预涂粉末厚度等。

因此,需要综合考虑各方面重要因素,才能最终确定本试验最佳的试

验工艺参数。

1. 电流对熔覆层质量的影响

图 3.8 为不同电流下氩弧熔覆层的显微硬度分布图(40% Ni60A,$w(\text{Ti}):w(\text{BN}):w(\text{B}_4\text{C})=30:15:15$)。由图 3.8 可知,随着电流的不断增加,涂层的硬度呈先上升后下降的趋势,当电流小于 120 A 时,涂层的硬度较低;当电流为 120~130 A 时,涂层的硬度稳定于一个较大值;当电流继续增大后,涂层的硬度则有所下降。分析可知,当电流过低时(120 A 以下),由于热量输入不足,预置涂层不能完全熔化,出现较明显的未熔透现象,导致涂层成型差,涂层显微硬度较低;当电流不断增大(120~130 A)时,输入的热量不断增加,就会使预置涂层完全熔化,原始粉末充分参与反应,从而得到组织细小而致密的涂层,涂层显微硬度也较高;当电流超过 130 A 时,由于热输入量过大,在熔覆过程中基体熔化量增多,涂层熔深熔宽都加大,涂层的稀释率增大,导致涂层的显微硬度显著降低。因此本试验选用的电流为 120~130 A。

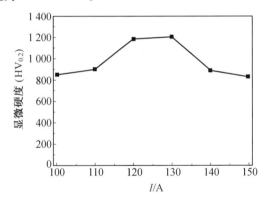

图 3.8　不同熔覆电流下氩弧熔覆层的显微硬度分布
(40% Ni60A,$w(\text{Ti}):w(\text{BN}):w(\text{B}_4\text{C})=30:15:15$)

2. 熔覆速度对熔覆层质量的影响

图 3.9 为不同熔覆速度下氩弧熔覆层的显微硬度分布(40% Ni60A,$w(\text{Ti}):w(\text{BN}):w(\text{B}_4\text{C})=30:15:15$)。熔覆时在电流为 125 A,氩气流量为 10 L/min,预置粉末厚度为 1.0 mm 的条件下,分别采用 2 mm/s,4 mm/s,6 mm/s,8 mm/s,10 mm/s 和 12 mm/s 的速度进行焊接。由图 3.9 可知,涂层的显微硬度随着熔覆速度的不断增加呈现先上升后下降的趋势,当熔覆速度达到 8 mm/s 时,涂层显微硬度值达到最大值。因此本试验

熔覆速度保持在 8 mm/s 左右。通过分析可知,在熔覆过程中,熔覆速度的快慢会对涂层的质量产生较大影响。当熔覆速度较慢时,钨极在试样表面上方停留时间过长,从而致使试样表层吸收的热量过多,基体熔化较多,涂层与基体之间的元素扩散严重,稀释率明显增大,从而导致涂层的显微硬度显著降低;当熔覆速度过快时,钨极在试样表面上方停留的时间过短,试样表层吸收的热量较少,导致原始粉末吸收热量也较少,熔覆层的成型较差,熔宽比较窄,很多位置不能有效地形成熔池,原始粉末反应不充分,生成的增强相颗粒数量较少,尺寸也较小,从而致使涂层的显微硬度较低。因此,只有选择适当的熔覆速度,原始粉末的原位反应才有可能充分进行,从而得到性能较好的涂层。

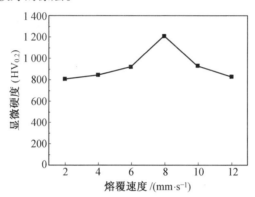

图 3.9 不同熔覆速度下氩弧熔覆层的显微硬度分布
（40% Ni60A, $w(\mathrm{Ti}) : w(\mathrm{BN}) : w(\mathrm{B_4C}) = 30 : 15 : 15$）

3. 预置涂层厚度对熔覆层质量的影响

图 3.10 是不同预置涂层厚度氩弧熔覆后的熔覆层宏观形貌图（40% Ni60A, $w(\mathrm{Ti}) : w(\mathrm{BN}) : w(\mathrm{B_4C}) = 30 : 15 : 15$）。由图 3.10 可知,当预置涂层的厚度为 1.0 mm 左右时,熔覆后的涂层外观成型良好。而当预置涂层厚度小于 0.8 mm 时,基体的稀释作用大,从而致使涂层的显微硬度较低;当预置涂层厚度大于 1.2 mm 时,熔覆层的成型性较差,局部区域出现未熔化,熔覆层表面出现气孔、氧化等现象,其原因是预置涂层过厚,从而使得涂层吸收的热量不足。所以预置涂层厚度应控制在 1.0 ~ 1.2 mm,才能获得成型美观且性能优良的熔覆层。

4. Ni60A 的质量分数对熔覆层组织及硬度的影响

图 3.11 为 Ni60A 的质量分数不同而 Ti,BN,$\mathrm{B_4C}$ 的质量分数（$w(\mathrm{Ti}) : w(\mathrm{BN}) : w(\mathrm{B_4C}) = 30 : 15 : 15$）保持不变的熔覆层 SEM 形貌。图

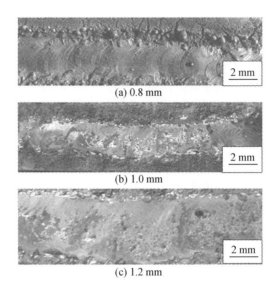

(a) 0.8 mm

(b) 1.0 mm

(c) 1.2 mm

图 3.10　不同预置涂层厚度熔覆后熔覆层表面宏观形貌图

$(40\% \text{Ni60A}, w(\text{Ti}):w(\text{BN}):w(\text{B}_4\text{C}) = 30:15:15)$

3.11(a) ~(d), Ni60A 的质量分数依次增大。由图 3.11 可以看到, 随着 Ni60A 质量分数的不断增加, 涂层中增强相颗粒的大小变化不大, 而颗粒的数量、形状和分布却有着较为明显的变化。当 Ni60A 的质量分数为 40% 时, 涂层中均匀弥散分布着大量的多种形状的增强相颗粒(图 3.11(b)); 当 Ni60A 的质量分数为 30% 或 50% 时, 涂层中的增强相颗粒明显减少, 分布十分不均匀(图 3.11(a)(c)); 当 Ni60A 的质量分数为 60% 时, 涂层中也存在着部分增强相颗粒, 与 Ni60A 的质量分数为 40% 时相比, 涂层中增强相颗粒的数量相对较少, 并且图层中增强相颗粒的形状混乱(图 3.11(d))。因此, 从增强相颗粒的分布特征、数量和微观形貌分析可确定本试验选择 Ni60A 的质量分数为 40% 。

　　图 3.12 为 Ni60A 质量分数不同而 Ti, BN, B₄C 的质量分数($w(\text{Ti}):w(\text{BN}):w(\text{B}_4\text{C}) = 30:15:15$)保持不变熔覆层显微硬度的分布曲线。由图 3.12 可以看出, 随着 Ni60A 质量分数的增加, 熔覆层显微硬度曲线呈现出相似的走向, 即在熔覆层表层内 1.2 mm 左右区域的显微硬度较高, 均达到 1 000HV 以上; 在距离熔覆层表面 1.2 ~ 2 mm 的范围内, 显微硬度下降较快, 当距离熔覆层表面大于 2 mm 的范围, 显微硬度值较平稳, 相当于基体硬度的水平。其中当 Ni60A 的质量分数为 40% 时, 熔覆层的显微硬度最高, 达 1 280HV$_{0.2}$; 当 Ni60A 的质量分数为 30% ,50% 和 60% 时, 熔覆

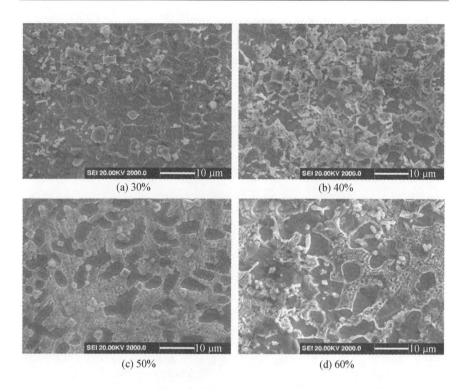

图 3.11 不同质量分数 Ni60A 熔覆涂层的 SEM 形貌
($w(\text{Ti}) : w(\text{BN}) : w(\text{B}_4\text{C}) = 30 : 15 : 15$)

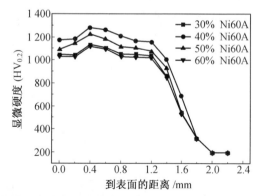

图 3.12 氩弧熔覆层的显微硬度分布曲线($w(\text{Ti}) : w(\text{BN}) : w(\text{B}_4\text{C}) = 30 : 15 : 15$)

层的显微硬度较低,结合熔覆层的微观组织形貌分析(图 3.11)可知,熔覆层中增强相颗粒少,且增强相在凝固过程中成型不好,分布不均匀。结合以上分析,本试验确定 Ni60A 的最佳质量分数为 40%。

5. Ti,BN,B₄C 的质量分数对熔覆层的影响

图 3.13 为 Ti,BN,B₄C 的质量分数不同时,Ni60A 的质量分数为 40% 时熔覆层的 SEM 形貌。由图 3.13 可以看出,当 Ni60A 质量分数一定(40% Ni60A),Ti,BN,B₄C 的质量分数发生变化时,熔覆层中增强相颗粒的大小、形状、分布特征和数量均有着明显的不同,这也直接影响了熔覆层的相关性能。当 $w(\text{Ti}):w(\text{BN}):w(\text{B}_4\text{C})=30:15:15$ 时(图 3.13(b)),熔覆层中存在着大量均匀弥散分布的形状规则的增强相颗粒;当 $30:10:20$(图 3.13(a))和 $w(\text{Ti}):w(\text{BN}):w(\text{B}_4\text{C})=30:20:10$ 时(图 3.13(c)),熔覆层中增强相颗粒数量有所减少,且颗粒的大小不均匀,并在部分区域有团聚现象;当 $w(\text{Ti}):w(\text{BN}):w(\text{B}_4\text{C})=20:20:20$ 时,熔覆层中也存在着较多的增强相颗粒,但增强相颗粒分布不均,并且出现了大量的团聚现象,且颗粒的形状十分不规则(图 3.13(d)),从而导致熔覆层整体性能降低。因此,结合增强相颗粒的形状、数量和分布特征分析确定本试验中 $w(\text{Ti}):w(\text{BN}):w(\text{B}_4\text{C})=30:15:15$。

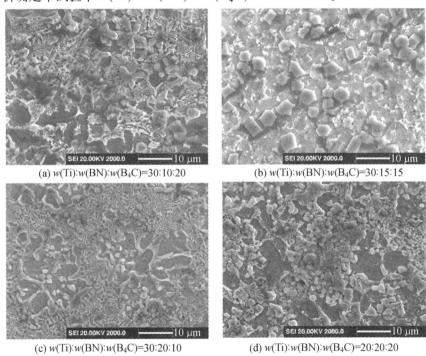

(a) $w(\text{Ti}):w(\text{BN}):w(\text{B}_4\text{C})=30:10:20$　　(b) $w(\text{Ti}):w(\text{BN}):w(\text{B}_4\text{C})=30:15:15$

(c) $w(\text{Ti}):w(\text{BN}):w(\text{B}_4\text{C})=30:20:10$　　(d) $w(\text{Ti}):w(\text{BN}):w(\text{B}_4\text{C})=20:20:20$

图 3.13　Ti,BN,B₄C 质量分数不同时熔覆层的 SEM 形貌(40% Ni60A)

图 3.14 为 Ti,BN,B₄C 质量分数不同,Ni60A 的质量分数为 40% 时熔

覆层的显微硬度分布情况。由图 3.14 可知,Ni60A 的质量分数一定 (40% Ni60A),Ti,BN,B_4C 的质量分数比的变化对显微硬度曲线的总体趋势没有很大影响。当 $w(\text{Ti}) : w(\text{BN}) : w(B_4C) = 30 : 15 : 15$ 时,熔覆层的显微硬度最高,可达到 1 280$HV_{0.2}$;当 $w(\text{Ti}) : w(\text{BN}) : w(B_4C) = 30 : 10 : 20$ 和 30 : 20 : 10 时,熔覆层的显微硬度有所下降,最高接近 1 200$HV_{0.2}$;当 $w(\text{Ti}) : w(\text{BN}) : w(B_4C) = 20 : 20 : 20$ 时,熔覆层的显微硬度最低。分析认为,主要是熔覆层中的增强相颗粒出现了大量团聚现象,从而降低了熔覆层硬度。结合以上分析,确定本试验中 $w(\text{Ti}) : w(\text{BN}) : w(B_4C) = 30 : 15 : 15$。

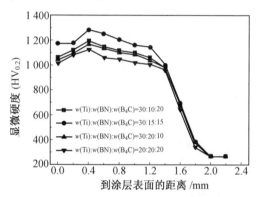

图 3.14　熔覆层的显微硬度分布图(40% Ni60A)

3.3.2　Ti(C,N)-TiB$_2$/Ni60A 熔覆层的组织特征

1. 稀释区界面组织特征

图 3.15 为 Ti(C,N)-TiB$_2$/Ni60A 熔覆层的截面 SEM 形貌。由图3.15 可以看出,原位合成 Ti(C,N)-TiB$_2$/Ni60A 熔覆层存在三个非常明显的区域,即熔覆区(Coating)、结合区(Interface)和基体(Substrate)。熔覆层熔覆区的质量良好,无裂纹、气孔等缺陷,熔覆层与基体之间呈良好的冶金结合。

分析认为,氩弧熔覆原位合成 Ti(C,N)-TiB$_2$/Ni60A 熔覆层的熔覆过程从本质上看是非平衡快速熔化和快速凝固的过程。在氩弧的高温(高达 8 000 K)作用下,金属基体表面受热快速熔化并形成与弧斑直径尺寸大小相近的熔池,同时原始粉末经快速加热,呈现半熔化或熔化状态进入熔池与基体金属进行混合、扩散、反应,在此过程中熔池以高温"液珠"的形式存在,熔池"液珠"在表面张力、氩弧吹力、气体动力等的共同作用下,在基体表面铺展开,使得原始粉末的高温合金熔液与基体表面充分接触。随着

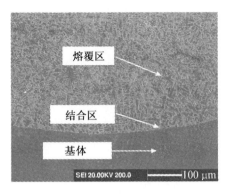

图 3.15　Ti(C,N)-TiB₂/Ni60A 熔覆层的截面 SEM 形貌
(40% Ni60A, w(Ti)：w(BN)：w(B₄C) = 30：15：15)

钨极的不断匀速移动,在熔池的前部分,合金粉末与部分基体金属熔化后不断混合并进行冶金反应;在熔池的后部分,随着弧柱的不断移动,熔化速度也急剧下降,当达到流入和流出的热流密度相等后,熔化过程即转变成凝固过程,液态的原始粉末合金熔液快速凝固形成非平衡组织,最终获得原位反应合成增强相颗粒增强金属基熔覆层,并实现熔覆层与基体之间呈典型的冶金结合[15,16]。

2. 熔覆层显微组织分布特征

图 3.16 为熔覆层从顶部到底部的不同区域显微组织形貌。由图 3.16(a)可以看出,熔覆层的顶部分布着大量的增强相颗粒,然而增强相颗粒的形状不太规则,且分布不均匀,在部分区域出现了团聚现象;如图 3.16(b)所示,在熔覆层中上部,增强相颗粒数量相对有所减少,同时颗粒的团聚现象有所下降,并且增强相颗粒分布较均匀,颗粒形状相对有规则;如图 3.16(c)所示,在熔覆层中下部,增强相颗粒的数量减少不十分明显,颗粒呈均匀弥散状分布在熔覆层中,网状物分布在部分增强相周围;如图 3.16(d)所示,在熔覆层的底部,增强相颗粒数量减少得很明显,且分布不均匀。综上可知,熔覆层的顶部增强相颗粒数量明显多于底部。分析认为,在氩弧熔覆凝固过程中,相对于基体而言,由于增强相颗粒的密度较小,在高温熔池的搅拌、气体动力和重力等各方面熔池力作用下,颗粒很容易上浮并聚集,同时由于氩弧熔覆的稀释作用使得熔覆层上部的稀释率相对较小,因此可以观察到靠近熔覆层表面区域的增强相颗粒数量明显多于底部区域。

图 3.17 为熔覆层区域高倍组织形貌。由图 3.17 可以看出,在氩弧熔覆原位合成 Ti(C,N)-TiB₂/Ni60A 熔覆层中,原位合成了试验所需的增强

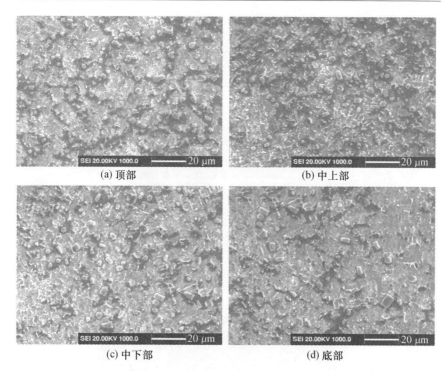

(a) 顶部   (b) 中上部

(c) 中下部   (d) 底部

图 3.16 熔覆层从顶部到底部的不同区域显微组织形貌
$(40\% \, Ni60A, w(Ti) : w(BN) : w(B_4C) = 30 : 15 : 15)$

相颗粒,其形状较规则,且在熔覆层中呈均匀分布。

图 3.17 熔覆层区域高倍组织形貌$(40\% \, Ni60A, w(Ti) : w(BN) : w(B_4C) = 30 : 15 : 15)$

3.熔覆层中的物相能谱分析

图 3.18 为熔覆层中各相的能谱图,图中标明其微区分析的位置(1,2,3 为颗粒相,4 为基体)。由图 3.18 可知,增强相 1 由 Ti,C 和 N 元素组成,

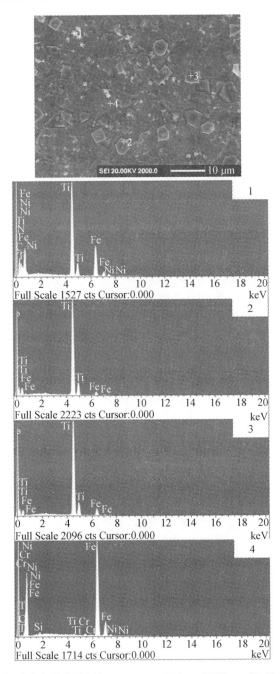

图 3.18　熔覆层中各相的能谱图(40% Ni60A,w(Ti)：w(BN)：w(B$_4$C)=30：15：15)

并固溶一部分 Fe,Ni 元素;增强相 2 和 3 主要由 Ti 和 B 元素组成,并固溶少部分 Fe 元素;4 为基体,主要含有 Fe 和 Ni 元素,并固溶少量的 Ti,C,Cr 和 Si 元素。

表 3.6 为图 3.18 中各组成相的元素的质量分数。从表中各组成相的元素的质量分数可以了解到,颗粒相主要有两种:一种含有的元素成分主要为 Ti,C 和 N 元素,在颗粒相中 C 和 N 的质量比均接近于原子比 1:1;另一种主要为 Ti 和 B 元素。基体中主要含有 Fe 和 Ni 元素,此外还固溶有少量的 Ti,C,Cr 和 Si 元素。

表 3.6 熔覆层区域中各组成相的元素的质量分数

位置	元素的质量分数/%							
	$w(Ti)$	$w(C)$	$w(N)$	$w(B)$	$w(Ni)$	$w(Cr)$	$w(Si)$	$w(Fe)$
1	40.80	16.72	12.01		2.59			27.87
2	56.79			39.44				3.76
3	54.18			37.61				8.21
4	0.57	2.63			1.69	0.86	0.72	93.53

图 3.19 为熔覆层中各元素线扫描图谱。由图 3.19 可知,由 Ti,C,N 和 B 元素在颗粒相存在处出现了较高的峰值,且 Ti,C,N,B 元素的分布规律出现一定的规律性。分析认为,颗粒相中主要含有 Ti,C,N,B 元素。基体所含的元素主要是 Fe 元素。

图 3.20 为熔覆层中各元素的面扫描图谱。由图 3.20 可知,Ti,C,N 和 B 元素主要富集在颗粒相中;Fe 和 Ni 元素富集在颗粒外的基体中,基体中还有少量的 Cr 和 Si 元素;Ti,C,N 和 B 元素的分布与 Fe 和 Ni 元素的分布大致上呈互补性,即在 Ti,C,N 和 B 元素富集处,Fe 和 Ni 元素含量少,否则反之。综上分析认为,颗粒相主要有两种:一种是主要含有 Ti,C 和 N 元素的相;另一种是主要含有 Ti 和 B 元素的相。基体相主要为 Fe 和 Ni 元素的相。

4. 熔覆层中物相的 XRD 分析

图 3.21 为熔覆层表面 X 射线衍射图谱。由图 3.21 可以看出,熔覆层主要由 Ti(C,N),TiB_2 和 FeNi 相组成。结合前文的热力学分析及能谱分析可知:经氩弧熔覆后,Ti 粉、BN 粉、B_4C 粉和 Ni60A 粉原位反应生成了 Ti(C,N)–TiB_2/Ni60A 熔覆层。熔覆层中的颗粒增强相为 Ti(C,N)–TiB_2 颗粒,基体为 FeNi 固溶体。此外,在图 3.21 中未发现 TiC 相和 TiN 相的衍射峰,说明熔覆层中增强相 Ti(C,N)颗粒是一种由 TiC 和 TiN 无限互溶所形成的复合体颗粒。

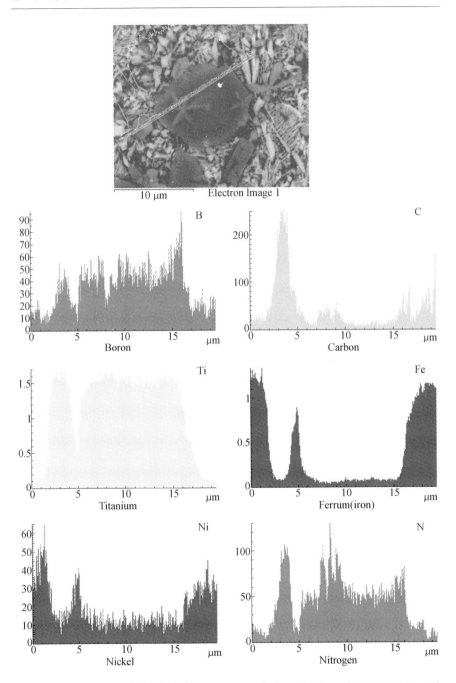

图 3.19 熔覆层中各元素线扫描图谱(40% Ni60A, w(Ti):w(BN):w(B$_4$C)=30:15:15)

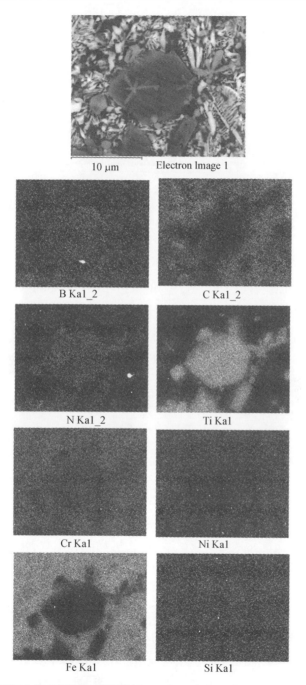

图 3.20 熔覆层中各元素的面扫描图谱(40% Ni60A, $w(\text{Ti})$：$w(\text{BN})$：$w(\text{B}_4\text{C})=30$：15：15)

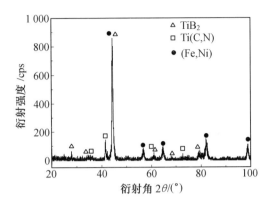

图 3.21 熔覆层表面 X 射线衍射图谱
$(40\% \text{Ni60A}, w(\text{Ti}) : w(\text{BN}) : w(\text{B}_4\text{C}) = 30 : 15 : 15)$

5. Ti–C–N–B 体系的热力学分析

本章用于原位合成 Ti(C,N)–TiB₂增强相颗粒原始粉末的元素以 Ti,C,N 和 B 为基本组分,因此熔池反应主要为 Ti–C–N–B 体系的反应。通过各合金元素化学反应和各化合物相的形成自由能温度变化曲线,来分析形成各种可能化合物的趋势。对于 Ti–C–N–B 合金体系,本试验中选择了五个基本的反应方程式,即

$$\text{Ti} + \text{C} \longrightarrow \text{TiC} \tag{3.2}$$

$$\text{Ti} + \text{N} \longrightarrow \text{TiN} \tag{3.3}$$

$$\text{Ti} + \text{B} \longrightarrow \text{TiB} \tag{3.4}$$

$$\text{Ti} + 2\text{B} \longrightarrow \text{TiB}_2 \tag{3.5}$$

$$\text{Ti} + \text{C} + \text{N} \longrightarrow \text{Ti}(\text{C},\text{N}) \tag{3.6}$$

在合金粉末 Ti–C–N–B 体系中,合金元素有 Ti,C,N 和 B,因此在合金反应中要涉及四种元素的反应。运用《无机物热力学数据手册》,可进行热力学数据的检索及系列元素反应的热力学计算,然后对试验中原始粉末各元素之间的可能反应进行热力学分析。进一步通过各合金元素可能形成相的反应 G–T 图(即化合物相的形成自由能温度变化曲线),可以初步分析原始粉末反应所得各种化合物的趋势。

对于 Ti,C,N 和 B 四种元素,可能组成 TiC,TiN,Ti(C,N),TiB 和 TiB₂五种化合物,通过对形成这些化合物的热力学计算,其自由能温度关系曲线如图 3.22 所示。由图可知,在 298 ~ 3 300 K 温度范围内,TiC,TiN,

Ti(C,N),TiB 和 TiB$_2$ 形成的自由能均为负值,TiB$_2$ 和 Ti(C,N) 颗粒形成的自由能最低。从热力学角度进行分析,自由能变化最负(即绝对值最大)的反应所生成的产物相最稳定,因此,最终在熔覆层中形成了 Ti(C,N) – TiB$_2$ 颗粒也是可行的[17,18]。

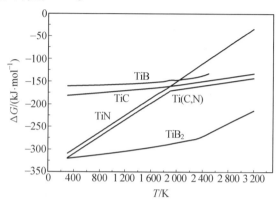

图 3.22　五种化合物的自由能随温度的变化曲线

6. 熔覆层中增强相 Ti(C,N) – TiB$_2$ 的形成机理

在氩弧熔覆原位合成 Ti(C,N) – TiB$_2$/Ni60A 的熔覆层中,原始粉末之间发生复杂的冶金化学反应。经分析认为,主要为三种情况:

①在氩弧的高温下,原始粉末发生熔化并进一步分解,Ti 元素与 B 元素优先捕捉,进行反应,由图 3.22 可知,反应生成 TiB$_2$ 的自由能最低,所以反应优先生成 TiB$_2$,当熔池温度冷却到一定程度后,颗粒就不断凝固析出。

②Ti 元素与 N 元素先捕捉生成 TiN 颗粒,由于 C 原子与 N 原子半径差距不大,TiC 和 TiN 都属于 NaCl 型的晶体结构,属于立方晶系,面心立方点阵,满足休莫 – 罗塞里(Hume-Rothery)条件,因此 TiC 和 TiN 可以连续固溶。随着反应的进行,一定量的 C 原子置换 N 原子,并形成 Ti(C,N)颗粒。

③随着反应的不断进行,在 Ti(C,N)颗粒的周围会生成一定的 TiB$_2$,呈包围状,将 Ti(C,N)包围,并最终形成 Ti(C,N) – TiB$_2$ 增强相颗粒。

综合分析认为,原位合成 Ti(C,N) – TiB$_2$/Ni60A 熔覆层中,增强相颗粒为 Ti(C,N)和 TiB$_2$ 所形成的复合体颗粒,其形成机理如图 3.23 和图 3.24 所示。

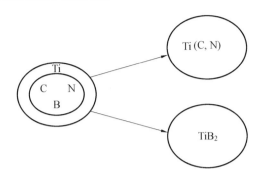

图 3.23　Ti(C,N)和 TiB₂形成机理示意图

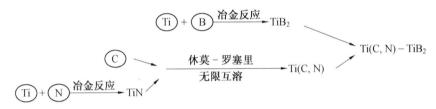

图 3.24　Ti(C,N)–TiB₂形成机理示意图

3.3.3　原位合成 Ti(C,N)–TiB₂/Ni60A 熔覆层摩擦磨损性能

本小节利用 MMS–2A 环–块式摩擦磨损试验机,测试 Q235 钢、纯 Ni60A 熔覆层和由最佳试验参数制得的原位合成 Ti(C,N)–TiB₂/Ni60A 熔覆层的相关摩擦磨损性能。根据涂层的显微硬度、摩擦因数、磨损量和磨损形貌的性能,对涂层的摩擦磨损性能进行了分析,初步揭示氩弧熔覆复合涂层的相关摩擦磨损机理。

1. 氩弧熔覆层的显微硬度

图 3.25 为最佳试验参数下氩弧熔覆原位合成 Ti(C,N)–TiB₂/Ni60A 熔覆层与纯 Ni60A 熔覆层沿着熔深方向每隔 0.2 mm 测试的显微硬度分布曲线。

由图 3.25 可知,氩弧熔覆试样的硬度沿着层深方向呈现阶梯状先上升后下降趋势,熔覆层的硬度很高,最高可达到 1 280HV₀.₂;从熔覆层表层到距表层 1.5 mm 区域,硬度基本处于较高的水平;到稀释区测定的硬度值下降很快;当到达涂层与基体的熔合线处后,硬度值接近平稳,但在热影响区的硬度值仍然要高于基体。经分析可知,增强相 Ti(C,N)–TiB₂ 颗粒的分布情况主要决定了熔覆层显微硬度的分布特征。在熔覆层上部,由于弥散分布了大量的增强相 Ti(C,N)–TiB₂颗粒,增强相的体积分数较高,所以

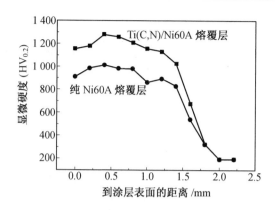

图 3.25 氩弧熔覆层显微硬度分布曲线

熔覆层表层区域测定的显微硬度值最高。随着熔深方向距表面的距离增大,增强相 Ti(C,N)–TiB$_2$ 颗粒的体积分数不断减小,对应熔覆层区域的硬度不断降低。当到达熔合线附近时,增强相颗粒由于受力上浮和基体材料的稀释等作用,增强相的体积分数急剧降低,导致熔覆层的硬度也随之快速下降。对于热影响区,在熔覆过程中,由于受到氩弧高温热源的影响引起了基体的部分相变,因此测定的热影响区硬度值仍然要高于基体。

由图 3.25 可知,Ni60A 熔覆层硬度分布趋势与 Ti(C,N)–TiB$_2$/Ni60A 熔覆层的硬度分布趋势大体一致。由于 Ni60A 熔覆层缺少大量硬质增强相颗粒的存在,与 Ti(C,N)–TiB$_2$/Ni60A 熔覆涂层相比其硬度明显偏低,最高显微硬度只有 1 000HV 左右。

2. 氩弧熔覆层的摩擦因数

图 3.26 为 GCr15 与 Ti(C,N)–TiB$_2$/Ni60A 熔覆层、纯 Ni60A 熔覆层、Q235 钢分别对磨的摩擦因数随滑动时间变化的曲线图(滑动时间 $t = 3\,600$ s,滑动速度 $v = 200$ r/min,法向载荷 $F = 200$ N)。由图 3.26 可知,在条件相同的情况下,Q235 钢的摩擦因数总体处在 0.65 ~ 0.85,在摩擦开始阶段,摩擦因数相对较低,且波动较大,随着滑动时间的不断增加,摩擦因数也逐渐上升,最终摩擦因数稳定在 0.82 左右;纯 Ni60A 熔覆层的摩擦因数总体处在 0.4 ~ 0.6,其摩擦因数变化随着滑动时间的增加,呈逐渐上升趋势,在试验过程中,其摩擦因数波动较大;与 Q235 钢和纯 Ni60A 熔覆层相比,Ti(C,N)–TiB$_2$/Ni60A 熔覆层的摩擦因数最小,其摩擦因数在 0.25 ~ 0.3 波动,摩擦因数的波动也较小。其摩擦因数的变化不同于前两者,在摩擦磨损试验开始阶段 Ti(C,N)–TiB$_2$/Ni60A 熔覆层摩擦因数相对稳定,但随着滑动时间的不断增加,其摩擦因数出现一定的波动,并最终呈

现下降的趋势,最后趋于 0.25 左右。

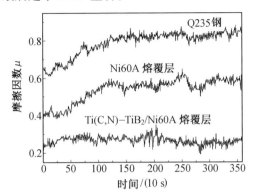

图 3.26　Ti(C,N)-TiB₂/Ni60A 熔覆层,Ni60A 熔覆层和 Q235 钢分别与
GCr15 对磨的摩擦因数随滑动时间变化的曲线

3.氩弧熔覆层的磨损量

图 3.27 为 Ti(C,N)-TiB₂/Ni60A 熔覆层、纯 Ni60A 熔覆层与 Q235 钢在相同参数条件(滑动时间 $t = 3\ 600\ \mathrm{s}$,滑动速度 $v = 200\ \mathrm{r/min}$,法向载荷 $F = 200\ \mathrm{N}$)下的磨损失重对比示意图。由图可以看出,在相同的试验条件下,Ti(C,N)-TiB₂/Ni60A 熔覆层的磨损失重最小,Q235 钢的磨损失重最大,而纯 Ni60A 熔覆层的磨损失重介于 Ti(C,N)-TiB₂/Ni60A 熔覆层和 Q235 钢之间。Ti(C,N)-TiB₂/Ni60A 熔覆层的磨损失重约为纯 Ni60A 熔覆层的 1/5,约为 Q235 钢的 1/15。经分析认为,在 Ti(C,N)-TiB₂/Ni60A 熔覆层磨损过程中,参与到摩擦磨损的主要是暴露于摩擦表面的硬质增强相 Ti(C,N)-TiB₂颗粒,由于 Ti(C,N)-TiB₂颗粒本身具有较高的硬度,在磨损过程中,Ti(C,N)-TiB₂颗粒由于显露于熔覆层表面,首先与对磨环接触,因此磨损量较低。综上可知,与 Q235 钢和纯 Ni60A 熔覆层相比,Ti(C,N)-TiB₂/Ni60A 熔覆层具有更好的耐磨性。

4.基体 Q235 钢的磨损形貌分析

图 3.28 为载荷条件不同而其他磨损条件相同时 Q235 钢的磨损形貌(滑动速度 $v = 200\ \mathrm{r/min}$,滑动时间 $t = 3\ 600\ \mathrm{s}$)。由图 3.28 可以看出,在低载荷磨损时,Q235 钢参与磨损的表面出现较为明显的犁沟现象,局部区域出现明显的黏着现象(图 3.28(a))。在高载荷磨损时,Q235 钢参与磨损的表面出现犁沟和黏着现象更为明显(图 3.28(b))。

分析认为,Q235 钢具有硬度低和塑性好的特点,与其相比,W₆Mo₅Cr₄V₂对磨环的硬度相对比较高,因此在摩擦试验中,W₆Mo₅Cr₄V₂对磨环表面的硬

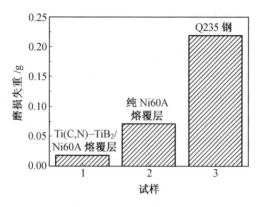

图 3.27　Ti(C,N)/Ni60A 熔覆层、纯 Ni60A 熔覆层与 Q235 钢在相同参数条件下的
磨损失重对比图

图 3.28　载荷条件不同而其他磨损条件相同时 Q235 钢的磨损形貌

质点很容易对 Q235 钢的表面进行显微切削。对磨环 $W_6Mo_5Cr_4V_2$ 表面的
硬质点在法向分力的作用下,很容易刺入 Q235 钢表面,而随着对磨环的不

断转动,刺入 Q235 钢表面的硬质点就不断地做切向运动。当这些硬质点既具有锐利的棱角又具有合适的切削角度后,就开始对 Q235 钢表面进行一定的显微切削,使得 Q235 钢表面出现犁沟现象;当这些硬质点边缘较为圆滑时,就会将 Q235 钢表面部分金属推移到犁沟边缘两侧,从而形成微观犁皱,随着磨损过程反复进行,这种现象不断积累,犁皱就会发生一定量的硬化脱落,成为磨屑。在试验中,$W_6Mo_5Cr_4V_2$ 对磨环表面的硬质点和由磨损过程所产生的部分磨屑起到了磨粒磨损的作用。对于有些摩擦面,Q235 钢表面脱落的磨屑经过对磨环反复地碾压和摩擦后,就可能被发生塑性流动的 Q235 钢的表面吸附,进而形成黏着磨损[19,20]。综上可知,Q235 钢的磨损机制主要有显微切削、磨粒磨损和一定量的黏着磨损。

5. 纯 Ni60A 熔覆层磨损形貌分析

图 3.29 为载荷条件不同而其他磨损条件相同时纯 Ni60A 熔覆层磨损形貌(滑动速度 $v=200$ r/min,滑动时间 $t=3\ 600$ s)。由图 3.29 可知,在高低载荷下,纯 Ni60A 熔覆层的磨损表面都出现了犁沟现象和黏着现象。与 Q235 钢相比较,纯 Ni60A 熔覆层在条件相同的情况下磨损时出现的犁沟和黏着现象都相对比较轻微。经分析可知,与 Q235 钢相比较,纯 Ni60A 熔覆层中有大量的碳化物,而且其基体中同时固溶了一定的 Ni,Cr,B 和 Si 等元素,因此其硬度有了很大的提高,在磨损时,$W_6Mo_5Cr_4V_2$ 对磨环表面的硬质点较难刺入纯 Ni60A 熔覆层的表层,从而对其产生切削作用。因此,在低载荷条件下纯 Ni60A 熔覆层表面出现的犁沟现象比较轻微(图 3.29(a))。在高载荷条件下,纯 Ni60A 熔覆层出现的犁沟现象和黏着现象相对较明显,并且在熔覆层的局部区域出现了一定的片层剥离现象(图 3.29(b))。综上可知,纯 Ni60A 熔覆层磨损机制主要有显微切削、黏着磨损、磨粒磨损和一定量的剥离磨损。

6. 原位合成 Ti(C,N)-TiB₂/Ni60A 熔覆层磨损形貌

图 3.30 为载荷条件不同而其他磨损条件相同时 Ti(C,N)-TiB₂/Ni60A熔覆层磨损形貌(滑动速度 $v=200$ r/min,滑动时间 $t=3\ 600$ s)。由图可 3.30 知,在低载荷条件下,Ti(C,N)-TiB₂/Ni60A 熔覆层的磨损表面只有在局部区域有相对较浅的划痕,没有出现较为明显的犁沟现象,无明显的黏着现象存在(图 3.30(a))。分析认为,Ti(C,N)-TiB₂/Ni60A 熔覆层由于存在硬质点颗粒,具有很高的硬度,在低载荷条件下,$W_6Mo_5Cr_4V_2$ 对磨环表面的硬质点很难刺入熔覆层表层,并对其进行显微切削,因此 Ti(C,N)-TiB₂/Ni60A 熔覆层磨损表面并未出现较为明显的犁沟现象,只

(a) 低载荷磨损

(b) 高载荷磨损

图 3.29 载荷条件不同而其他磨损条件相同时,纯 Ni60A 熔覆层磨损形貌

在部分区域出现相对轻微的划痕。当载荷增大时,部分 $W_6Mo_5Cr_4V_2$ 对磨环表面的硬质点就有可能刺入熔覆层的表层,使得对磨环和熔覆层之间的微凸体接触点相对增加,在熔覆层表面就出现了一定量类似切削的痕迹。在熔覆层的磨损过程中,同时产生了一定量的磨屑,同时由于对磨环的作用,磨屑吸附于熔覆层的表面,这样在 $Ti(C,N)$ -TiB_2/Ni60A 熔覆层的表面就出现了一定量的黏着现象(图 3.30(b))。综上可知,熔覆层的磨损机制主要是轻微的显微切削和轻微的黏着磨损。

$Ti(C,N)$ -TiB_2/Ni60A 熔覆层在高载荷磨损过程中,高的接触应力导致对磨环和工件产生大量的摩擦热。一方面,在摩擦热的作用下,熔覆层磨损表面温度会升高,初始黏着的一些磨屑在高温条件下迅速氧化,从而降低了磨屑与磨损试样表面的黏附强度,会迅速地被磨损下来,减少了磨粒磨损;另一方面,在摩擦热作用下,熔覆层与对磨环表面均出现一定的软化现象,但是由于 $W_6Mo_5Cr_4V_2$ 对磨环转速高,其表面摩擦热在脱离试样与对磨环接触区域后会迅速地传到周围环境中,起到一定量的散热作用,因

(a) 低载荷磨损

(b) 高载荷磨损

图 3.30　Ti(C,N)-TiB₂/Ni60A 熔覆层磨损形貌

此对磨环表面的软化程度不是很大,仍保持接近其原始硬度。这样随着磨损的不断进行,对磨环上较硬的硬质点就会以切削方式对熔覆层表面进行切削,故此 Ti(C,N)-TiB₂/Ni60A 熔覆层表面区域有轻微的显微切削现象。由于在 Ti(C,N)-TiB₂/Ni60A 熔覆层中弥散分布了大量的硬度较高的 Ti(C,N)-TiB₂增强相颗粒,并且颗粒在接触应力下很难变形,所以熔覆层具有很高的抗黏着磨损能力,故在 Ti(C,N)-TiB₂/Ni60A 熔覆层磨损表面只有部分轻微的黏着现象。同时由于存在大量的 Ti(C,N)-TiB₂增强相颗粒,在很大程度上提高了 Ti(C,N)-TiB₂/Ni60A 熔覆层的硬度,虽然出现一定的软化现象,但是与对磨环相比,Ti(C,N)-TiB₂/Ni60A 熔覆层的硬度仍具有一定优势,因此 Ti(C,N)-TiB₂/Ni60A 熔覆层具有较好的磨料磨损抗力。此外,在 Ti(C,N)-TiB₂/Ni60A 熔覆层中,由于固溶了一定量的合金元素,从而产生了固溶强化,因此对增强相颗粒起到良好的支撑作用,从而防止在磨损过程中增强相颗粒发生剥落现象[21-24]。因此,Ti(C,N)-TiB₂/Ni60A 熔覆层的磨损机制主要为轻微的显微切削磨损和黏

着磨损。

图 3.31 为 Ti(C,N)–TiB$_2$/Ni60A 熔覆层磨损形貌及能谱分析(载荷 $F=200$ N,滑动速度 $v=200$ r/min,滑动时间 $t=3\ 600$ s)。

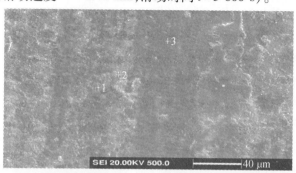

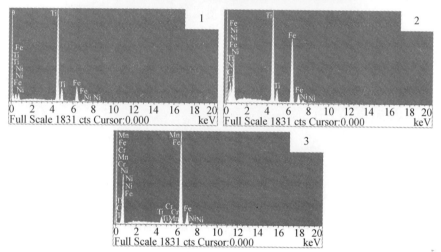

图 3.31 Ti(C,N)–TiB$_2$/Ni60A 熔覆层磨损形貌及能谱分析

由图 3.31 可以看出,在氩弧熔覆原位合成 Ti(C,N)–TiB$_2$/Ni60A 熔覆层的磨损过程中,增强相 Ti(C,N)–TiB$_2$ 颗粒没有从基体中拔出,未出现剥落现象,划痕在 Ti(C,N)–TiB$_2$ 颗粒处出现了阻断现象,Ti(C,N)–TiB$_2$ 颗粒在熔覆层的磨损过程中起到了良好的抗磨作用。综上,在室温干滑动条件下,原位合成 Ti(C,N)–TiB$_2$/Ni60A 熔覆层具有较好的磨损耐磨性能。

7. 原位合成 Ti(C,N)–TiB$_2$/Ni60A 熔覆层强化机理研究

(1)弥散强化

在 Ti(C,N)–TiB$_2$/Ni60A 熔覆层中,作为硬质点的增强相 Ti(C,N)–

TiB₂颗粒在基体中呈弥散分布,对与位错的滑移起到阻碍作用。在摩擦磨损过程中,熔覆层表层进行塑性变形时,位错很难越过硬质点颗粒,进而发生位错的塞积,因此对熔覆层产生弥散强化效果。

(2)颗粒强化

在 Ti(C,N)-TiB₂/Ni60A 熔覆层中存在着大量均匀分布的 Ti(C,N)-TiB₂ 增强相颗粒,这些增强相颗粒与基体结合牢固。在摩擦磨损过程中,由于存在增强相颗粒,因此对熔覆层基体的磨损起到保护作用,从而大大提高了熔覆层的耐磨损性能。

(3)固溶强化

在 Ti(C,N)-TiB₂/Ni60A 熔覆层中,增强相 Ti(C,N) 颗粒中 C,N 元素是无限互溶的,虽然 C,N 元素的原子半径非常相近,但仍存在一定的差别,必然会引起一定的晶格畸变,对熔覆层起到固溶强化的作用,从而提高熔覆层的耐磨性。同时,由于熔池快速冷却,高温时溶解于合金熔体中的 Ni,Cr,Si 等元素在快速冷却时来不及被析出固溶在基体中,进一步形成过饱和固溶体,因此产生固溶强化作用。

总之,在多种强化机制的共同作用下,氩弧熔覆原位合成 Ti(C,N)-TiB₂/Ni60A 熔覆层具有很高的耐磨性能。

3.4 结　　论

本章对氩弧熔覆原位合成 Ti(C,N)-TiB₂/Ni60A 熔覆层进行研究。利用氩弧熔覆技术,制备出了 Ti(C,N)-TiB₂/Ni60A 熔覆层,对熔覆层的界面组织特征、Ti(C,N)-TiB₂增强相的形貌、分布特征及其形成机理进行了分析。本章的研究得出了以下结论:

①含 Ti,BN 和 B₄C,Ni60A 的合金粉末通过钨极氩弧熔覆能够制备出 Ti(C,N)-TiB₂/Ni60A 熔覆层。最佳工艺参数为:原始粉末 Ni60A 的质量分数为 40%;Ti,BN,B₄C 的质量分数比为 30:15:15;熔覆电流为120~130 A;熔覆速度为 8 mm/s;预置涂层厚度为 1.0~1.2 mm。

②氩弧熔覆原位合成 Ti(C,N)-TiB₂/Ni60A 熔覆层存在三个明显的区域,即熔覆区、结合区和基体。熔覆层与基材呈良好的冶金结合。氩弧熔覆原位合成 Ti(C,N)-TiB₂/Ni60A 的熔覆层中,增强相颗粒呈弥散均匀分布,从熔覆层表层至基体界面,增强相颗粒的数量逐渐减少。

③分析了原位合成 Ti(C,N)-TiB₂/Ni60A 熔覆层的显微硬度分布特

征,熔覆层最高可达 1 280HV 左右。相同试验条件下原位合成 Ti(C,N)-TiB$_2$/Ni60A 熔覆层的摩擦因数最低。

④原位合成 Ti(C,N)-TiB$_2$/Ni60A 熔覆层的磨损失重是纯 Ni60A 熔覆层的 1/5,是 Q235 钢的 1/15。Ti(C,N)-TiB$_2$/Ni60A 熔覆层的磨损机制主要为显微切削磨损和黏着磨损。原位合成 Ti(C,N)-TiB$_2$/Ni60A 熔覆层中存在有弥散强化、颗粒强化和固溶强化等多种强化机制。在多种强化机制的共同作用下,氩弧熔覆原位合成 Ti(C,N)-TiB$_2$/Ni60A 熔覆层有着很好的耐磨性。

参考文献

[1] WHITE G V, MACKENZIE K J D, BRON W M, et al. Carbothermal synthesis of titanium nitride · Part II the reaction sequence[J]. Journal of Materials Science,1992,27:4288-4293.

[2] 李伟. Ti(C,N)-NiCr 金属陶瓷的制备与性能研究[D]. 西安:西安建筑科技大学,2009.

[3] 刘峰晓,贺跃辉,黄伯云,等. Ti(C,N)基金属陶瓷的发展现状及趋势[J]. 粉末冶金技术,2004,4:236-240.

[4] 张玉军,张伟儒. 结构陶瓷材料及其应用[M]. 北京:化学工业出版社,2005:121-123.

[5] 杨锦,李芳,刘颖,等. Ti(C,N)粉末制备技术的研究及进展[J]. 硬质合金,2005,22(1):13-15.

[6] 甘明亮. 氮化钛、碳化钛和碳氮化钛的合成及其在炭砖中的应用[D]. 武汉:武汉科技大学,2006.

[7] 徐智谋,易新建,郑家乐,等. Ti(C$_{1-x}$N$_x$)系固溶体粉末的组织结构研究[J]. 粉末冶金技术,2004,22(1):3-6.

[8] WOKULSKA K. Thermal expansion of whiskers of Ti(C,N) solid solutions[J]. Journal of Alloys and Compounds,1998,264:233-227.

[9] 覃显鹏. Ti(C,N)在含碳耐火材料中的应用研究[D].武汉:武汉科技大学,2008.

[10] 吴一,尹传强,邹正光,等. 钛铁矿原位合成金属陶瓷复合材料的研究[J]. 硅酸盐通报,2005,24(3):21-24.

[11] ZHAO H,CHENG Y B. Formation of TiB$_2$-TiC composites by reactive sintering[J]. Ceramics International,1999,25:353-358.

[12] 马向东. 硼酸–氧化硼系统纳米摩擦磨损特性研究[J]. 机械工程材料,2000,24(1):10-13.

[13] 纪嘉明,周飞,李中华,等. TiB$_2$ 和 ZrB$_2$ 晶体结构与性能的电子理论研究[J]. 中国有色金属学报, 2000,10(3):358-360.

[14] AEDEL–HAMID A A, HAMAR T S, HAMAR R. Crystal morphology of the compounds TiB$_2$[J]. Journal of Crystal Growth, 1985,71:744-750.

[15] 胡汉起. 金属凝固原理[M]. 2 版. 北京:机械工业出版社,2000:15-96.

[16] FLEMINGS M C. 凝固过程[M]. 关玉龙,译. 北京:冶金工业出版社,1981:10-85.

[17] 伊赫桑·巴伦. 纯物质热化学数据手册(上册)[M]. 程乃良,译. 北京:科学出版社,2003:108.

[18] 伊赫桑·巴伦. 纯物质热化学数据手册(下册)[M]. 程乃良,译. 北京:科学出版社,2003:1669-1690.

[19] 全永昕. 摩擦磨损原理[M]. 杭州:浙江大学出版社,1992:5-45.

[20] 刘佐民. 摩擦学理论与设计[M]. 武汉:武汉理工大学出版社,2009:2-65.

[21] 张维平,刘硕,马玉涛. 激光熔覆颗粒增强金属基复合材料涂层强化机制[J]. 材料热处理学报,2005,26(1):70-73.

[22] 陈剑锋,武高辉,孙东立,等. 金属基复合材料的强化机制[J]. 航空材料学报,2002,22(2):49-53.

[23] 王海忠,陈善华. 镁基复合材料强化机制[J]. 轻金属,2007,11:37-40.

[24] 单际国,丁建春,任家烈. 铁基自熔合金光束熔覆层的微观组织及强化机理[J]. 焊接学报,2001,22(4):1-4.

第4章 氩弧熔覆制备 TiB$_2$–TiN 增强 Ti 基复合涂层

采用氩弧熔覆(GTAW)技术,以 BN 粉和 Ni60A 粉为原料在 TC4 合金表面原位合成 TiB$_2$–TiN 增强 Ti 基复合涂层。通过对不同配比的涂层微观组织和性能的对比分析,选择出适宜的氩弧熔覆工艺参数。利用带有能谱仪的扫描电镜和 X 射线衍射仪分析了复合涂层的显微组织、化学成分及相组成,观察分析了 TC4 合金和涂层的磨损表面形貌及磨屑形貌,探讨了 TiB$_2$–TiN 颗粒形成机制。利用显微硬度计和摩擦磨损试验机测试了复合涂层的显微硬度和摩擦磨损性能,阐述了 TC4 合金和复合涂层的磨损机制。

4.1 引　言

钛合金因具有比强度高、耐热性高和耐蚀性好等优良性能,是航空航天、石油化工、煤化工等领域广泛使用的重要材料。由于钛合金的耐磨性能较差,当用在摩擦部位时,易产生磨损而失效,限制了钛合金在摩擦机械系统等工程中的应用范围[1]。为了提高钛合金的耐磨性能,国内外研究人员采用化学热处理[2-6]、化学镀[7,8]、气相沉积[9,10]及离子注入[11-16]等表面改性技术在钛合金表面制备耐磨层,但上述方法或由于受涂层与基体之间结合力弱的影响,或由于受固态溶解度小以及扩散速度慢的限制,制备耐磨涂层的效果常常不理想。虽然目前对激光熔覆钛合金表面陶瓷化的研究较多,但激光熔覆成本较高,设备维护费用昂贵,难以在实际工业生产中大量应用。

氩弧熔覆技术的发展为材料表面改性提供了一种有效手段,也为金属表面陶瓷化开辟了新的技术途径。采用氩弧热源在金属基体表面原位合成陶瓷金属基复合材料保护涂层,将金属材料良好的性能与陶瓷材料优异的耐磨、耐蚀性能有机地结合起来,以提高零件的使用寿命,目前的研究及应用主要集中在各种钢的基体上,而氩弧熔覆钛合金表面陶瓷化的研究报道较少。因此开展钛合金表面氩弧熔覆金属–陶瓷复合涂层的研究,优化氩弧熔覆工艺参数,获得优良的耐磨涂层,不但具有实际的工程应用背景,而且可以为提高钛合金的耐磨性能提供有效的技术途径,具有重要的理论意义。

4.1.1　TiN 的晶体结构及性能

TiN 属于典型的 NaCl 型结构,面心立方点阵,N 原子占据面心立方的角顶,Ti 原子占据面心立方的 $(1/2,0,0)$ 位置,晶格常数为 0.423 8 nm。其 N 含量在一定范围内变化而不引起 TiN 的结构发生变化。其晶体结构如图 4.1 所示。TiN 的熔点为 2 950 ℃,硬度为 1 994HV,是具有耐高温、耐腐蚀、耐磨损、抗热震、密度低及硬度高等优异性能的新型陶瓷材料,主要应用在耐高温、耐磨损及航空航天等领域,如硬质合金、高温陶瓷导电材料、耐热耐磨材料等[17]。

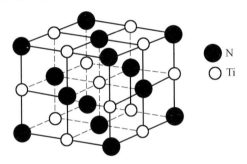

图 4.1　TiN 的晶体结构

4.1.2　TiB₂ 的晶体结构及性能

TiB₂ 是 B 和 Ti 最稳定的化合物,为 C32 型六方结构,空间群为 P6/m³,属六方晶系的准金属化合物。其晶体结构如图 4.2 所示。其完整晶体的晶格结构参数 $a=0.302\ 8$ nm,$c=0.322\ 8$ nm。TiB₂ 陶瓷是一类具有特殊物理性能的陶瓷,具有极高的熔点(3 225 ℃)、高的化学稳定性、高的硬度(4 000HV)和优异的耐磨性,作为硬质工具材料、磨料、合金添加剂及耐磨部件而被广泛应用。

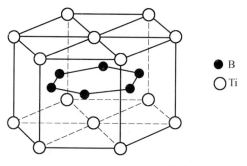

图 4.2　TiB_2 的晶体结构[18]

$\bullet$ B
$\bigcirc$ Ti

4.2　试验方法

4.2.1　试验材料

1. 基体材料

本试验采用陕西宝鸡奥德稀有金属公司生产的 TC4 钛合金作为基体材料。表 4.1 列出 TC4 合金的化学成分,其生产的 TC4 合金经过热处理,退火态显微组织如图 4.3 所示。钛合金基体试样尺寸为 50 mm×12 mm×10 mm,待熔覆表面经砂轮机打磨,预置粉末前再用金相砂纸打磨以去除表面氧化膜,然后用丙酮和酒精清洗。

表 4.1　TC4 钛合金的化学成分

元素	Al	V	Fe	C	N	Ti
质量分数/%	5.93	4.12	0.132	0.008	0.011	平衡

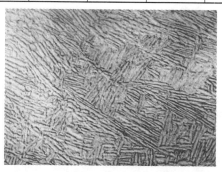

图 4.3　退火态 TC4 合金的显微组织

2. 熔覆材料

本试验采用的熔覆材料为 Ni60A 合金粉末和 BN 粉，其中 Ni60A 的平均粒度为 15～45 μm，BN 粉为微纳米，纯度大于 99%。试验用粉末 SEM 照片如图 4.4 所示。

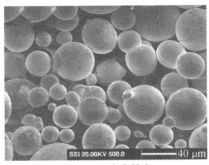

(a) Ni60A 合金粉末

(b) BN 粉

图 4.4　试验用粉末 SEM 照片

合金粉末的选择应考虑以下几点：

①具有良好的润湿性，若熔化时液态流动性能较好，则易于得到平整光滑的熔覆层；

②具有较好的造渣、除气性能，合金粉末在熔化过程中不仅有可能氧化，而且会溶解少量气体，因此合金粉末在熔化状态时应有良好的脱氧、造渣等性能，熔化后脱氧产物因密度小、熔点低，故覆盖在液态金属表面起到保护作用；

③合金粉末的熔点不宜太高，粉末熔点越低，越易控制熔覆层的稀释率，流动性能则越好，有利于制备平整光滑的熔覆层。

Ni60A 合金粉末属于 Ni 基自熔合金，所谓自熔性合金是指含有 B 和

Si 元素,熔点较低,本身具有脱氧、造渣、除气和良好浸润性能的合金。Ni 基自熔合金是以 Ni 元素为基体,由添加的 Cr,B,Si,C 等元素组成,合金粉末熔点低,自熔性好,制备的功能涂层具有硬度高、耐腐蚀、抗高温氧化、耐磨损等性能,是目前使用最广泛的一种自熔性喷焊合金粉末。常用于耐磨、耐蚀零件和在 650 ℃ 以下环境中工作的热挤压模具、活塞杆、活塞环、柱塞、排气阀、泵叶片、风机叶片及金属丝导轮等部件的修复或防护。

3. 熔覆材料成分配比

利用精度为 0.000 1 g 的 FC204 型电子天平对熔覆用粉末进行称量。按照设计思路,在保证粉末总质量为 3 g 的情况下,按六种不同质量分数进行配比,熔覆材料具体配比见表 4.2。

表 4.2　熔覆材料成分配比

样品	$w(BN)/\%$	$w(Ni60A)/\%$	BN 的质量/g	Ni60A 的质量/g	总质量/g
S1	40	60	1.2	1.8	3
S2	30	70	0.9	2.1	3
S3	20	80	0.6	2.4	3
S4	50	50	1.5	1.5	3
S5	60	40	1.8	1.2	3
S6	70	30	2.1	0.9	3

前已述及,Ni60A 自熔性合金粉末在熔化状态时起到脱氧、造渣、除气作用。由于 Ni60A 的密度较大,在 S4,S5,S6 试样成分配比中,随着 BN 粉质量分数的增加,Ni60A 粉末质量分数的减少,其体积分数在熔覆材料体系中相对较小,熔覆过程中脱氧、造渣、除气作用降低,将会影响复合涂层的质量。在试验研究过程中也发现,S4,S5,S6 试样的熔覆涂层表面凹凸不平,宏观成型质量差,涂层内部有未熔组织,气孔较多,对涂层的性能产生较大的影响。因此,本章将重点进行 S1,S2,S3 试样复合涂层的研究分析。

4. 预置粉末熔覆试样制备

将称量好的 BN 粉和 Ni60A 粉末放入玛瑙研钵中搅拌均匀,用普通胶水作黏结剂将粉末调匀涂覆在经过去除油污处理的 TC4 钛合金试样表面,预置层厚度控制在 0.8~1.5 mm。待预置层表面稍干后,用经过丙酮清洗的玻璃板压实、压平,使表面具有一定的平整度。将试样在通风处自然干燥 12 h 后置入干燥箱中,先加热至 90 ℃ 保温 2 h,然后升温至 150 ℃ 保温 2 h,保证涂覆层有较高的强度。需要注意的是,黏结剂加入量和预置层的厚度。加入胶水的量尽可能少,只要保证粉末成型即可,如果加入较多将导致粉末过稀,则粉末之间会留有间隙,熔覆时产生气孔,影响熔覆质量;但如果胶水加入量过少,粉末太干,不易涂覆,并且会与试样结合不牢而出现脱落现象。预置层也不宜太厚,否则会发生局部不熔的现象,在试样一侧预留 1 mm 左右的引弧端,以满足熔覆焊接时引弧的技术要求。

4.2.2　复合涂层的组织结构和性能分析方法

1. 组织结构分析

本试验运用 XRD,SEM 和 X-ray 能谱等分析手段对 TC4 钛合金表面原位合成 TiB$_2$-TiN 复合涂层的显微组织进行分析。

利用电火花切割方法将熔覆后的试样沿垂直于熔覆层方向切开,获得熔覆层沿层深方向剖面。用金相砂纸由 400# 磨至 1 200#,然后进行抛光,将抛光试样用 5% HNO$_3$+5% HF+90% H$_2$O 的腐蚀剂进行腐蚀,腐蚀时间为 1 min 左右。采用 XJP-3A 型光学显微镜观察复合涂层横截面的显微组织,初步评定涂层质量。金相显微组织观察后的试样应保持干净,再对扫描电镜较小视域范围内的熔覆涂层组织、尺寸、形态和分布特征进行观察分析,本试验采用 MX-2600FE 型扫描电镜。

X-ray 分析包括 X-ray 能谱分析和 X-ray 衍射分析。X-ray 能谱分析可用于单元素的线分析,或者多元素的定性和定量分析。X-ray 衍射分析的一个重要应用是确定复合涂层中相的组成,进行物相分析。本试验采用 OXFORD 能谱分析仪和 D/max-rB12 型 X 射线衍射仪。

2. 显微硬度测试方法

利用 MHV2000 型显微硬度仪测量氩弧熔覆涂层的显微硬度,试验所加载荷为 1.96 N,加载时间为 10 s,在熔覆试样横截面上由表及里,沿熔覆层的最大熔深方向从表面到熔合线每隔 0.1 mm 测量不同区域的硬度,测量五个点,取平均值,用以分析熔覆层显微硬度分布特征及关系。

3. 摩擦磨损性能测试方法

本试验利用 MMS-2A 摩擦磨损试验机,采用环-块滑动干摩擦方式进行性能测试,如图 4.5 所示。该试验的工作原理是通过下试样(标准试样)同保持固定的熔覆试样进行滑动摩擦,然后通过计算机控制系统,记录出摩擦因数-时间变化曲线。将钛合金和氩弧熔覆试样表面机械磨削后,用电火花线切割设备切取尺寸为 10 mm×10 mm×6 mm 的磨损试样,在摩擦磨损试验机上进行摩擦磨损性能试验。

对磨环为 GCr15 的圆环试样,内径为 16 mm,外径为 40 mm,硬度为

63~66HRC,热处理工艺为在840 ℃淬火后,在150 ℃回火。试验参数如下:转速为200 r/min,载荷为200 N,试验温度为室温20 ℃左右。试样在试验前后用丙酮清洗以去除表面油污。利用FC204型电子天平测量熔覆试样的质量损失,以此作为耐磨性的度量即磨损量,精度为0.000 1 g。用MX-2600FE型扫描电子显微镜观察磨损试样的表面形貌。

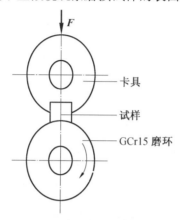

图4.5 MMS-2A摩擦磨损试验机装配示意图

4.3 结果与分析

4.3.1 复合涂层的影响因素

影响氩弧熔覆复合涂层质量的因素主要包括熔覆材料、成分配比和氩弧熔覆工艺参数。熔覆材料的物理性质如熔点、热导率、热膨胀系数以及熔覆材料合金粉末的比例都会直接影响涂层的宏观、微观质量。氩弧熔覆工艺参数如熔覆电流、熔覆速度、预置粉末层厚度是决定涂层组织和性能的重要因素。针对特定的基底材料,选择适宜的熔覆材料和氩弧熔覆工艺参数是获得质量良好的复合涂层、实现表面改性目的的关键环节。本节通过对复合涂层显微硬度及微观组织和TiB_2-TiN增强相的数量、尺寸、分布特征等进行分析,研究熔覆材料成分配比和氩弧熔覆工艺参数等因素对TC4合金表面原位合成复合涂层质量的影响,优化氩弧熔覆工艺参数,制订优良的氩弧熔覆钛合金制备复合涂层的工艺方案。

1. 熔覆电流对涂层质量的影响

在氩弧熔覆过程中,熔覆电流越大,热量输入就越高,而钛合金的导热

性能较差,因此对复合涂层质量影响很大。图 4. 6 是选取 S1 试样
(40% BN+60% Ni60A),预置涂层厚度为 1. 2 mm,氩气流量为 12 L/min,熔
覆速度为 8 mm/s,熔覆电流分别为 90 A,100 A,110 A,130 A 的熔覆涂层
宏观形貌图。试验研究表明,钛合金氩弧熔覆电流不宜超过 120 A,由于热
量输入速度迅速增加,在熔覆过程中反应比较剧烈,粉末飞溅严重,熔覆层
的组织变粗大,硬度和耐磨性下降。当熔覆电流小于 90 A,由于热量输入
不足,试样表面有明显的未熔透区域,熔覆层成型差,原位合成增强相颗粒
数量也很少,显微硬度很低。当熔覆电流在 100 ~ 110 A 时,在熔覆过程中
弧光安静地燃烧,反应过程比较平稳,熔覆层表面成型美观,增强颗粒体积
分数增大,尺寸细小,组织均匀,涂层性能好。因此,氩弧熔覆试验时选择
焊接电流为 100 ~ 110 A,电弧电压为 12 V。

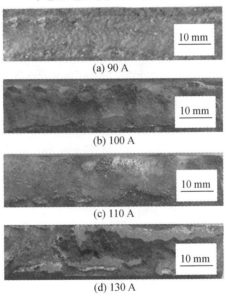

(a) 90 A

(b) 100 A

(c) 110 A

(d) 130 A

图 4.6　不同熔覆电流的熔覆涂层宏观形貌

　　氩弧熔覆的工艺参数为,熔覆电流为 110 A,熔覆速度为 8 mm/s,预置
粉末层厚度为 1. 2 mm 的条件下,TC4 合金表面氩弧熔覆 S1 试样复合涂层
的截面宏观和低倍组织形貌 SEM 照片,如图 4.7 所示。由图 4.7 可看出,
复合涂层的显微组织沿层深方向分为熔覆区(CZ)、结合区(BZ)和热影响
区(HAZ)三个区域。熔覆区是指预涂粉末经氩弧熔覆后基体表面以上的
部分;结合区是指受到氩弧热源辐射作用,基体发生熔化的部分;热影响区
指基体虽然未发生熔化,但温度超过了基体材料的相变点,因快速冷却而

淬火变成马氏体的部分区域。在熔覆区和热影响区之间存在一薄层、略呈白色的结合区,熔覆区与结合区部分统称为熔覆层。组织均匀致密,没有发现裂纹和夹杂物,熔覆层以外延方式从基体中长出,元素从中间层的界面发生相互扩散、化学反应,熔覆层与基体呈现冶金结合。

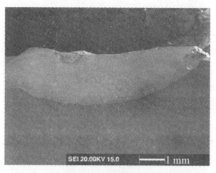

(a) 宏观形貌

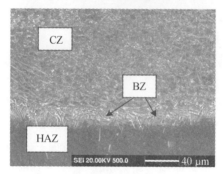

(b) 低倍组织形貌

图 4.7　氩弧熔覆复合涂层的截面宏观形貌

2. 熔覆速度对涂层质量的影响

图 4.8 示出了 S1 试样(40% BN+60% Ni60A)在不同熔覆速度下复合涂层的组织形貌。从图 4.8(a)中可以看出,当熔覆速度较慢($v = 5$ mm/s)时,增强相颗粒发生聚集长大,组织尺寸较大,涂层的性能随之变差。当熔覆速度较快($v = 10$ mm/s)时,由于热量不足,涂层外观成型质量差,部分区域不能形成熔池,合金粉末反应不充分,增强颗粒少且尺寸小,如图4.8(c)所示。当熔覆速度适宜($v = 8$ mm/s)时,增强相体积分数大,分布均匀,组织致密,是比较理想的复合涂层,如图4.8(b)所示。

熔覆速度的快慢,直接关系到试样吸收热量的多少。试验表明,当熔覆速度较慢时,试样表面吸收热量多,致使基体熔化区域增大,在液相搅拌

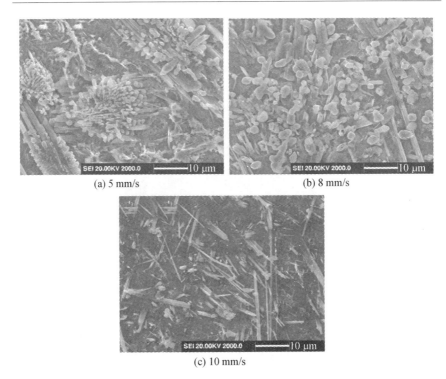

(a) 5 mm/s　　　　　　　　　　(b) 8 mm/s

(c) 10 mm/s

图 4.8　不同熔覆速度下复合涂层的组织形貌

和对流的作用下,涂层的稀释率增大,熔覆区增强相生成量减少,组织粗大,造成表面硬度显著降低。当熔覆速度适宜时,钨极在试样表面停留时间较长,吸收的热量足以使预涂粉末熔化,合金元素充分扩散,原位反应生成的增强相体积分数大,组织细小致密,涂层表面硬度较高。当熔覆速度较快时,钨极在试样表面停留时间短,吸收热量少,导致预涂粉末不能完全熔化,出现未熔现象,Ti 和 BN 反应很不充分,增强相颗粒很少,致使复合涂层的硬度低。

表 4.3 示出选取 S1 试样(40% BN+60% Ni60),在预涂粉末厚度为1.2 mm,焊接电流为 110 A,氩气流量为 12 L/min 的条件下,分别选用2 mm/s,5 mm/s,8 mm/s 和 10 mm/s 的熔覆速度时所测定的复合涂层的显微硬度。从表 4.3 可以看出,熔覆速度的大小对复合涂层的显微硬度有很大影响,当熔覆速度 $v=2$ mm/s 时,涂层硬度比钛合金硬度略高,当熔覆速度 $v=8$ mm/s 时,涂层显微硬度最高,是钛合金硬度的 4 倍。

表 4.3　不同熔覆速度下复合涂层的显微硬度

熔覆速度 /(mm·s⁻¹)	显微硬度（HV）					平均值
	1	2	3	4	5	
2	522	537	529	513	505	521
5	734	702	741	728	753	732
8	1 186	1 039	1 236	1 199	1 173	1 166
10	863	835	904	867	875	869

3. 预置粉末厚度对涂层质量的影响

在氩弧熔覆试验中,熔覆电流、熔覆速度及预置粉末厚度都会对涂层质量和性能产生较大影响,三者之间也有一定的关联性。针对特定的熔覆材料,在熔覆电流、熔覆速度等工艺参数确定的情况下,预置粉末厚度也是一个重要的影响因素。当试验过程中发现当试样表面预置粉末厚度小于0.8 mm时,单位体积内吸收的热量大,基体的稀释作用明显,颗粒增强相较少,形成的涂层较薄,导致复合涂层的硬度降低。当预置粉末厚度大于1.5 mm时,由于热输入不足,造成涂层表面局部有未熔化区域,厚度不均,涂层表面易出现气孔等缺陷,与基体结合不良,涂层性能差。试验结果表明,当预置粉末厚度为 1.0～1.2 mm 时,涂层的宏观形貌美观,成型质量好,熔覆层性能优良。

表 4.4 示出选取 S1 试样,在焊接电流为 110 A,熔覆速度 8 mm/s、氩气流量为 12 L/min 的条件下,预制粉末厚度分别为 0.8 mm,1.0 mm,1.2 mm 和 1.5 mm 时所测定的复合涂层的显微硬度。从表 4.4 可以看出,预置粉末厚度对复合涂层的显微硬度有很大影响,当预置粉末厚度为1.0～1.2 mm 时,涂层的显微硬度较为理想。

表 4.4　不同预置粉末厚度复合涂层的显微硬度

预置粉末厚度 /mm	显微硬度（HV）					平均值
	1	2	3	4	5	
0.8	508	496	521	530	489	509
1.0	1 132	1 189	1 106	1 159	1 194	1 156
1.2	1 208	1 173	1 251	1 195	1 232	1 211
1.5	752	845	821	827	819	812

4. 不同成分配比熔覆材料对复合涂层组织的影响

为了分析研究熔覆材料 BN 粉和 Ni60 合金粉末的不同成分配比对复合涂层显微组织的影响,在工艺参数为熔覆电流 110 A,熔覆速度8.0 mm/s,预置粉末厚度 1.2 mm,氩气流量 12 L/min,熔覆电压 12 V 的条件下,进行了三组不同成分 S1（40% BN + 60% Ni60A）, S2（30% BN +

70% Ni60A）和 S3（20% BN+80% Ni60A）试样的熔覆试验,用扫描电镜观察组织形貌。图 4.9（a）（b）（c）分别为 S1,S2 和 S3 复合涂层组织的 SEM 照片。从图 4.9 中可以看出,增强相有长棒状和颗粒状的形态,大部分颗粒状聚集在长棒状物相上,排列比较整齐规则,也有极少量颗粒状物相分散在基体中。随着 BN 粉末质量分数的减少,增强相颗粒的体积分数也随之减少,涂层的硬度、耐磨性等性能也较差。

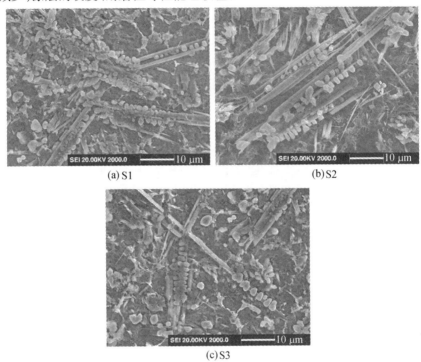

(a) S1　　　　　　　　　　(b) S2

(c) S3

图 4.9　氩弧熔覆涂层显微组织 SEM 形貌

5. 不同成分配比熔覆材料对复合涂层显微硬度的影响

利用显微硬度计测试复合涂层沿熔深方向的显微硬度,图 4.10 为三种成分配比试样 S1,S2 和 S3 的氩弧熔覆涂层的硬度分布曲线。从图 4.10 中可以看出,不同成分配比的复合涂层显微硬度曲线呈现大致相同的趋势走向。随着 BN 粉含量的增加,原位合成的增强相颗粒体积分数增大,复合涂层的显微硬度随之提高,增强效果更加明显。三条曲线中大约距离表面 0.4 mm 左右,显微硬度达到最高,S1,S2 和 S3 分别在 1 200HV, 1 100HV,980HV 左右,在距表面距离 0.8～1.1 mm 范围内显微硬度下降很快,说明在结合区的硬度值降幅较大,最终相当于基体硬度的水平。

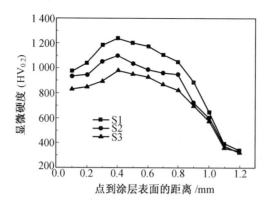

图 4.10　熔覆材料不同配比对复合涂层显微硬度分布的影响

4.3.2　TiB₂-TiN 复合涂层组织结构

本小节利用 X 射线衍射仪、带有能谱仪的扫描电镜分析研究涂层的相组成、微观组织结构和化学成分。

1.复合涂层组织的物相分析

利用日本理学 D/max-rB12 千瓦旋转阳极转靶 X 射线衍射仪测定 TC4 合金表面氩弧熔覆 S1 试样(40% BN+60% Ni60A)复合涂层的室温物相组成,试验条件为工作电压 50 kV,工作电流 40 mA,扫描速度 2(°)/min, Cu 靶 λ_K=0.154 18 nm。图 4.11 为氩弧熔覆原位生成 TiB₂-TiN 复合涂层的 X 射线衍射图谱。通过对 X 射线图谱的分析标定可知,衍射图中的主要强衍射峰均为 Ti 基体的特征峰;在其他较弱的衍射峰中,在 2θ 角分别为 27.4°,44.46°和 57.14°位置出现的衍射峰所对应的物质为 TiB₂,2θ 角分别为 36.85°,42.49°和 61.86°位置出现的衍射峰所对应的物质为 TiN。衍射图谱中没有发现 TiB,Ni₄B₃ 等自由能较低的物质衍射峰,说明 TiB, Ni₄B₃ 没有生成或者极少,未检测到。结合图 4.12 的能谱分析,发现 α-Ti 基体中固溶了 Ni,Cr,Al 等元素。因此复合涂层的主要组成相为 TiB₂,TiN 和 α-Ti 固溶体。衍射图谱中 TiB₂ 和 TiN 衍射峰的出现表明在氩弧熔覆过程中原位生成了 TiB₂ 和 TiN 颗粒增强相。

2.复合涂层颗粒增强相的能谱分析

利用 OXFORD 能谱分析仪进行 S2 试样复合涂层颗粒相的能谱分析,选取涂层中 Spectrum1,Spectrum2,Spectrum3 三个微小区域进行分析观察,如图 4.12 所示。从能谱照片中可以看出,颗粒状、长棒状及细针状等不同形状的增强相分布在灰黑色的基体上。微区 Spectrum1 为颗粒状,排列较

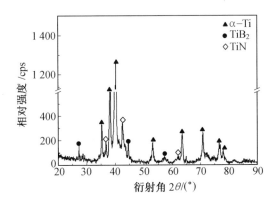

图 4.11　复合涂层表面 X 射线衍射图谱

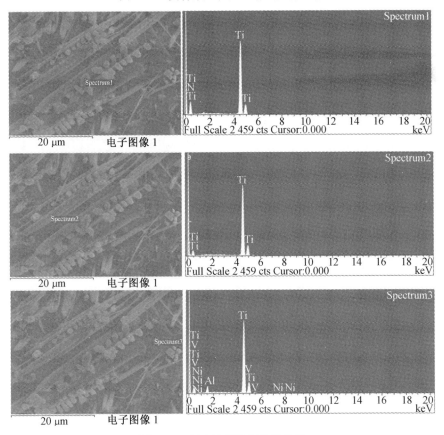

图 4.12　复合涂层组织能谱分析

规则,尺寸为 2~5 μm,含有 Ti 和 N 元素。微区 Spectrum2 为长棒状,尺寸相对较大,含有 Ti 和 B 元素。微区 Spectrum3 为基体区域,Ti,Al,Cr 等元素分布于基体上,形成 α-Ti 固溶体。

3. 复合涂层颗粒增强相元素定性分析

图 4.13 为复合涂层熔覆区域元素线扫描图谱。从该区域的背散射照片图 4.13(a)可以看出,熔覆层中分布白色颗粒状和灰黑色块状物,对这些物相进行线扫描分析。从图 4.13(b)~(d)中发现 Ti 和 B 元素在灰黑色块状物区域出现了较高峰值,说明灰黑色块状物是由 Ti 和 B 两种元素组成的化合物。Ti 和 N 元素在白色颗粒状物区域出现明显的峰值,可以断定白色颗粒相是由 Ti 和 N 元素组成的,结合前面 XRD 衍射分析结果,说明灰黑色块状物为 TiB_2,白色颗粒状物为 TiN。进一步发现 Ti 元素在线扫描区域有明显的峰值,并且峰的区域宽,这是由于钛合金基体中 Ti 元素丰富,原位合成增强相 TiB_2 和 TiN 颗粒的同时,Ni,Al 等元素与 α-Ti 固溶,在基体中形成 α-Ti 固溶体。从图 4.13(c)~(f)可以看出,B 和 N 元素出现峰值较高的区域,Ni 和 Al 元素的峰值较低,而其他区域较高,说明 Ni,Al 元素分布在 Ti 基体上。

4. 复合涂层微观组织分析

前面进行了 XRD 衍射,经能谱及元素线扫描分析,确定了增强相 TiB_2-TiN 颗粒。图 4.14 示出了复合涂层 TiB_2-TiN 增强颗粒的典型形貌。图 4.15 示出了 S1 试样复合涂层从熔覆区至稀释区的显微组织形貌,其中图 4.15(a)~(c)为熔覆区上部至底部三个不同区域的组织形貌,图 4.15(d)为稀释区的组织形貌。从图 4.15(a)可以看出,在熔覆区上部分布着大量的棒状 TiB_2 和颗粒状 TiN,棒状 TiB_2 从基体中长出,方向基本一致,棒状截面尺寸较小,为 3~5 μm。大量颗粒状 TiN 呈紧密聚集态附着在棒状 TiB_2 上,TiN 颗粒尺寸为 2~3 μm,起到颗粒强化作用。随至熔覆层表面距离增大,增强相颗粒数量减少,棒状的 TiB_2 横截面尺寸变小,出现细针状的 TiB_2,生长方向发生较大变化,如图 4.15(b)所示。至熔覆层底部,几乎看不到棒状的 TiB_2 颗粒,只存在针状的 TiB_2,方向变得比较杂乱,TiN 颗粒明显减少,只能看到很少的 TiN 颗粒或聚集在针状 TiB_2 或弥散分布在基体上,如图 4.15(c)所示。在稀释区,基体区域增大,增强相颗粒 TiB_2 和 TiN 的体积分数和数量最少,如图 4.15(d)所示。由于增强相的密度相对较小,凝固过程中上浮到熔覆层上部生长并弥散分布,同时基体的稀释作用造成熔覆层底部和稀释区的增强相颗粒数量减少,因此熔覆区至稀释区的增强相分布数量呈下降趋势。综上,增强相颗粒 TiB_2 和 TiN 的分布状态对提高复合涂层的性能起到重要作用。

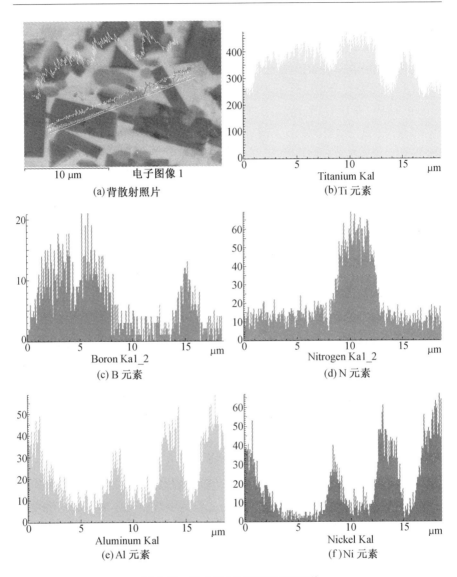

(a)背散射照片

(b)Ti 元素

(c)B 元素

(d)N 元素

(e)Al 元素

(f)Ni 元素

图 4.13 复合涂层元素线扫描图谱

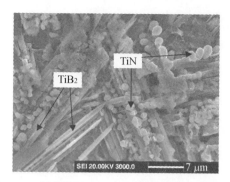

图 4.14 复合涂层 TiB_2–TiN 增强颗粒的典型形貌

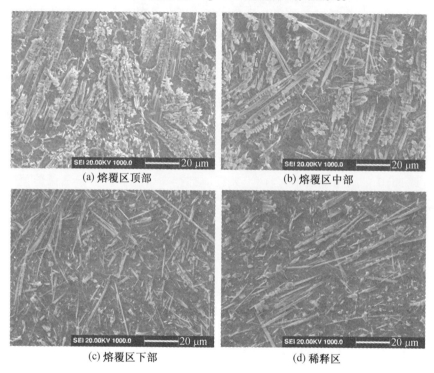

(a) 熔覆区顶部 　　　　　　　　　　 (b) 熔覆区中部

(c) 熔覆区下部 　　　　　　　　　　 (d) 稀释区

图 4.15 复合涂层熔覆区不同区域和稀释区的组织形貌

4.3.3 TiB_2–TiN 热力学分析与形成机理

1. 原位合成 TiB_2–TiN 复合涂层的热力学分析

原位合成方法制备耐磨复合涂层具有增强相与基体间结合强度高、界面无污染等优点,同时具备基体金属的塑韧性,因而使涂层具备良好的综合性能。合金粉末在熔覆过程中发生一系列物理化学反应,通过这些变化

91

形成稳定的物相组成和组织结构。在原位合成工艺中需要应用热力学分析方法来判断化学反应的趋势、方向和达到平衡组织的状态。因此有必要从热力学形成条件入手,计算分析原位合成增强相 TiB$_2$-TiN 陶瓷的可行性。

　　熔覆材料体系包括 Ni60A 合金粉末和 BN 粉,Ni60A 中有 Ni,Cr,B,Si 和 Fe 元素,BN 粉中含有 B 和 N 元素,加上钛合金中主要含有 Ti 元素,合金反应层中则涉及多种元素的反应,因此必须考虑各元素之间的反应问题。运用科学出版社出版的《纯物质热化学数据手册》[19] 可进行热力学数据检索和系列热力学计算,从而对试验中氩弧熔覆涂层化学反应热力学进行可行性分析。通过各种合金元素可能形成化合物相的自由能随温度变化曲线 G-T 图来分析形成各种化合物的趋势。

　　查阅《纯物质热化学数据手册》可知,Ni,Cr,B,Si,N 和 Ti 六种元素,可能组成 TiB,TiN,TiB$_2$,NiTi$_2$,NiTi,CrSi,CrSi$_2$,NiB,Ni$_4$B$_3$,CrB,NiSi 和 CrB$_2$ 等多种二元化合物,对这些化合物形成的反应进行热力学计算,其自由能与温度的关系曲线如图 4.16 ~ 4.18 所示。图 4.16 中在 300 ~ 1 800 K 温度范围内,NiTi$_2$,NiTi,CrSi,CrSi$_2$ 和 NiB 的自由能均小于零,图 4.17 中在 300 ~ 2 400 K 温度范围内,CrB,NiSi,CrB$_2$ 和 Ni$_4$B$_3$ 的自由能均小于零,对比发现 Ni$_4$B$_3$ 的自由能最小,因此上述反应都存在可能性。由于氩弧熔覆试验过程是在氩气保护气氛下进行,所以 Ni,Si 和 Ti 等元素不能发生氧化反应,这些元素未被氧化,没有生成氧化物。

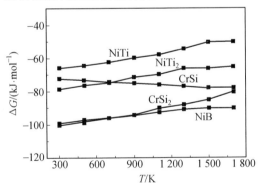

图 4.16　合金系中可能发生反应的自由能随温度变化曲线(1)

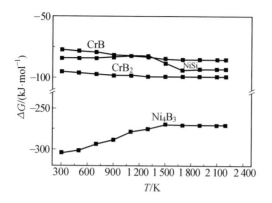

图 4.17　合金系中可能发生反应的自由能随温度变化曲线(2)

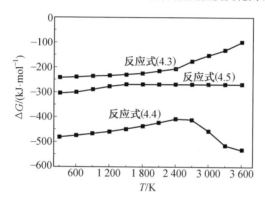

图 4.18　合金系中可能发生反应的自由能随温度变化曲线(3)

Molian[20]在 TC4 合金表面激光熔覆 BN 涂层时发现 Ti 元素与 BN 元素之间发生化学反应,生成 TiB₂ 和 TiN。化学反应式为

$$2BN+3Ti \longrightarrow TiB_2+2TiN \tag{4.1}$$

用热力学方法对此进行分析发现

$$\Delta G_T = \Delta G_T^0 + RT\ln \frac{a_{TiN}^2 a_{TiB_2}}{a_{BN}^2 a_{Ti}^3} \ll 0 \tag{4.2}$$

式中　a_i——i 物质的活度。

本章根据熔覆材料和所生成的反应物的不同,给出了两个可能发生的反应方程式

$$2Ti+BN \longrightarrow TiN+TiB \tag{4.3}$$

$$3Ti+2BN \longrightarrow TiB_2+2TiN \tag{4.4}$$

应用热力学公式对上述两个反应进行热力学计算,温度点从 300 K 计算到

93

3 600 K,每隔 100 K 计算一个值。计算结果与生成 Ni_4B_3 的化学反应式 (4.5)的自由能进行对比,反应的自由能变化见表4.5。

$$4Ni+3B \longrightarrow Ni_4B_3 \tag{4.5}$$

表 4.5 各反应方程式的自由能 ΔG

温度/K	反应式(4.3) $\Delta G/(kJ \cdot mol^{-1})$	反应式(4.4) $\Delta G/(kJ \cdot mol^{-1})$	反应式(4.5) $\Delta G/(kJ \cdot mol^{-1})$
300	−240.97	−479.291	−304.254
400	−240.139	−476.805	−303.364
600	−238.921	−472.63	−299.324
700	−238.157	−466.475	−293.786
800	−235.796	−465.021	−293.621
900	−235.029	−464.868	−288.963
1 000	−235.471	−459.825	−282.486
1 200	−233.986	−455.954	−276.247
1 300	−232.432	−450.129	−275.428
1 400	−229.938	−447.203	−269.367
1 500	−228.809	−445.987	−269.367
1 600	−227.175	−439.546	−269.367
1 800	−224.071	−433.136	−269.367
1 900	−221.672	−427.401	−269.367
2 000	−217.352	−422.453	−269.367
2 100	−214.369	−417.577	−269.367
2 200	−211.546	−410.943	−269.367
2 300	−207.951	−408.558	−269.367
2 400	−206.126	−399.360	−269.367
2 500	−200.324	−396.908	−269.367
2 600	−184.258	−410.469	−269.367
2 700	−176.482	−427.150	−269.367
2 800	−169.427	−442.312	−269.367
2 900	−161.327	−456.365	−269.367
3 000	−152.693	−473.602	−269.367
3 100	−145.426	−491.589	−269.367
3 200	−138.327	−514.769	−269.367
3 300	−131.868	−542.485	−269.367
3 400	−127.687	−567.586	−269.367
3 500	−121.489	−531.324	−269.367
3 600	−97.236	−531.567	−269.367

在理想溶液中,一般用各组元的浓度作为活度系数,即使仅考虑熔覆

层内各组元的浓度,也不难发现在上述未生成的 Cr_3Si,Cr_5Si_3,Si_3N_4 和 Ti_5Si_3 等各相中,对 Si 的含量均要求较多,由于在熔融状态下很难形成以 Si 为主要成分的浓度起伏,所以很难满足生成 Cr_3Si,Cr_5Si_3,Si_3N_4 和 Ti_5Si_3 的浓度条件。因此未发现存在 Cr_3Si,Cr_5Si_3,Si_3N_4 和 Ti_5Si_3 等相,或者由于量很少而未被 X-Ray 检测到。结合热力学分析计算和 X-Ray 衍射结果,可以确定氩弧熔覆复合涂层内原位合成 TiN 和 TiB_2 相。

2. TiB_2–TiN 颗粒的形成机理

在氩弧熔覆过程中,在高温热源的作用下,母材将发生局部熔化,并与熔化了的预置涂层材料混合搅拌而形成了熔池(Cladding Pool),与此同时进行了短暂而复杂的冶金反应。当热源离开以后,熔池金属便开始凝固。熔池凝固过程对熔覆层金属的组织、性能具有重要的影响。

从复合涂层 XRD 衍射图谱中没有发现 BN 的衍射峰,表明氩弧熔覆的高温能量将 BN 颗粒的 B—N 键打开,BN 完全分解为 B 原子和 N 原子沉浸在熔池中,在熔覆能量和放热反应的驱动下,熔池内产生强烈的对流和搅拌作用,扩散速率增大,使 Ti,B 和 N 等原子充分接触。当氩弧熔覆温度高于 Ti 合金的熔点,由于 B,N 原子在液相 Ti 中的溶解度不同[21,22],B 原子在液相 Ti 中的溶解度要大于 N 原子的溶解度,并且 B 的扩散系数大于 N 的扩散系数,当液相中 B 的浓度超过饱和浓度时发生 $Ti+2B \longrightarrow TiB_2$。在反应过程中,有可能生成硼化物 TiB,由于 TiB 在热力学上是不稳定相,氩弧熔覆反应温度很高,并且在熔池中液态金属运动剧烈,最终中间相 TiB 全部转变为 TiB_2,由 XRD 分析结果也验证未存在 TiB 相。该反应为放热反应,放出的热量加快了 TiN 的生成。其反应原理如图 4.19 所示。

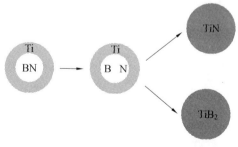

图 4.19 TiB_2 和 TiN 反应原理示意图

TiB_2 属于 C32 型晶体结构,可以简单地描述为六方对称的钛层和硼层相互交替序列。Ti 原子是密堆积成 A–A–A 系列产生底心单胞。B 原子是六配位以及位于金属原子的三角棱柱的中心(H 位),因此产生一平面状原始六方的二维的类石墨的网络,整个堆叠系列是 A H A H A H…,属于 P6/mmm 空间群,如图 4.20 所示。其结构最小单元为六个 Ti 原子和一个 B 原子构成的三角棱柱,B 原子在三棱柱的中心位置(H 位)。因此,TiB₂ 晶体可以沿着{0001}面上的<1$\bar{1}$00>晶向堆垛,如图 4.21 所示。

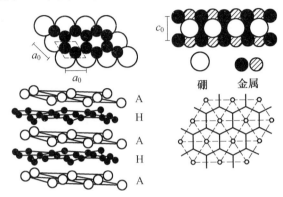

图 4.20　TiB₂晶体结构示意图[23]

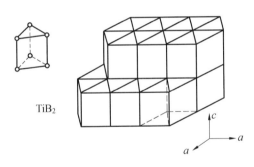

图 4.21　TiB₂晶体生长原子堆积示意图[24]

研究发现,初生 TiB₂ 是在 Ti–B–N 体系温度降低的过程中直接从熔体中析出,其形貌受周围环境影响较小,接近理想条件下 TiB₂ 的生长形貌,因此 TiB₂ 的生长形貌为六面棱柱形状,如图 4.22(a)所示。

从 BEI 背散射图可以看出,六面棱柱的形状比较规则,尺寸大小不同,这与周围的生长空间有关。

合金中增强相的晶体形态除了受其界面能、相变熵等内在因素的影响外,还受凝固过程中 Ti,B 和 N 的原子浓度、热量传输等热动力学条件的影响。根据晶体生长理论可知,晶体各晶面的相对生长速率决定晶体生长形态和结构特征,而相对生长速率与生长界面的微观结构和生长方式有关。由于 B 在液相 Ti 中的溶解度较大,B 与 Ti 原子开始反应,TiB₂ 先以初生相形核。随着 TiB$_2$ 的长大,其固-液界面 N 原子的过饱和度不均匀性也可能随之增大。由于液相 Ti 量多,在过饱和度较大的地方,固-液界面处 N 原子与 Ti 原子结合生长,并与 TiB$_2$ 相紧密接触,附着在 TiB$_2$ 周围,其生长空间受到限制,而使两个柱面方向的生长速度受到影响。根据 TiB$_2$ 的晶体结构,初生 TiB$_2$ 晶体(0001)面上的突出部分具有较快的[0001]晶向生长速度,而<10$\bar{1}$0>晶向生长较慢,因此生长截面为短棒状或长方状的 TiB$_2$ 颗粒,其 SEM 形貌如图 4.22(b)所示。

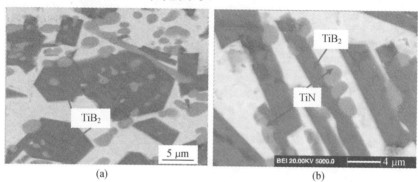

图 4.22   TiB$_2$ 颗粒两种不同的典型形貌

从图 4.23 可以看出,部分 TiN 颗粒生长时依附于 TiB$_2$,同时有少量的 TiN 颗粒游离在 TiB$_2$ 颗粒之间,这可能是由于 TiB$_2$ 晶核不断长大,要从周围液相中吸收 Ti 原子和 B 原子,在 TiB$_2$ 周围形成贫 B 富 N 区域,液相中有大量 Ti 原子富余,部分 N 原子达到溶解度要求,在较远处与 Ti 原子结合自发形核生长成 TiN 颗粒,充填在 TiB$_2$-TiN 颗粒间,起到颗粒强化作用。

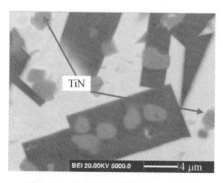

图 4.23   TiN 自发形核的 BEI 形貌

4.3.4　TiB_2-TiN 复合涂层的摩擦磨损性能

在一定的氩弧熔覆工艺参数下,可在 TC4 合金表面制备复合涂层,通过对比分析不同的材料成分配比所获得的涂层质量和显微组织,表明在适宜的工艺参数范围内,可获得组织连续均匀并与基底结合良好的 TiB_2-TiN 复合涂层。本章利用 MMS-2A 型环-块式摩擦磨损试验机测试 GCr15 钢分别与 S1 试样(40% BN+60% Ni60A)、S2 试样(30% BN+70% Ni60A)、S3 试样(20% BN+80% Ni60A)复合涂层及 TC4 合金的摩擦磨损性能。通过对复合涂层和 TC4 合金的磨损表面形貌的分析,揭示了氩弧熔覆复合涂层的摩擦磨损机理。

1. 氩弧熔覆 TiB_2-TiN 复合涂层的硬度分布

利用显微硬度计对 S1(40% BN+60% Ni60A)试样复合涂层沿熔深方向间隔 0.1 mm 进行显微硬度测量,硬度分布曲线如图 4.24 所示。

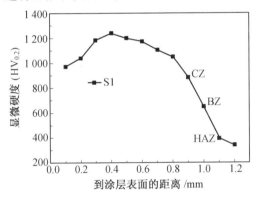

图 4.24　氩弧熔覆复合涂层显微硬度分布曲线

由图 4.24 可见,从熔覆层/基体界面至熔覆层表层,显微硬度呈梯度分布。熔覆层的表面硬度高达 1 200HV 左右,是钛合金基体表面显微硬度(340HV 左右)的近 4 倍。涂层表面由于氩弧直接加热,涂层合金元素烧损和挥发比较严重,熔覆层由表及里在一定厚度范围内显微硬度值有所上升,至表面距离 0.4 mm 达到最高值,而后平缓下降。在熔覆区底部至结合区显微硬度下降较明显,可以看出,结合区(BZ)和热影响区(HAZ)的显微硬度分别为 650HV 和 400HV 左右,热影响区硬度值略高于基体。复合涂层中增强相的数量和分布情况决定了显微硬度曲线特征。在复合涂层的结合区域,由于基体稀释作用,增强颗粒受力上浮,并且生成的 TiN 和 TiB_2 颗粒很少,增强相体积分数迅速下降,因而硬度较低。在熔覆层表层,由于增强相与熔覆层的密度不同及熔池中流体的对流,弥散分布着大量上浮到表面的呈针状或棒状分布的 TiB$_2$ 颗粒和块状 TiN 颗粒,原位形成的增强相的体积分数最高,因此熔覆层表层区域的显微硬度值最高。

2. 氩弧熔覆 TiB$_2$–TiN 复合涂层的耐磨性能

图 4.25 给出了三种成分配比 S1,S2,S3 试样氩弧熔覆复合涂层和钛合金 TC4 在相同摩擦工作参数(滑动时间 t = 3 600 s,法向载荷 F = 200 N,滑动速度 v = 200 r/min)下的磨损失重。

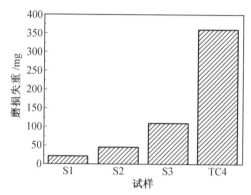

图 4.25　氩弧熔覆复合涂层和 TC4 的磨损失重对比图

从图 4.25 可以看出,复合涂层的磨损失重随熔覆材料 BN 粉末量的减少而增加,试样 S1 的复合涂层磨损失重最小,S2,S3 磨损失重有所增加,TC4 的磨损失重最大,大约分别是 S1,S2,S3 磨损失重的 16 倍、5 倍和 2 倍。因而试样 S1 复合涂层具有较好的耐磨性能。氩弧熔覆涂层耐磨性能与熔覆层的宏观质量、稀释率及熔覆层的显微组织有关。降低稀释率,有利于发挥熔覆层的耐磨特性。

3. TC4 合金和复合涂层的摩擦行为

图 4.26 为 TC4 合金和 S1 试样复合涂层分别与 GCr15 钢在空气中对磨时摩擦力随摩擦距离变化的曲线。从图 4.26 可以看出,两种试样的摩擦过程比较近似,分为磨合阶段和稳定磨损两个阶段。

如图 4.26 所示,ab 段为磨合阶段。在此阶段初期摩擦力迅速上升,达到一定数值后摩擦力开始波动,随后波动变小并逐渐趋向平稳。由于在摩擦初始阶段,摩擦副表面具有一定的粗糙度,在滑动初期实际接触点很少,真实接触面积较小,所以开始时摩擦力较小。随着摩擦距离的增加,摩擦副接触表面的微凸体数量急剧增多,真实接触面积增大,摩擦力也随之增大。随着摩擦过程的进行,表面逐渐磨平,真实接触面积的变化趋于稳定,摩擦力的波动也变小,最后达到稳定磨损阶段。

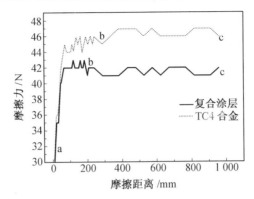

图 4.26　TC4 合金和 S1 试样复合涂层分别与 GCr15 钢在空气中
对磨时摩擦力与摩擦距离的关系曲线[25]

bc 段为稳定磨损阶段。在此阶段,由于真实接触面积的变化很小,摩擦力比较平稳,因而摩擦力变化较小。一般此阶段磨损速度为常数,即磨损量与时间成正比。大量试验结果表明,在磨合阶段磨合得越好,其摩擦力的波动越小。

4. 摩擦因数

图 4.27 示出了 TC4 合金和 S1,S2 和 S3 试样复合涂层分别与 GCr15 钢在空气中对磨时摩擦因数随着滑动时间变化曲线(滑动时间 $t = 3\ 600$ s,法向载荷 $F = 200$ N,滑动速度 $v = 200$ r/min)。由图 4.27 可知,TC4 合金与 GCr15 钢对磨时摩擦因数在 0.43 ~ 0.62 变化,S1,S2 和 S3 试样氩弧熔覆复合涂层的摩擦因数分别为 0.47 ~ 0.55,0.39 ~ 0.49,0.34 ~ 0.42。滑动时间越长,滑动距离越大,摩擦因数也随滑动距离的增加发生变化,在摩擦初始阶段摩擦因数较低,随滑动距离的增加,摩擦因数逐渐上升,复合涂层摩擦因数随滑动时间变化的规律和 TC4 合金与 GCr15 钢对磨的规律基本相同。从图 4.27 中还可以看出,TC4 合金与 GCr15 钢对磨时摩擦因数比复合涂层与 GCr15 钢对磨时摩擦因数高。

摩擦过程是一种极其复杂的物理-力学现象,根据美国麻省理工学院 Suh 等人[26]的观点,在摩擦磨损过程中,摩擦力的主要来源体现在三个方面,即摩擦表面间的黏着作用、摩擦力的犁削分量和微凸体的变形分量。相应地,滑动摩擦因数为摩擦因数的黏着分量(f_a)、犁削分量(f_p)和微凸体变形分量(f_d)三个分量之和。

摩擦因数的三个组成分量在摩擦因数中所占的分量与对磨副材料的

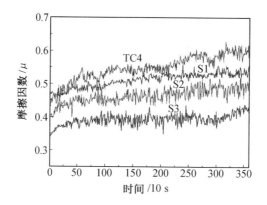

图 4.27 TC4 合金和三种试样复合涂层的摩擦因数随滑动时间的变化曲线

性质及表面间的接触状态有很大关系,同时也受滑动速度、距离和摩擦工况条件等因素的影响。在摩擦的初始阶段,因为固体表面比较粗糙,黏着倾向不明显,摩擦因数主要由微凸体的犁削作用决定。随着滑动距离的增加,原始表面的粗糙度下降,犁削作用阻力降低,表面间的黏着摩擦因数分量增加,此时黏着分量对摩擦因数贡献较大,黏着分量的大小与相互接触的摩擦副表面状态有关。因此摩擦力不仅取决于接触面间的分子作用力,而且还取决于粗糙表面微凸体犁削作用引起的接触体畸变。TC4 合金的摩擦因数较高,可能是由于较硬的 GCr15 对磨材料表面硬质微凸体压入 TC4 合金基体表面时,其表面发生塑性变形并形成犁沟,随着摩擦过程的进行,发生表面间的紧密接触,形成黏着接点。由犁削和黏着共同作用而产生的摩擦力增大,造成滑动摩擦因数增大。当较硬的 GCr15 对磨环与复合涂层进行对磨时,由于复合涂层具有较高的硬度,首先是对涂层表面的氧化层和较软的基体组织进行磨损,当涂层中 TiB_2-TiN 硬质颗粒裸露出来后,对犁削作用产生阻碍,产生摩擦力,随着摩擦距离的增加,摩擦因数增大。S1,S2 和 S3 试样复合涂层的摩擦因数不同可能是由于涂层微观组织及增强相的影响。S1 复合涂层的 TiB_2 和 TiN 颗粒数量多,增强相体积分数大,因阻碍犁削作用而产生的摩擦力大,所以 S1 的摩擦因数比 S2 和 S3 试样复合涂层的大。

5. 磨屑分析

图 4.28 示出了 TC4 合金试样和 S1 试样复合涂层与 GCr15 钢对磨磨屑的 X 射线衍射图谱。对衍射峰的标定表明,两种磨屑的相组成相同,主要由 Fe_3O_4 和 α-Ti 相组成,另外还含有少量的 α-Fe。复合涂层试样与 GCr15 钢对磨时磨屑中没有发现 TiB_2-TiN 相,说明 TiB_2-TiN 硬质相几乎

没有发生磨损脱落。

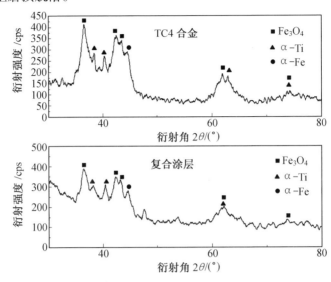

图 4.28　TC4 合金和 S1 试样复合涂层与 GCr15 钢磨屑的 X 射线衍射图谱

6. TC4 合金和氩弧熔覆复合涂层磨损机制

图 4.29 示出了法向载荷为 200 N,滑动速度为 200 r/min,滑动时间为 3 600 s 的摩擦工作参数下,TC4 合金试样的磨损表面 SEM 形貌。由于钛合金基体的塑性好,硬度较低,在摩擦过程中产生的磨屑和 GCr15 钢中的硬质点在法向分力的作用下进入基体表面,切向分力在材料表面产生犁沟变形。由图 4.29(a)可见,在 TC4 合金试样表面明显可以看出沿滑动方向的划痕,上面残留细小的磨屑,划痕是由于磨屑和 GCr15 钢中的硬质点对 TC4 合金试样的磨粒切削作用造成的,钛合金试样表面在摩擦磨损过程中的塑性变形特征比较明显,划痕较宽深。另外,摩擦副对磨过程中,对磨材料脱落的磨屑和破坏的金属氧化膜经过反复碾压,被发生塑性变形的基体吸附。由图 4.29(b)可以看出,在 GCr15 钢和 TC4 合金试样表面存在材料黏附转移现象,这表明与之对磨的材料发生了黏着磨损。因此,TC4 合金的磨损机制主要为磨粒磨损和黏着磨损。

本章在 S1,S2 和 S3 试样组织分析和性能测试的试验研究过程中,发现 S1 试样复合涂层无论在微观组织还是在性能上都具有一定的代表性,因此本书用 S1 试样复合涂层分析探讨磨损机制。复合涂层由于细晶强化和弥散强化的作用,提高了 TC4 合金表面的强度和硬度,因而有效地增强了 TC4 合金表面的抗磨损能力。图 4.30 示出了 S1 试样复合涂层与对磨

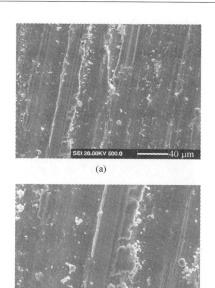

(a)

(b)

图 4.29　TC4 合金的磨损表面 SEM 形貌

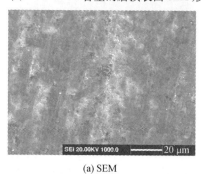

(a) SEM

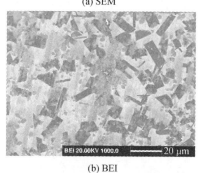

(b) BEI

图 4.30　S1 试样复合涂层磨损表面形貌

副 GCr15 钢在上述相同的摩擦工作参数下涂层磨损 SEM 形貌和 BEI 背散射图像。对图 4.30 分析可知,在复合涂层与 GCr15 钢对磨的过程中,涂层中增强相 TiB$_2$–TiN 硬质颗粒压入 GCr15 钢表面,GCr15 钢中的碳化物硬质点在载荷的作用下也会进入涂层表面,但由于涂层中 TiB$_2$–TiN 增强颗粒具有较高的硬度和耐磨性能,涂层摩擦表面出现大量细小并且宽度较均匀的磨痕,没有看到明显的犁沟,因此对涂层造成显微切削磨损。

在试验过程中发现,当载荷和速度达到一定程度后,GCr15 钢试样表面氧化。由于复合涂层的硬度较高,GCr15 钢表面的磨损较为严重,其表面磨损的速率大于表面氧化膜形成的速率。随着磨损过程的进行,试样表面的温度提高,氧化膜层脱落,GCr15 钢表面就会不断地露出新生的金属表面,增大了与复合涂层表面黏着的倾向,从而发生黏着磨损,从图 4.30 中可看出黏着磨损产生的金属转移物。

对图 4.31 中的金属转移物进行能谱分析,成分(质量分数)约为 C3.0,O34.70,Si0.62,Ti7.52,Fe51.37,Cr1.97,Ni0.82,可以看出这些转移物的主要成分是铁的氧化物,来自于对磨副 GCr15 钢,能谱分析如图 4.31 所示,说明在磨损过程中发生了黏着磨损。因此,氩弧熔覆复合涂层的磨损机制主要为显微切削磨损和黏着磨损。在复合涂层与对磨副 GCr15 钢的摩擦开始阶段,发生磨损的部位是硬度较低的基体组织。随着摩擦过程的进行,基体磨损量增加,增强相 TiB$_2$ 和 TiN 硬质颗粒逐渐暴露在摩擦面。由于增强相硬度很高,与基体结合牢固,在与对磨副 GCr15 钢摩擦过程中起到了很大的阻磨作用,复合涂层的磨损量降低,表现为涂层具有优良的耐磨性能。

图 4.32 示出了 S1 试样复合涂层摩擦表面形貌背散射照片。从图 4.32 中可以看出,涂层基体表面沿摩擦滑动方向分布着数量较少且不连续的磨痕,在增强相 TiB$_2$ 和 TiN 颗粒表面看不到明显的划痕,如同磨痕从颗粒表面"越"过去,终止于颗粒前沿,开始于颗粒后端,没有对增强相造成严重的切削和划伤,因此未见颗粒脱落迹象。这可能是由于复合涂层增强相体积分数大,分布数量较多,其抗磨支撑作用使得磨损难以向涂层深处进行的原因。

研究表明,涂层的硬度较 TC4 合金有了很大提高,造成对磨体 GCr15 钢中的硬碳化物质点和磨屑粒子压入涂层的深度较浅,形成浅而细小的划痕形貌。由于 TiB$_2$ 和 TiN 颗粒既未发生塑性变形,也没有从基体中拔出而脱落,在摩擦过程中起到良好的抗磨支撑作用。对图 4.31 中的 Spectrum 2,Spectrum 3 和 Spectrum 4 区域进行能谱分析(图 4.33),其化学成分见表 4.6。

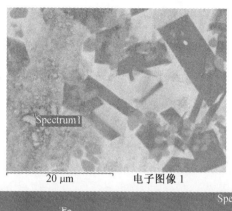

图4.31 复合涂层金属转移物能谱分析

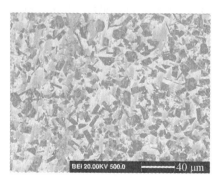

图4.32 复合涂层磨损表面磨痕背散射图像

表 4.6　氩弧熔覆层 S1 中各组成相的质量分数

组成相名称	质量分数/%								
	Ti	B	N	V	Al	Cr	Fe	Ni	O
Spectrum 2	60.16	27.34					7.12		5.38
Spectrum 3	62.30		22.38				9.05		6.27
Spectrum 4	27.41			3.19	3.59	10.51	21.84	22.99	8.72

通过对表 4.6 和图 4.33 可以断定颗粒 2 为 TiB₂,颗粒 3 为 TiN,Spectrum 4 区域是基体,涂层表面粘有少量氧化产物,从而证明 Spectrum 2 和 Spectrum 3 区域不是 TiB₂ 和 TiN 颗粒的剥落坑,而是原位合成生长在基体中的增强相 TiB₂ 和 TiN 颗粒。

7. 复合涂层的强化机制

（1）颗粒强化

由前面述及的磨损性能和微观组织分析可以看出,氩弧熔覆复合涂层存在大量原位合成的 TiB₂ 和 TiN 颗粒。随着 BN 粉末含量增加,涂层中增强相的体积分数增大,硬质颗粒数量明显增多。磨损形貌和能谱分析表明 TiB₂ 和 TiN 这些增强相硬质颗粒在涂层中分布均匀,与基体结合牢固,未发现硬质颗粒剥落现象。TiB₂ 和 TiN 颗粒在复合涂层中构成承担载荷的骨架,起到了保护涂层基体的作用,有效地降低了复合涂层基体材料的磨损。

（2）细晶强化

由于氩弧熔覆是快速加热冷却的过程,使得原位生成的 TiB₂ 和 TiN 颗粒尺寸细小,晶粒小使晶界增多,因而增加了位错运动障碍的数目,引起晶界或相界强化效应,所以有利于提高复合涂层的强度和硬度,具有良好的耐磨性能。

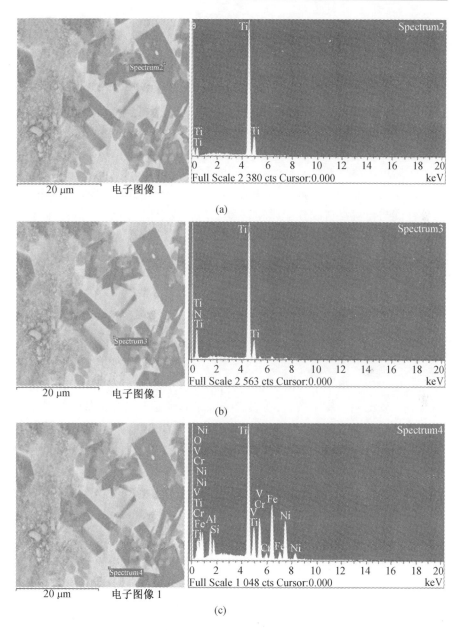

图4.33 复合涂层磨损表面背散射形貌及能谱分析

4.4　结　论

采用氩弧熔覆技术,在 TC4 合金表面原位合成 TiB$_2$-TiN 复合涂层,利用 XRD、扫描电镜等分析测试手段,分析研究了复合涂层微观组织形貌、分布特征和物相组成,并系统分析了复合涂层的摩擦磨损性能,同时阐述了影响复合涂层质量和性能的各种因素,得出如下结论:

①通过熔覆材料成分设计和优化熔覆工艺参数,在 TC4 合金表面获得了表面质量良好,组织均匀且与基底实现冶金结合的 TiB$_2$-TiN 复合涂层。涂层性能与熔覆材料成分配比和熔覆工艺参数密切相关。获得性能优良的复合涂层的熔覆材料成分配比和最佳熔覆工艺参数为:S1 试样成分配比(40% BN + 60% Ni60A),熔覆电流 110 A,速度 8 mm/s,涂层厚度1.2 mm。

②复合涂层的显微组织沿层深方向可分为熔覆区、结合区和热影响区三个区域。其显微组织为长棒状 TiB$_2$、颗粒状 TiN 及 α-Ti(Ni,Al)固溶体,熔覆区内增强相体积分数大,尺寸细小,组织致密,排列规则。

③复合涂层的显微硬度随 BN 质量分数的增加而提高。复合涂层的显微硬度由表及里呈下降阶梯状分布,熔覆区域显微硬度最高,结合区和热影响区硬度曲线斜率较大,在热影响区底部接近 TC4 合金基体的硬度。

④从热力学角度分析了原位生成 TiB$_2$ 和 TiN 的可行性,并探讨了 TiB$_2$ 和 TiN 的形成机理,在反应过程中 TiB$_2$ 先以初生相形核析出,Ti 原子与 N 原子生成颗粒状 TiN 绝大部分附着在长棒状 TiB$_2$ 周围,少量 TiN 颗粒在TiB$_2$ 中间形成长大。

⑤在相同的摩擦磨损参数条件下,复合涂层与 GCr15 钢对磨时摩擦因数比 TC4 合金与 GCr15 钢对磨时摩擦因数小,S1,S2 和 S3 复合涂层与GCr15 钢对磨时摩擦因数分别为 0.47~0.55,0.39~0.49,0.34~0.42。

⑥TC4 合金的磨损机制主要是磨粒磨损和黏着磨损,复合涂层的磨损机制为显微切削磨损和黏着磨损。复合涂层中存在增强相颗粒强化、细晶强化等强化机制,提高了复合涂层的硬度和耐磨性。

参考文献

[1] 张喜燕,赵永庆,白晨光. 钛合金及应用[M]. 北京:化学工业出版社,

2005：287-299.

［2］李运康,石舜森,黄拔凡. 钛及其合金的氮化［J］. 稀有金属,1989,13（2）：149-153.

［3］戴舸,张荣军. TC4 钛合金高频渗氮工艺研究［J］. 金属热处理,1990,8：10-14.

［4］张亚明,王卫林,周龙江,等. Ti-6Al-4V 合金渗硅［J］. 金属热处理,1993,1：21-24.

［5］沈保罗,高升吉. 钛渗硼的最新进展［J］. 金属热处理,1992,5：39-41.

［6］虞炳西,高树浚. 纯钛泵轴渗氮强化处理［J］. 表面技术,1996,25（5）：32-33.

［7］MOLINARI A, STRAFFELINI G, TESI B, et al. Effects of load and sliding speed on the tribological behaviour of Ti-6Al-4V plasma nitrided at different temperatures［J］. Wear, 1997,203-204：447-454.

［8］王东,石琳. 钛合金化学镀镍结合力探讨［J］. 表面技术,1991,20（3）：36-38.

［9］沈桂琴,于荣莉,姬凌峰. Ti-6Al-4V 合金表面化学镀 Ni-P 层的显微组织及性能研究［J］. 稀有金属材料与工程,1998,27（2）：107-111.

［10］LEYENS C,PETERS M,KAYSSER W A. Intermetallic Ti-Al coatings for protection of titanium alloys：oxidation and mechanical behavior［J］. Surface and Coatings Technology,1997,94-95：34-40.

［11］岳锡华,张力立. 钛合金表面淀积耐磨耐蚀坚硬碳膜的研究［J］. 稀有金属,1987,11（6）：431-434.

［12］PERRY A J. Ion implantation of titanium alloys for biomaterial and other applications［J］. Surface Engineering, 1987,3（2）：154-160.

［13］ELDER J E, THAMBURAJ R, PATNAIK P C. Optimising ion implantation conditions for improving wear fatigue and fretting fatigue of Ti-6Al-4V［J］. Surface Engineering,1989,5（1）：55-77.

［14］SARITAS S, POCTER R P M, GRANT W A. The use of ion implantation to modify the tribological properties of Ti-6Al-4V alloy［J］. Materials Science and Engineering,1987,90：297-306.

［15］孙荣禄. 钛合金表面激光熔覆 Ni-TiC 复合涂层的组织及耐磨性能［D］. 哈尔滨:哈尔滨工业大学,2001.

［16］MAN H C, ZHANG S, CHENG F T,et al. Microstructure and formation mechanism of in situ synthesized TiC/Ti surface MMC on Ti-6Al-4V by laser cladding[J]. Scripta Mater,2001,44: 2801-2807.

[17] 萧世槐.氮化钛粉末生产工艺及其应用新发展[J].矿冶,1997,2:59-67.

[18] ZHAO H, CHENG Y B. Formation of TiB$_2$-TiC composites by reactive sintering[J]. Ceramics International,1999,25:353-358.

[19] 伊赫桑·巴伦.纯物质热化学数据手册[M].程乃良,译.北京:科学出版社,2003.

[20] MOLIAN P A, HUALUN L. Laser cladding of Ti-6Al-4V with BN for improved wear performance[J]. Wear,1989,130:337-352.

[21] 萨姆索诺夫 Г B.难熔化合物手册[M].冶金工业部科学技术情报产品标准研究所书刊编辑室,译.北京:中国工业出版社,1995.

[22] TBTH I E. Transition metal carbides and nitride [M]. New York, London: Academic Press,1971:72-88.

[23] 张虎,张二林,高文理,等.Ti-40Al-2B 合金微观组织和初生 TiB$_2$ 生长特征[J].复合材料学报,2001,18(4):46-49.

[24] 高文理,张二林,曾松岩.Ti-54Al-xB 合金中 TiB$_2$ 的形貌演变及生长机理[J].金属学报,2002,38(7):699-702.

[25] 金锡志.机器磨损及其对策[M].北京:机械工业出版社,1996:3-5.

[26] SUH N P. An overview of the delamination wear of material[J]. Wear, 1977,2:44.

第5章 氩弧熔覆制备高温抗氧化复合涂层

本章以 Si 粉和 Ti(Zr) 粉为原料,采用氩弧熔覆技术,在石墨电极表面分别制备出 C-Si,C-Si-Ti 和 C-Si-Zr 抗氧化复合涂层。利用扫描电镜、能谱仪和 X-射线衍射仪分别对复合涂层的微观组织结构和涂层中的物相组成进行分析。在最佳工艺下制备的涂层表面均具有金属光泽,且平整光滑,涂层与基体之间结合性好,无明显缺陷。在 1 100 ℃ 和 1 300 ℃ 两个温度条件下,分别对 C-Si-Ti 和 C-Si-Zr 复合涂层的抗氧化性能进行测试,并对这两种涂层的氧化机理进行分析。

5.1 引 言

石墨电极是冶金工业(主要用于炼钢、炼硅、炼黄磷等)应用的重要导电材料,尤其在高温应用领域中已日益显示出其重要性。普通石墨电极在冶炼过程中消耗大,使用寿命短,产生高污染,电极更换次数频繁缺点限制了其在该领域的应用。

在现阶段,世界每年消耗石墨电极在 300 万 t 以上,中国年消耗量在 30 万 t 左右。为了降低石墨电极材料的消耗,研究几年国内外许多科学工作者都对石墨电极的抗氧化开展了研究,取得了一定的成果,其较明显的成果就是抗氧化涂层的制备[1]。抗氧化涂层石墨电极相比于普通石墨电极具有耗损少、耗电少和功率大等优点。由于普通石墨电极在 450 ℃ 以上的空气中就会发生氧化反应,因此研究石墨电极的氧化问题就显得尤为重要。然而到目前为止,还没有找到一种在 1 400 ℃ 以上完美实现石墨电极抗氧化的有效方法。分析其主要原因是涂层与基体的结合问题,其次是涂层的抗氧化问题,这就要求涂层与基体之间要有较高的结合强度。本章主要介绍选用多层梯度复合涂层来达到抗氧化的目的。

在材料表面制备抗氧化涂层,是一种提高经济效益的有效途径。通过在石墨电极表面合成抗氧化涂层,从而把石墨电极材料和氧化性腐蚀环境隔开。抗氧化涂层的主要特点:①有效地减少和阻隔氧向石墨电极的扩散;②热胀冷缩有很好的自愈能力,能封闭从氧化性阈值(约 400 ℃)到最大使用温度内产生的裂纹,抗熔渣的侵蚀和渗透,以及减少钢中夹杂,对钢水有纯净作用;③涂层与基体之间能建立良好的结合性、热震动性、热疲劳性和热匹配性。

目前,抗氧化涂层的制备方法有 CVD 法、包埋浸渗法、等离子喷涂法和溶胶凝胶法等。

Strife[2] 提出一个在高温条件下的抗氧化组合模型,涂层的组成成分从外到内由碳化物、二氧化硅玻璃、氧化物及功能合金组成。外层氧化物包括 HfO_2,ZrO_2,Y_2O_3 和 ThO_2 等,而碳化物包括 TaC,HfC,ZrC,TiC 和 SiC 等。有优异特性的外层具有抗冲刷、耐热侵蚀、抗氧化和耐磨损性能,中间层是用来防止氧气渗透的,底层材料具有低热膨胀系数,可以与基体碳产生良好的结合。因而涂层的质量取决于过渡层材料与基体石墨之间的热匹配性。当热匹配性相差很大时,容易出现裂缝,影响涂层的抗氧化性并导致涂层烧蚀。因此,要在石墨电极上制备出具有良好机械性能、无裂纹、抗氧化性强的涂层,选择合理的增强颗粒是关键问题。一方面,采用多层涂层可以较好地避免由于热匹配性失调而产生的穿透性裂纹;另一方面,采用成分梯度涂层时,当受热膨胀时,中间层受氧化物的膨胀会产生很大的压应力,使得中间层扣住涂层不离开基体,涂层就不容易脱离基体。

近年来,很多人员通过采用自蔓延高温合成(SHS)[3]、电弧熔炼[4]、固体-液体反应[5] 和固态反应过程[6] 等新工艺合成金属基复合材料(MMC),这些工艺比常规处理 MMC 方法具有更多的优势。固态反应过程的重要特征是通过动态热力学和动力学扩散反应,通过金属和加强材料反应来获取复合涂层。原位合成复合涂层是一个更具有成本效益的手段,通过使用相对廉价的材料,来获得结构功能性强和机械性能良好的复合涂层。此类方法可以通过选择适当的原料、组分、粒度尺寸以及热处理温度实现微观结构调整。很多研究者都采用了这种方法来生产金属基复合涂层[7,8]。

本试验选择 Si 粉、Ti 粉、Zr 粉,采用氩弧熔覆技术制备 C-Si-Ti 和 C-Si-Zr 碳基复合涂层。

1. SiC

碳化物与石墨之间的热膨胀系数最为相近,其中 SiC 与石墨之间的热匹配性最好。Si 作为与 C 同一主族元素其性质相近,Si 与 C 反应的润湿角小,生成的 SiC 具有较高的硬度,良好的抗冲刷、耐腐蚀性及化学稳定性,并与石墨之间具有良好的兼容性。除此之外,低于 2 023 K 时,其氧化物 SiO_2($SiC+2O_2 \Longrightarrow SiO_2+CO_2$)具有优良的抗氧化性能。

另外,碳化硅作为一种功能材料被广泛地应用在超大功率电子工业和短波长检测领域[9]。SiC 也是一种优良的陶瓷材料,作为高温结构件的强化剂来提高复合涂层的力学性能[10]。在其他应用领域中,用 SiC 和金属材料发生界面反应生成复合涂层。在高温领域,非金属碳化物影响扩散区反应带的形成,而稳定性金属碳化物倾向在扩散区形成层状结构。稳定性金属碳化物 SiC 作为复合材料的中间层可以改善其在高温下的界面稳定性[11]。当基体和增强材料之间产生不良的界面反应时,可能导致结构不稳定并随之恶化复合涂层的机械性能。SiC 作为中间过渡层参与基体与金属的界面反应已经被广泛研究[12-15]。

2. Ti₅Si₃

图 5.1 为 Ti-Si 二元相图。Ti₅Si₃ 的主要物理性能见表 5.1。Ti₅Si₃ 具有较高的熔点(2 403 K)和硬度、良好的抗冲刷性、耐热侵蚀性和稳定的化学性质,并且 Ti₅Si₃ 涂层在高温下也表现出了高强度。Ti₅Si₃ 在熔点之下没有相位变换,当在大气中加热温度超过 1 600 K 时将发生氧化反应,在其表面形成一个熔融 TiO_2-SiO_2 氧化保护膜以阻止基体进一步氧化。

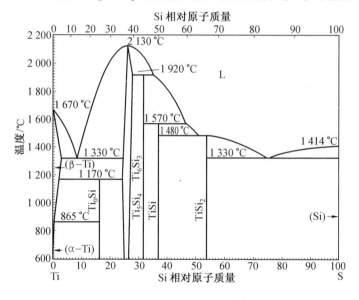

图 5.1　Ti-Si 二元相图[16]

在 1 330 ℃,Ti-Si 合金系中 Si 的质量分数为 8.5% 时,发生共晶反应生成 Ti₅Si₃,其既具有钛合金的高韧性,也具有陶瓷相的高强度性和耐高温性。液态 Ti₅Si₃ 流动性能好,且结晶区小,生成的组织致密,其在 1 200 ℃下仍然能保持优良的力学性能、抗氧化性和抗高温蠕变性[17]。在过去的几十年里,Ti₅Si₃ 作为高温应用材料一直被广泛研究。刘元富等人[18]采用激光熔覆技术在钛合金表面制备了 Ti_5Si_3 层,在 1 000 ℃ 下恒温氧化一段时间发现,表面被一层均匀细小、形状规则且致密的四方形 TiO_2 晶粒覆盖,明显降低了氧化速率。

表 5.1 　 Ti_5Si_3 的主要物理性能

性　能	参　数
晶体结构	复杂六方结构
晶格参数	$a = 0.746\ 4$; $c = 0.512\ 6$
熔点	2 130 ℃
密度	4.26 g/cm³
硬度	(968±30) HV
热膨胀系数	9.7×10^{-6} K⁻¹
断裂韧性(20 ℃)	2.1 MPa · m$^{1/2}$
电导率	(50 ~ 120) μΩ · cm

3. ZrSi₂

ZrSi₂ 也具有较高的熔点(1 900 K),硬度可以达到 1 063HV$_{0.2}$,可以较好地抗击高温下的冲刷腐蚀。当温度逐渐升高时,ZrSi₂ 会与氧气发生反应生成 ZrO_2 和 SiO_2,其无定形的玻璃态氧化物可以较好地阻止氧的扩散。另外,由于锆硅金属间化合物具有独特的热力学性能和物理性能,使其应用于许多领域中。图 5.2 为 Zr-Si 二元相图。

ZrSi₂ 的主要物理性能见表5.2。硅化物中弹性模量高的为 ZrSi₂,可以达到 200 GPa,其在高温下也具有比较高的抗压屈服强度(1 100 ℃ 下,200 MPa)[20]。Zr 和 Si 元素作为添加元素可以有效地提高硅化物的析出,且这些析出物可以改善金属基复合涂层的机械性能。C-Si-Zr 系复合涂层反应后生成的陶瓷相具有相当高的强度,而在高温下生成的氧化物具有优良的抗氧化性能。由于这些优良的性能,目前越来越多的研究者开始探究其在高温应用领域中的作用。

表 5.2 　 ZrSi₂ 的主要物理性能

性　能	参　数
晶体结构	正交
晶格参数	$a = 0.372\ 1$; $b = 1.468$; $c = 0.368\ 3$
熔点	1 620 ℃
密度	4.88 g/cm³
硬度	1 063HV
热膨胀系数	$(6.3 \sim 8.5) \times 10^{-6}$ K⁻¹
断裂韧性(20 ℃)	3.5 MPa · m$^{1/2}$
电导率	30 ~ 40 μΩ · cm

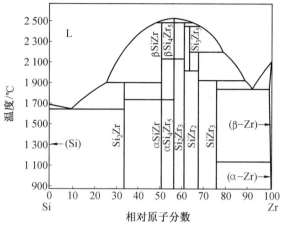

图 5.2 Zr-Si 二元相图[19]

5.2 试验方法

5.2.1 试验材料

1. 基体材料

试验选用基体材料为石墨电极,试样表面经砂纸打磨,采用酒精清洗,试样尺寸为 50 mm×10 mm×10 mm,用铣床加工出 50 mm×8 mm×1 mm 的深沟,其化学成分见表 5.3。

表 5.3 石墨电极的化学成分

元素	C	Si	Fe	Al	S	K	Mg	Ca	Mn	其他
质量分数/%	93.7	2.5 ~ 3.0	1.0 ~ 1.5	0.5 ~ 1.0	<0.4	<0.3	<0.2	<0.2	<0.1	余量

2. 熔覆材料

试验选用的熔覆合金粉末为 Si 粉、Ti 粉及 Zr 粉,各材料的具体参数见表 5.4,各粉末的扫描照片如图 5.3 所示。

表 5.4 粉末参数

熔覆材料	平均粒度	纯度
Si 粉	40 μm	99.9%
Ti 粉	50 μm	99.0%
Zr 粉	25 μm	99.9%

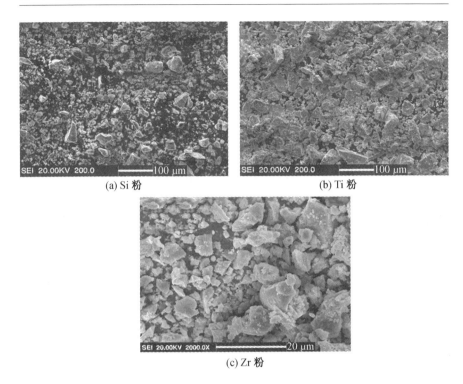

(a) Si 粉　　　　　　　　　　　(b) Ti 粉

(c) Zr 粉

图 5.3　合金粉末 SEM 形貌

3. 复合涂层制备方法

利用精度为 10^{-5} g 的 AB265-S 型电子天平对合金粉末进行称量,备用。粉末在使用前放入烘干箱中在 120 ℃烘干 2 h,试样在涂覆粉末前用砂纸打磨,使其表面具有一定的沟壑,可增大粉末和基体之间的结合强度。将环氧树脂滴入 Si 粉中,使 Si 粉具有一定的成型性即可,若环氧树脂加入过多,将导致粉末呈黏糊状,在氩弧加热时将产生粉末飞溅现象。将 Si 粉置于石墨电极表面的深沟里用 YP-2 型压片机压实,制备 0.8 mm 厚的涂层。在 120 ℃下干燥 2 h,室温空冷 24 h,选用 MW3000 数字型钨极氩弧焊机电弧作为热源,氩弧所产生的高温使 Si 粉和石墨电极表面部分熔融,冷却后形成含有 SiC 增强相的表面涂层。熔覆工艺参数如下:焊接电流 200 A,气体流量 8 L/mm,焊接速度 4 mm/s,预置粉末层厚度 0.8 mm。

将环氧树脂分别滴入 Ti 粉和 Zr 粉中,再分别将两种粉末涂覆在含有 SiC 的表面涂层上,用 YP-2 型压片机压实。在 120 ℃下干燥 2 h,室温空冷 24 h 后再通过氩弧焊机将其熔融,冷却后分别形成 C-Si-Ti 和 C-Si-Zr 复合涂层。通过调整氩弧熔覆工艺参数,以确保制备出的复合涂层组织致密,与基体结合良好,无裂纹、气孔等缺陷。氩弧熔覆的具体参数见表5.5,氩气纯度大于99%,且在熔覆全过程中氩气一直通入,以确保涂层在无氧环境下生成。

表5.5 氩弧熔覆工艺参数

涂层材料	焊接电流/A	气体流量/($L \cdot min^{-1}$)	焊接速度/($mm \cdot s^{-1}$)	预置涂层厚度/mm
Ti	110	9	4	0.8
Ti	120	9	4	0.8
Ti	130	9	4	0.8
Ti	140	9	4	0.8
Ti	150	9	4	0.8
Ti	130	7	4	0.8
Ti	130	11	4	0.8
Ti	130	9	2	0.8
Ti	130	9	3	0.8
Ti	130	9	5	0.8
Ti	130	9	6	0.8
Ti	130	9	4	0.6
Ti	130	9	4	1.0
Ti	130	9	4	1.2
Zr	130	8	3	0.8
Zr	140	8	3	0.8
Zr	150	8	3	0.8
Zr	160	8	3	0.8
Zr	170	8	3	0.8
Zr	150	6	3	0.8
Zr	150	10	3	0.8
Zr	150	8	2	0.8
Zr	150	8	4	0.8
Zr	150	8	5	0.8
Zr	150	8	6	0.8
Zr	150	8	3	0.6
Zr	150	8	3	1.0
Zr	150	8	3	1.2

5.2.2　组织与性能测试方法及设备

1. 试样制备

用 NH7720A 型精密数控线切割机床,沿复合涂层的横截面切割试样。

(1)扫描电镜试样

截取熔覆层试样尺寸为 10 mm×10 mm×10 mm,用砂纸打磨试样的横截面和表面,直到光亮无划痕为止。横截面上层为硬质合金涂层,下层为石墨电极,选用较软物进行抛光,避免产生划痕。抛光横截面时,选用牙膏为抛光剂,抛光布为金丝绒。抛光涂层表面时选取 Cr_2O_3 为抛光剂,抛光布为呢料。抛光后用 20% 硝酸+40% 氢氟酸+蒸馏水($w(HF):w(HNO_3):w(H_2O)=1:1:8$)腐蚀,腐蚀时间:C-Si-Ti 复合涂层为 60 s,C-Si-Zr 涂层为 30 s。用 XJP-3A 型光学显微镜放大 400 倍,初步观察其形貌,如有划痕则需重复上述步骤,直到观察面明亮无划痕为止。

(2)XRD 试样

截取试样尺寸为 10 mm×10 mm×10 mm,用水砂纸打磨涂层表面,呈现出金属光泽即可,用丙酮超声清洗封装待用。

2. 试样表面相对致密度测定

采用 Archimedes 法测量试样的相对致密度,首先把涂层和基体分离,将涂层放置在 KSL1600X 箱式电阻炉中 400 ℃下烧蚀,使基体只保留涂层,其余全部烧掉。将涂层放入 KQ-100DB 超声清洗器进行清洗,DHG-9070A 型烘干箱中 120 ℃恒温干燥 2 h,用 AB265-S 型电子天平称重,即为干重 m_1,精确至 10^{-3} g。将涂层放入 FZ-31A 型沸煮箱中沸煮 2 h 取出,用饱和了水的棉纱布擦拭涂层表面的液滴,称量涂层在水中的饱和质量,即为 m_2。其密度 $\rho_{涂层}$ 和相对致密度的计算公式为

$$\rho_{涂层}=\rho_水 \cdot \frac{m_1}{m_2-m_1} \tag{5.1}$$

$$I=\frac{\rho_{涂层}}{\rho_0}\times100\% \tag{5.2}$$

式中　$\rho_水$——水的密度,取 0.998 g/cm³;

　　　ρ_0——涂层中主要物相的理论密度。

3. 复合涂层组织结构分析

用英国 CamScan MX2600FE 热场发射扫描电镜观察复合涂层表层、过渡层和基体之间的结合情况,并对氧化后的组织、尺寸、形态和分布特征进行观察。用其自带的 OXFORD 能谱分析仪分析复合涂层表层、过渡层与

基体、过渡层和表层的元素分布,同时对氧化后涂层表面元素分布进行测量。

4. 复合涂层物相分析

用 Bruker D8 ADVANCE 型 X 射线衍射仪进行物相分析,采用 Cu 的 K_α 射线,$\lambda = 0.154\ 178\ \text{nm}$,电压为 40 kV,电流为 30 mA,扫描速率为 0.02(°)/s,步宽角度范围为 20°~100°。

5. 复合涂层高温氧化试验

将试样放在 KSL1600X 箱式电阻炉 450 ℃下灼烧 2 h,确保石墨基体完全烧掉,只保留涂层。采用氧化增重法,在 KSL1600X 箱式电阻炉 1 100 ℃,1 300 ℃两种条件下对薄层试样进行耐高温抗氧化性能测试。将试样放入电阻炉中升温,到达预定温度后保温 2 h,取出冷却后用精度为 10^{-5} g 的 AB265-S 型电子天平称重,如此循环五次。采用 SEM,XRD 对复合涂层的氧化机理进行研究,寻求出复合涂层关键制备技术参数和复合涂层组织结构与涂层抗氧化性能之间的内在联系。

用氧化增重速率对材料高温抗氧化性能进行评价,氧化增重表达式为

$$A = \frac{m_1 - m_2}{s \times t} \tag{9.3}$$

式中 A——试样单位时间内质量变化速率;

         m_1——试样氧化后的质量;

         m_2——试样原始质量;

         s——试样氧化时的表面积;

         t——氧化时间。

5.3   结果与分析

5.3.1   C-Si-Ti 复合涂层的试验工艺研究

复合涂层的表面质量直接影响其抗氧化性、抗腐蚀性、抗磨损性、抗冲击性等性能。通过制订合理的工艺过程,采用与基体润湿性好的熔覆材料是解决其表面质量的重要手段,其中工艺参数的确定是尤为重要的。影响熔覆工艺的主要参数有熔覆电流和熔覆速度,保护气体流量和预置粉末层厚度。综合考虑各方面因素,最终确定本试验的最佳工艺。

1. 熔覆电流对 C-Si-Ti 复合涂层的质量影响

图 5.4 为 C-Si-Ti 不同电流值下涂层的相对致密度,具体参数为:恒定保护气体流量 9 L/min,熔覆速度 4 mm/s,预置粉末层厚度 0.8 mm。从图 5.4 中可以看到,当熔覆电流从 110 A 到 130 A 时,涂层的相对致密度不断提高,130 A 时达到最大,从 130 A 到 150 A,相对致密度呈现下降趋势。涂层的相对致密度呈现先升后降的主要原因为熔覆 C-Si-Ti 时采用直流正接法,工件接正极,钨极接负极。在钨极上的阴极斑点比较稳定,发射电子的能力强,电弧稳定,钨极的许用电流大,烧损小,并且工件上的温度较高。Ti 的熔点为 1 668 ℃,当选用合理的工作电流时,工件上的温度足可以使 Ti 熔化。当工作电流为 110 ~ 120 A 时,相对致密度逐渐提高,在此条件下,工作电流还是不能完全使所有粉末熔化,涂层表面未出现反应现象。小的电流也导致熔池宽度不够,熔化区集中在钨极中心点附近,边缘粉末部分熔融,最终导致涂层的成型性差,相对致密度较低。当熔覆电流为 130 A 时,相对致密度达到最大,此时工件表层成型性最好,输出热量满足粉末熔化的条件,并且邻近粉末的部分基体达到熔融状态,冷却凝固之后涂层表面无裂纹和空洞产生。当熔覆电流达到 140 ~ 150 A 时,大的电流密度致使基体熔化量过大,粉末的稀释率增大,流动性能加强,熔深增加致使出现过量烧损,涂层表面出现凹凸不平和烧损空洞,导致相对致密度下降。本试验确定熔覆 C-Si-Ti 粉末的最佳电流为 130 A。

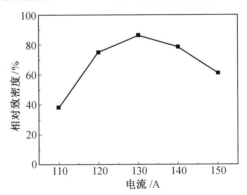

图 5.4　C-Si-Ti 不同电流值下涂层的相对致密度

2. 氩气流量对 C-Si-Ti 复合涂层质量的影响

图 5.5 为 C-Si-Ti 不同氩气流量的复合涂层表面宏观形貌。恒定熔覆电流为 130 A,熔覆速度为 4 mm/s,预置粉末层厚度为 0.8 mm。在熔覆的整个过程中,需要一直保持通入氩气,确保工件始终处在隔绝氧气的保

护下。当保护气体为 7 L/min 时,表面出现白色氧化物质,抗风能力不够,当前的氩气流量不足以保护工件,如图 5.5(a)所示;选用氩气流量为 9 L/min 时,保护气体输出稳定,涂层表面熔池良好,没有出现氧化物和空洞,如图 5.5(b)所示;当氩气流量为 11 L/min 时,涂层表面成型性差并出现气孔和氧化物,保护气体的喷射呈紊流状,掺杂空气进入了熔覆区,如图 5.5(c)所示。为使涂层表面成型性好,避免出现气孔和氧化物,需选取保护气体氩气的流量为 9 L/min。

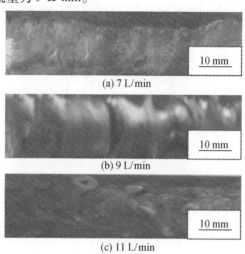

图 5.5　C-Si-Ti 不同氩气流量的复合涂层表面宏观形貌

3. 熔覆速度对 C-Si-Ti 系复合涂层的质量影响

C-Si-Ti 熔覆时选用不同的熔覆速度,保护气体流量恒定为 9 L/min,熔覆电流为 130 A,预置粉末层厚度为 0.8 mm,通过比较其涂层表面的相对致密度探求出最佳的熔覆速度工艺,如图 5.6 所示。从图 5.6 可以看到,分别选取了 2 mm/s,3 mm/s,4 mm/s,5 mm/s,6 mm/s 五组不同的熔覆速度,图中呈现出先上升后下降的趋势,当熔覆速度为 4 mm/s 时,涂层表面的相对致密度最好,并且复合涂层的表面平整光滑,具有一定的熔池深度;当熔覆速度小于 4 mm/s 时,熔覆速度较慢,在局部区域停留的时间过长,熔深较大,热量吸收过多,导致基体大量熔化,涂层表面烧损严重;当熔覆速度为 5~6 mm/s 时,涂层的成型性由好变坏,熔池宽度变窄、熔深浅,基体的熔化量不足,边缘粉末未参与反应,并且熔池呈现出断续状分布,表面出现氧化物和大量的裂纹。总结其原因为熔覆速度与摄入热量直接相

关,即

$$Q = I^2 Rt \qquad (5.4)$$

式中　I——焊接电流;

　　　R——电弧的等效电阻;

　　　t——焊接部位施加热量的时间。

当熔覆速度慢时,作用在工件局部区域的时间增长,热量积累过多,产生烧损和烧穿现象;当熔覆速度快时,局部区域不能接受到足够的热量,形成熔池宽度窄、熔深浅的现象,熔池后部会暴露在空气中,导致形成氧化物。因而,选择合理的熔覆速度是制备复合涂层的重要条件之一。本试验制备 C-Si-Ti 复合涂层的熔覆速度选取为 4 mm/s。

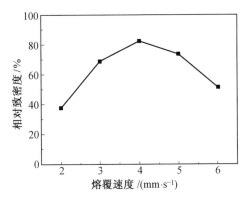

图 5.6　C-Si-Ti 不同熔覆速度下涂层的相对致密度

4. 预置粉末层厚度对 C-Si-Ti 复合涂层的质量影响

图 5.7 为 C-Si-Ti 不同预置粉末层厚度对涂层表面相对致密度的影响,保护气体流量恒定为 9 L/min,熔覆电流为 130 A,熔覆速度为4 mm/s,分别制备 0.6 mm,0.8 mm,1.0 mm,1.2 mm 四种厚度的粉末层。当厚度为 0.8 mm 时,复合涂层的相对致密度最好,表面致密熔池宽;当厚度为 0.6 mm 时,熔覆时表面熔融态物质少,冷却后复合涂层表面凹凸不平,熔池不连续;当厚度在 1.0 mm 以上并以 4 mm/s 的速度熔覆时,粉末与基体反应不充分,有部分粉末剩余,冷却后涂层出现部分脱离,并且表层有气孔出现。本试验 C-Si-Ti 预置粉末层厚度选择为 0.8 mm。

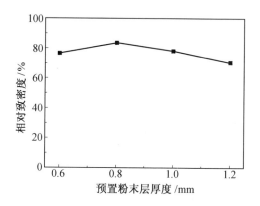

图 5.7　C-Si-Ti 不同预置粉末层厚度对涂层表面相对致密度的影响

5.3.2　制备 C-Si-Zr 复合涂层工艺参数

1. 熔覆电流对 C-Si-Zr 复合涂层的质量影响

原位生成复合涂层需预置粉末与基体发生冶金反应,而外加镶嵌涂层为原有功能性化合物在熔化态液体的黏结作用下冷却后直接镶嵌在涂层中,原有功能性化合物不能分解,前者需要摄取足够多的能量,也就是说,要电流足够大,作用时间足够长,后者为保存原有化合物所使用的电流不能太大。图 5.8 为 C-Si-Zr 不同电流值下涂层的相对致密度,保护气体流量恒定为 8 L/min,熔覆速度为 3 mm/s,预置粉末层厚度为 0.8 mm。Zr 的熔点为 1 852 ℃,密度为 6.49 g/cm³,其熔点和密度都比 Ti 的大,增大电流会使其积累的热量增加,从而熔覆深度加深。当预置粉末完全变为熔融态并与基体充分反应后,会在基体上原位生成复合涂层。从图 9.8 中可以看到,当电流为 130~150 A 时,涂层的相对致密度呈现上升趋式,当电流为 150 A 时,复合涂层的相对致密度达到最大,相对致密度为 90.5%。当电流为 130 A 时,涂层表面的成型性不好,熔池窄并呈现分段状,其原因为涂层摄入热量不够,粉末熔化不彻底,导致基体与粉末之间反应不充分。当电流值达到 170 A 时,热量过大,表面涂层出现凹凸不平,导致涂层的相对致密度显著下降。因此本试验选用的熔覆电流值为 150 A。

2. 氩气流量对 C-Si-Zr 复合涂层的质量影响

分别选取保护气体氩气的流量为 6 L/min,8 L/min,10 L/min 制作复合涂层,恒定其他条件,熔覆电流为 150 A,熔覆速度为 3 mm/s,预置粉末层厚度为 0.8 mm,其表面的宏观形貌如图 5.9 所示。图 5.9(a)为氩气流量为 6 L/min 时的涂层表面宏观形貌,表面有夹杂的氧化物,当氩气流量

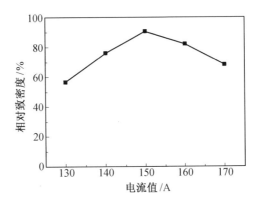

图 5.8　C-Si-Zr 不同电流值下涂层的相对致密度

不足以在涂层周围形成保护层,钨极熔覆之后熔池后部处于凝固中,氩气给予不足导致其暴露在空气下加速氧化;图 5.9(b)为氩气流量为 8 L/min,涂层表面组织致密,成型性最好;图 5.9(c)为加大氩气流量,涂层成型后表面出现气孔,其原因为氩气过量之后,气体处于不稳定状态,卷入了在涂层周围的空气,电弧在工作不稳定时会有飞溅产生,涂层凝固时吹入熔体的气体被包裹,最终被保留在涂层中。因此,选取合理的保护气体流量是成功制备复合涂层的关键。本试验选取氩气流量为 8 L/min。

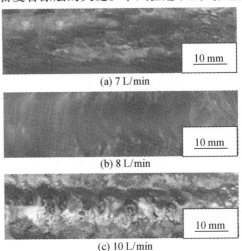

图 5.9　C-Si-Zr 不同氩气流量的复合涂层表面宏观形貌

3. 熔覆速度对 C-Si-Zr 复合涂层的质量影响

与熔覆 Ti 粉相比,Zr 需要摄入更多的热量,保护气体流量恒定为

8 L/min,熔覆电流为 150 A,预置粉末层厚度为 0.8 mm,选取 2 mm/s,
3 mm/s,4 mm/s,5 mm/s,6 mm/s 五个速度通过涂层的相对致密度的对比
寻求出最佳熔覆速度工艺,如图 5.10 所示。当熔覆速度为 3 mm/s 时,涂
层的相对致密度最好,并且涂层表面宏观形貌良好,观察不到缺陷;当熔覆
速度为 2 mm/s 时,熔覆速度慢,熔覆深度增大,加热点和保护气体吹拂点
作用在同一处时间长,基体和合金粉末之间的原子扩散加剧,熔体向周围
流动远离中心点,表层有凹坑出现;当熔覆速度达到 6 mm/s 时,过快的熔
覆速度也导致涂层的熔池变得很窄,保护气体不能持续保护熔覆区,熔池
后部有氧化物形成,周围粉末不能全部达到熔化温度,冷却后有部分涂层
脱落,涂层的致密度严重下降。本试验选取熔覆 C-Si-Zr 涂层的熔覆速度
为 3 mm/s。

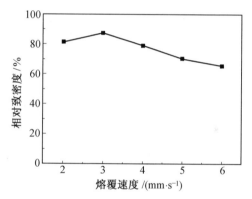

图 5.10 C-Si-Zr 不同熔覆速度下涂层的相对致密度

4. 预置粉末层厚度对 C-Si-Zr 复合涂层的质量影响

图 5.11 为 C-Si-Zr 不同预置粉末层厚度下涂层的相对致密度,熔覆
时保护气体流量为 8 L/min,熔覆电流为 150 A,熔覆速度为 3 mm/s。当粉
末层的厚度为 0.6 mm 时,粉末层全部熔化、熔深大,基体熔化较多;预置粉
末层厚度为 0.8 mm 时,涂层表面平整美观,并且此时涂层的相对致密度最
大为 88.1%;加大粉末层厚度至 1.2 mm 时,粉末层出现局部区域未熔透
现象,熔深浅,冷却后有少量涂层脱离。本试验为获得表面成型性良好的
涂层,选取控制预置粉末层厚度为 0.8 mm。

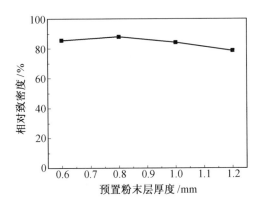

图 5.11　C-Si-Zr 不同预置粉末层厚度下涂层的相对致密度

5.3.3　复合涂层组织结构分析

为了在石墨电极表面获得抗氧化性涂层,使用氩弧为热源,在氩弧所产生的高温下,使部分基体和合金粉末熔融并产生冶金结合。但是,石墨的热膨胀系数很小,很难与金属粉末生成良好的功能性涂层,这就需要预先在石墨电极表面制备一层与石墨电极结合良好的过渡层,通过此过渡层来结合基体与复合涂层。

1. C-Si 复合涂层组织结构分析

采用氩弧熔覆技术在石墨电极表面熔覆平均粒度为 40 μm 的 Si 粉,焊接电流为 200 A,气体流量为 8 L/min,焊接速度为 4 mm/s,在石墨电极表面制备了 C-Si 复合涂层(图 5.12)。表面成型良好,无明显的气孔和裂纹,熔池较宽,且呈现出银灰色金属光泽。

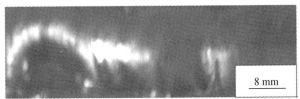

8 mm

图 5.12　C-Si 复合涂层表面宏观形貌

图 5.13 为 C-Si 复合涂层的表面微观组织照片。从图 5.13 中可以看出,表面没有裂纹和气孔,且存在颗粒状突起物。图 5.14 为 C-Si 复合涂层横截面组织形貌。涂层与基体结合良好,C 原子在热能的作用下发生扩散,与 Si 粉产生化学反应。图 5.15 和图 5.16 说明涂层中颗粒物质为 SiC。从图 5.14 中看到基体临近涂层处也有 SiC 颗粒形成,其原因为 Si 和

C在高温下相互扩散,使涂层和基体结合区产生了SiC,SiC与C的热膨胀系数相近,冷却时基体和涂层的变形量相似,不会出现由变形量过大而产生涂层脱落的现象。

图5.13 C–Si复合涂层表面微观形貌

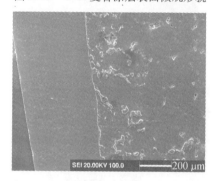

图5.14 C–Si复合涂层横截面组织形貌

从图5.15可以看出,从基体到涂层表面,C元素减少,Si元素增加,在结合区C,Si曲线交叉,说明在熔融状态下的Si粉和部分熔融石墨基体产生冶金反应,两者相互扩散,在结合区生成了以SiC为主的区域,石墨电极是通过压制烧结制成的,粉末与粉末之间的孔隙大,Si粉易通过并进入孔隙中,因而在基体上可以看到反应生成的颗粒状SiC,和由于SiC的存在而产生的边缘效应。结合面呈现出曲折结合,使基体和涂层结合得更加牢固。

图5.16为C–Si复合涂层XRD图谱。由图5.6可以看出,复合涂层是由SiC和Si组成的。预制样中Si粉层具有一定的厚度,C在高温下的扩散能力有限,不能扩散到整个涂层中。结合图5.15分析可知,涂层顶部形成以Si为主的区域,在靠近石墨基体处形成以SiC为主的结合区。

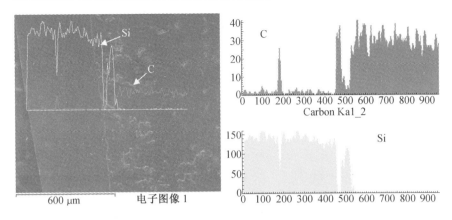

图 5.15　C-Si 复合涂层横截面线扫描图谱

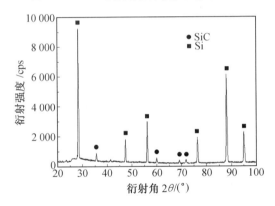

图 5.16　C-Si 复合涂层 XRD 图谱

2. C-Ti 复合涂层组织结构分析

图 5.17 为 C-Ti 复合涂层横截面及其能谱图,其熔覆材料平均粒度为 50 μm,纯度为 99.0% 的 Ti 粉,基体为石墨电极。熔覆工艺参数如下:熔覆电流为 130 A,气体流量为 9 L/min,熔覆速度为 4 mm/s,预置粉末层厚度为 0.8 mm。从图 5.17 中可以看到,结合区不致密,有裂纹出现,并伴有颗粒物。结合能谱和 XRD(图 5.18)分析其复合涂层物质为 TiC,在结合区处 TiC 与 C 之间未能完好地相容。其主要原因为:

一方面,TiC 的热膨胀系数为 7.6×10^{-6} K^{-1},相比于 C 的热膨胀系数大,在受热时,TiC 的膨胀量大,基体的变形量小,TiC 需克服基体对其的束缚力,当超过其束缚极限时,在结合区处会产生微小的热裂纹。在凝固时,TiC 的收缩变形量比基体大,收缩变形量不在同一个数量级上,基体对涂层的变形产生抑制作用,使得原有裂纹进一步扩展。

另一方面,Ti 的原子半径比 C 的原子半径大,生成的 TiC 与 C 之间的结合存在点阵不匹配现象。TiC 分子半径大,很难进入到 sp² 型 C 空间点阵,部分进入到其中的分子也会受到周围 C 原子的排挤最终导致其脱离出,TiC 与 C 之间的结合不能形成完好的过渡体,最终导致其结合区有裂纹产生。

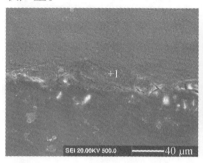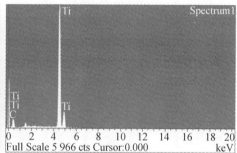

图 5.17 C–Ti 复合涂层横截面及其能谱图

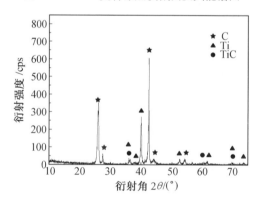

图 5.18 C–Ti 熔覆层 XRD 图谱

3. C–Zr 复合涂层组织结构分析

图 5.19 为 C–Zr 复合涂层横截面及其能谱图,其熔覆材料为平均粒度 25 μm,纯度 99.9% 的 Zr 粉,基体为石墨电极。熔覆工艺参数:熔覆电流 150 A,气体流量 8 L/min,熔覆速度 3 mm/s,预置粉末层厚度 0.8 mm。对 C–Zr 复合涂层 XRD 图谱(图 5.20)和涂层能谱图进行分析可知,其涂层中形成了 ZrC,并且还有一些未熔的未反应的 Zr。从 C–Zr 的组织结构图中可以看到,结合区有裂纹,整个结合带凹凸不平,在涂层中有气孔和夹杂物出现。从熔覆电流为 150 A 的 XRD 图谱还可以看到,在此电流下还有部分 Zr 未参加反应,其原因为在 C 基体表面与部分相邻的 Zr 反应生成了

ZrC,远离结合区的 Zr 需要 C 原子扩散到表层来参与反应,C 原子在此条件下的扩散能力有限,导致涂层表面有剩余的 Zr。影响 C 扩散的主要原因为 ZrC 属于金属间碳化物,其结合键为共价键和金属键之间的过渡键,以共价键为主。C 原子扩散跃迁过能垒时必须挤开近邻原子,也就是需要破坏近邻的 ZrC 结合键,ZrC 的键能大,破坏时所需能量大,从而阻碍 C 原子的扩散。

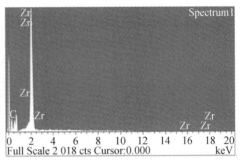

图 5.19　C-Zr 复合涂层横截面及其能谱图

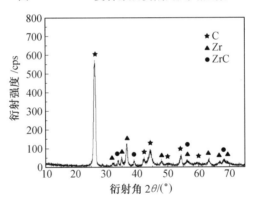

图 5.20　C-Zr 熔覆层 XRD 图谱

5.3.4　C-Si-Ti 复合涂层分析

1. C-Si-Ti 复合涂层热力学分析

以 C-Si 复合涂层为过渡层在其表面制备 C-Si-Ti 复合涂层。在 C-Si-Ti 中,主要含有 Ti,Si 和 C 元素,由图 5.15 得出在 C-Si 复合涂层表面处 Si 元素很多,C 元素很少,并且主要以 SiC 的形式存在。在 2 000 K 下,由反应式(5.5)得出,SiC 很难分解为 Si 和 C,而其逆反应极可能进行,通过后面的 C-Si-Ti 复合涂层线扫描图谱证实,再次通过氩弧熔覆时,过渡层中的 Si 与石墨基体和 Ti 粉分别发生反应,生成的过渡层物质为 SiC,而外表面涂层可能形成 Ti_5Si_3,$TiSi_2$,$TiSi$。

$$SiC(s) \Longrightarrow Si(s) + C(s) \tag{5.5}$$

$$\Delta G_{2\,000\,K} = G_{(Si)} + G_{(C)} - G_{(SiC)} = -97.70 - 46.06 + 192.14 = 48.38\ (kJ/mol)$$

根据其生成物,可能存在以下反应

$$Ti(s) + Si(s) \Longrightarrow TiSi(s) \tag{5.6}$$

$$Ti(s) + 2Si(s) \Longrightarrow TiSi_2(s) \tag{5.7}$$

$$5Ti(s) + 3Si(s) \Longrightarrow Ti_5Si_3(s) \tag{5.8}$$

当体系不做非体积功时,$\delta W' = 0$。在等温等压下,有

$$dG < 0,\text{自发过程}$$
$$dG = 0,\text{平衡状态}$$

所以体系在等温等压下不做非体积功时,任其自然,自发变化总是向自由能减少的方向进行,使自由能达到最低值,直到体系达到平衡为止。在某一特定温度下,物质总是自发地向稳定态转变,自由能的值越小,该物质越稳定。

图 5.21 为自由能随温度变化曲线。由图 5.21 可以看出反应都能进行,其中在生产 Ti_5Si_3 的反应中 ΔG 的变化最剧烈,因而初步判断其最有可能生成。根据后面的 C–Si–Ti 系复合涂层 XRD 图谱证明,Ti_5Si_3,$TiSi_2$,TiSi 全部生成。

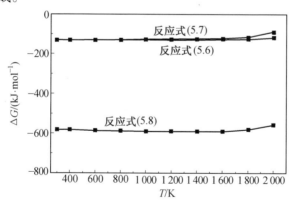

图 5.21　自由能随温度变化曲线

2. C–Si–Ti 复合涂层物相与组织分析

选定 C–Si–Ti 复合涂层熔覆工艺参数:焊接电流 130 A,气体流量 9 L/min,焊接速度 4 mm/s,预置粉末层厚度 0.8 mm。图 5.22 为 C–Si–Ti 复合涂层 XRD 图谱,只存在 Ti_5Si_3,$TiSi_2$,TiSi 的峰值,从而进一步证明复

合涂层中只存在 Ti_5Si_3，$TiSi_2$ 和 $TiSi$，C 并没有参与表层反应，只是外加的 Ti 粉和过渡层中的单质 Si 发生了反应，遵循 Ti-Si 系二元相图。图 5.23 为 C-Si-Ti 复合涂层形貌。图 5.23(a) 为涂层表面形貌，熔覆质量良好，表面完好，无裂纹和气孔等缺陷。图 5.23(b) 为复合涂层横截面，从图中明显看出复合涂层分为表层、过渡层和基体，过渡层与表层的厚度基本相同。经氩弧再次熔覆后，结合图 5.24，Si 和 C 充分反应，在过渡层中生成大量颗粒状 SiC，过渡层与基体几乎相互融合，没有明显的界限。

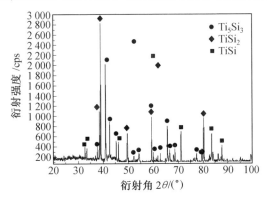

图 5.22　C-Si-Ti 复合涂层 XRD 图谱

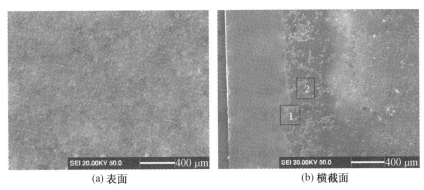

(a) 表面　　　　　　　　　　　　　　(b) 横截面

图 5.23　C-Si-Ti 复合涂层形貌

图 5.24 为 C-Si-Ti 复合涂层横截面线扫描图。由图 5.24 可以看出，只有 Ti 和 Si 峰出现在表层，说明中间层的存在使其阻断作用明显，Si 和 Ti 为碳化物形成元素，当 SiC 形成之后很难分解，这使得只有少量的 Ti 才能进入到过渡层中，从右到左形成一个 Ti 量逐渐增加的 Si 固溶体变化层。把图 5.23(b) 中方块 1 位置放大（图 5.25），靠近结合区处为细小组织，在距离界面较远处出现板条状的析出物，熔覆时试样底部直接接触试样台而

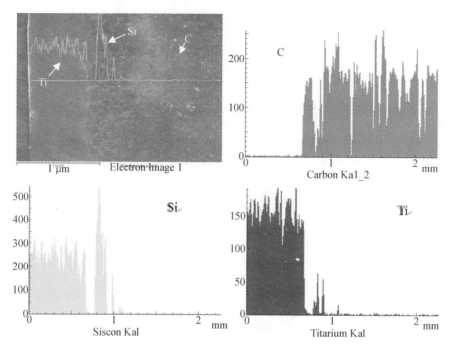

图 5.24　C–Si–Ti 复合涂层横截面线扫描图

进行固相散热,顶部则通过气体流通散热,底部的过冷度明显大于顶部,由约翰逊–梅尔方程可导出

$$P(t)=k\left(\frac{N}{v_{g}}\right)^{\frac{3}{4}} \tag{5.9}$$

式中　$P(t)$——在 t 时间内形成的晶核数;

　　　N——形核率;

　　　v_{g}——长大速率。

对于同一种材料 N 和 v_{g} 全都取决于过冷度 ΔT,$N\propto\exp(-\Delta T^{-2})$,$v_{g}\propto\Delta T$。在增大过冷度的同时,$N$ 的增大速率比 v_{g} 更快,因此,在表层的结合区底部出现了细小晶粒组织。当扫描到过渡层的颗粒状物质时,只有 Si,C 元素出现了较高的峰值,结合 XRD 认为此颗粒状物质为 SiC,基体所含的元素主要为 C 元素。

为进一步分析过渡层中 SiC 的分布状态,把图 5.23(b)中方块 2 位置放大,并对其标志性点进行能谱分析,如图 5.26 所示。点 1 处为石墨基体,点 2 处为 SiC 颗粒团聚物,经氩弧再次熔覆过渡层中的 Si 熔化并处于热力学不稳定的高自由能状态与 C 相互反应,并发生再结晶和晶粒长大过

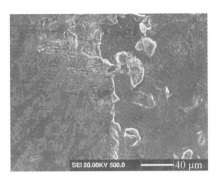

图 5.25　结合区高倍组织形貌

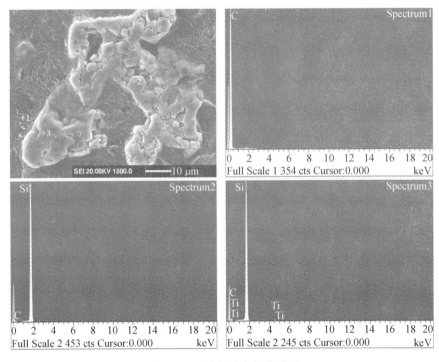

图 5.26　过渡层中各相能谱图

程,以原有的稳定相 SiC 为新相晶核,Si 不断地消耗其周围的 C 并长大。另外,在晶界表面能的驱动下,新晶粒相互吞食,以 SiC 包裹 SiC 的形式长大,最后得到在该条件下较稳定的尺寸,因而在图中看见 SiC 以块状团聚在一起。点 3 处物质主要含有 Si,C 元素,也固溶了少量的 Ti 元素。Ti 粉和过渡层在高温作用下变成液态,由于过渡层具有 500 μm 的厚度,因此形成一个阻挡层,使得进入基体中的 Ti 元素很少;另一方面,Ti 原子半径比较大,扩散时需要克服的动能也比较大,这些原因使得基体中只固溶了少量的 Ti 元素。

　　图 5.27 为 C-Si-Ti 复合涂层高倍组织形貌及其能谱,结合图 5.26 可以看到,点 1,2,3 分别为大量板条状物质、颗粒物质及片状物质,形核时反应面各处存在非线性的能量涨落及成分起伏,新相和母相结构不同,也存在着结构起伏,经能谱分析其为 Ti-Si 三种不同浓度的产物。表 5.6 为图 5.27 中各标记点的元素含量,从表中看到各点均为 Ti,Si 元素化合物,点 1 处固溶了少量 C 元素,经分析可知,在熔化态时,基体中的 C 扩散到表层,但中间层具有一定的厚度,因而只有少量的 C 扩散到了表层。

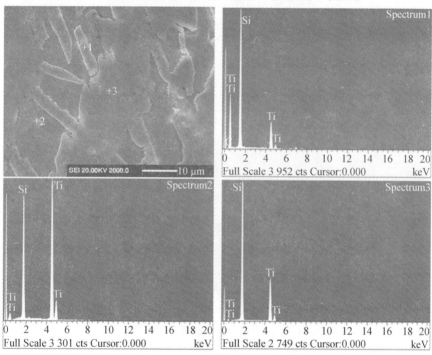

图 5.27　C-Si-Ti 复合涂层高倍组织形貌及其能谱

表 5.6　C-Si-Ti 熔覆层各组成相的元素含量

位置	元素的质量分数/%		
	Ti	Si	C
1	30.52	64.40	5.08
2	72.85	27.15	
3	52.36	47.64	

3. C-Si-Ti 复合涂层缺陷分析

　　当改变熔覆工艺时,过热和过烧都会使得表面涂层出现裂纹和气孔。

图 5.28 为焊接电流为 110 A,气体流量为 9 L/min,焊接速度为 4 mm/s,预置粉末层厚度为 0.8 mm 时,表面涂层中产生的缺陷。图 5.28(a)为涂层表面的宏观裂纹,裂纹的产生是由于熔覆电流小、涂层的吸热量不足以及粉末未完全反应,导致表面层与基体之间的热配匹失调而产生的,在涂层凝固收缩时变形量大于基体的变形量,产生严重的形状变形,最终导致开

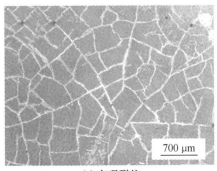
(a) 宏观裂纹

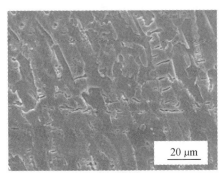
(b) 穿晶裂纹

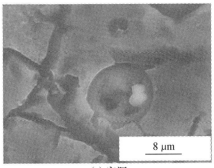
(c) 空洞

图 5.28　C-Si-Ti 复合涂层中的缺陷情况

裂。当 Ti 在高电流的作用下熔化速度过快,在电磁力、表面张力和等离子流的共同作用下,熔体铺张得过快而没有和 Si 充分反应,使得涂层底部 Ti 元素分布有差异,导致涂层结合不良。图 5.28(b)为穿晶裂纹,Ti-Si 系化合物为陶瓷相具有硬度高、脆性大的特点,涂层凝固时产生了偏析,使得过多的 Ti-Si 系化合物偏聚在晶界附近,当冷却到其特定的脆性敏感区域时,其强度极小,且涂层在冷却时产生拉压力收缩,导致穿晶裂纹的产生。图 5.28(c)为涂层中的空洞,压制粉末时添加的黏结剂在高温下分解成气态物质而无法及时逸出,粉末熔融态时表面张力过大也使得气泡的浮力无法克服表面张力的作用,在冷却后气泡保存在涂层中。表面的空洞缺陷会改变材料中的应力分布状态而引起应力集中现象,从而产生严重的应变,导致裂纹的产生。表层的热膨胀系数比过渡层的热膨胀系数大,当冷却收缩时,表层收缩过快,过渡层对表面起到抑制作用,使表层产生拉应力。在拉应力的作用下会使裂纹加速扩张,导致涂层中出现宏观裂纹和穿晶裂纹。

当材料经过氩弧熔覆时,涂层中会由于晶体生长中温度不均匀而残余下来一些应力。残余应力对涂层的性能会有很大的影响,如果是压应力则会提高材料的疲劳寿命,而如果是拉应力则材料的疲劳寿命会降低。

5.3.5 C-Si-Zr 复合涂层分析

1. C-Si-Zr 复合涂层热力学分析

当进行氩弧熔覆试验时,物质从先前的稳定态转变为不稳定态(体系处于非平衡态),将自发地向平衡态转变。C-Si-Zr 复合涂层也是以 C-Si 涂层为过渡层的基础上制备的,C-Si-Zr 中含有 C,Si,Zr 元素,如上所述,过渡层中的 SiC 分解为 Si,C 的概率很小,在过渡层上利用氩弧热源熔覆 Zr 粉,其只可能与过渡层中的 Si 发生反应,而 SiC 以原形式被保留下来。当制备 C-Si-Zr 涂层时所用电流值大,反应也更加剧烈,过渡层中的 Si 也会与基体 C 再次发生反应,Si 为强碳化物形成元素,吸收大量 C 原子。因而,可能只有极其微量的 C 原子扩散到表层,ZrC 的生成概率很小。Si-Zr 之间的反应式为

$$Zr(s) + Si(s) = ZrSi(s) \tag{5.10}$$

$$Zr(s) + 2Si(s) = ZrSi_2(s) \tag{5.11}$$

查看《无机热力学手册》,根据其反应物和生成物间的热力学关系,绘制 ΔG 与温度 T 之间的关系曲线,从曲线的趋势分析反应的变化。取参考温度 298 K,其反应自由能公式为

$$\Delta G_T = \sum \left(n_i G_{i,T} \right)_{\text{生成物}} - \sum \left(n_i G_{i,T} \right)_{\text{反应物}} \tag{5.12}$$

图 5.29 为 C-Si-Zr 自由能随温度变化曲线。由图 5.29 可以看出,反应式自由能值都为负,因此反应都能进行,只是反应进行的剧烈程度不同。ZrSi 和 ZrSi$_2$ 颗粒全有可能生成,根据后面的 XRD 分析结果表明,涂层中存在这两种颗粒物。

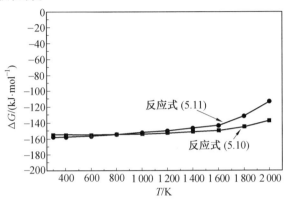

图 5.29　C-Si-Zr 自由能随温度变化曲线

2. C-Si-Zr 复合涂层物相与组织分析

图 5.30 为 C-Si-Zr 熔覆层表面 XRD 图谱。XRD 采用 Cu 的 K_α 射线,波长为 0.154 178 nm,电压为 40 kV,电流为 30 mA,扫描速率为 0.02(°)/s,步宽角度范围为 20° ~ 100°。熔覆工艺:焊接电流为 150 A,气体流量为 8 L/min,焊接速度为 3 mm/s,预置粉末层厚度为 0.8 mm。图 5.30 中出现了 ZrSi,ZrSi$_2$ 和 SiC 的峰,如前所述,中间层 SiC 分解概率很小,因而表层中 SiC 出现的主要原因为:熔覆 Zr 粉时,电流足够大,导致其熔覆深度深,使得过渡层中的 Si 与基体 C 再次发生反应,生成新的 SiC。SiC 的密度为 3.22 g/cm^3,比 ZrSi$_2$ 的密度小,在凝固过程中部分新生成的 SiC 在浮力的作用下上浮到复合涂层表面并凝固,而表层的冶金反应只是外加 Zr 粉和过渡层中 Si 反应。由此确定涂层由 ZrSi,ZrSi$_2$ 和 SiC 三种物质组成。

图 5.31 为 C-Si-Zr 复合涂层的横截面形貌图。表层与过渡层、过渡层与基体之间相互结合良好,熔覆所产生的热量足够高,Zr 与 Si 充分反应,未见裂纹、空洞等缺陷。涂层与基体之间冷却收缩同步进行,良好的热匹配性使得涂层收缩时受到基体对其应力作用力不足,而使涂层产生裂纹。

熔覆速度选用 3 mm/s,用慢速熔覆会使焊道变宽、熔深变深,这样可

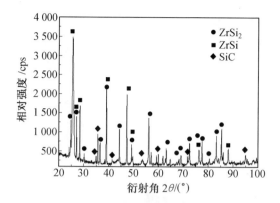

图 5.30 C-Si-Zr 熔覆层表面 XRD 图谱

图 5.31 C-Si-Zr 复合涂层的横截面形貌

以使得 Zr 与 Si 变成熔融态液体充分反应,并在气体动力、等离子动力、电磁动力的作用下克服表面阻力在表面蔓延平铺开,熔池后部热量下降;当熔体的流体力与表面阻力相等时,熔体不再流动,过冷度变大,产生凝固现象。熔体合金粉末快速凝固为非平衡组织,最终获得原位生长的梯度复合涂层。

再次熔覆 Zr 粉后,在氩弧高温作用下,热量逐渐扩散,发现过渡层的形貌发生了变化。当熔深足够深时,也使得过渡层中未反应的 Si 与基体 C 充分反应,使其变成熔融态,冷却凝固后发现过渡层中充满了 SiC 颗粒,如图 5.31 所示。从图 5.15 中看到,SiC 只是生成在涂层与基体的结合区位置,以此来判定熔覆速度是否合理。若快速熔覆,则过渡层中出现少量的颗粒状 SiC;当熔覆速度过慢时,会出现烧穿、烧损现象;一个合理的熔覆速度会使过渡层中填充满 SiC 物质,SiC 与石墨的结合性好,冷热循环时既保障了内层结合区良好的稳定性,又确保了表层与 Zr 的良好化学反应,使得表层不会因为快速膨胀收缩而出现脱落现象。

图 5.32 为 C-Si-Zr 复合涂层横截面线扫描图。从线扫描元素分布看到,从右到左依次为基体、过渡层和表层。C 元素主要分布在基体、过渡层和表层中,Si 元素分布在过渡层和表层,Zr 元素只分布在表层。当扫过过渡层中颗粒状物质时,C 元素和 Si 元素峰值明显变高,并出现重叠现象。表层组织致密,没有颗粒物和空洞,Zr,Si 和 C 元素在表层出现了趋势一致的峰值。由此再次确定:对表层 XRD 图谱分析时,未检测到 ZrC 相,而表层又存在 C 元素分布,综合分析认为表层 C 元素只是以 SiC 的形式存在,且漂浮到表层的 SiC 分布在 ZrSi 和 ZrSi$_2$ 的周围。

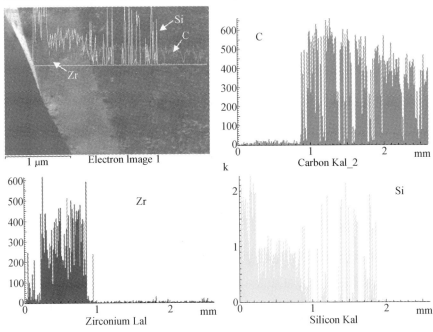

图 5.32　C-Si-Zr 复合涂层横截面线扫描

图 5.33 为复合涂层从顶部到底部不同显微组织形貌。由图 5.33 可以看到,涂层中出现了不同的组织形貌,图 5.33(a)为复合涂层的顶部,分布着棒状组织且不均匀,取向各异,聚集生长;图 5.33(b)为复合涂层中上部区域,棒状组织明显增加,几乎布满整个区域相互交叉生长;图 5.33(c)为复合涂层中下部,棒状组织在此处突变为树枝晶,各个方向的树枝晶相互生长,尺寸较细小,且有些树枝晶生长时相互碰撞而出现碎片;图 5.33(d)为复合涂层底部区域,树枝晶尺寸变大,并出现二次晶轴和三次晶轴,还出现细小晶粒物分布在树枝晶周围。复合涂层表层出现棒状物,

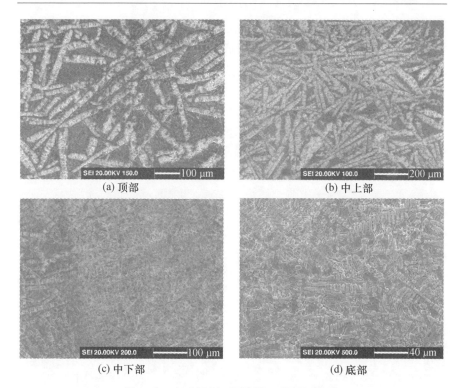

(a) 顶部　　　　　　　　　　　　　　(b) 中上部

(c) 中下部　　　　　　　　　　　　　(d) 底部

图 5.33　复合涂层不同区域显微组织形貌

而底部出现树枝晶,主要是由于熔覆时,表层处于液相状态,慢速熔覆时熔池后部液相温度仍然很高,顶部的过冷度小,可以认为呈正的温度梯度,此时的结晶潜热只能通过固相而散出,随着液固界面的距离增大,液相中温度随之升高,当固相中生长出凸起物时向液相中生长,液相中温度很高,它的生长速度就会减慢甚至会停止,周围的其他凸起物在过冷度的作用下使凸起物消失,液固界面保持以平面形式稳定生长。复合涂层底层过冷度急剧增大,因为此处为负的温度梯度,随着液固界面的距离增大,液相中温度降低,此处的结晶潜热通过固相和液相共同作用而散失,固相生成时温度随热量的释放而升高。当固相中凸起物生长延伸到液相中时,液相中温度低即过冷度较大,此时凸起物的生长速率增大,加速向液相中延伸。固液界面的推进不会再以平面状形式生长,而是形成许多伸向液体中的分枝。由于液相中不同位置会存在过冷度的差异,在这些分枝生长时,又以此处为固液界面向液相中生长,因而在这些分枝上又生长出二次晶枝和三次晶枝。

图 5.34 为 C-Si-Zr 复合涂层高倍组织及其能谱。对表层组织形貌进

行放大,并分别对点 1,2,3 进行能谱分析可知,表层高倍显微组织形貌由细小颗粒物、大型片状物和块状物组成。细小的颗粒物(点 1),主要为 Si 元素和 Zr 元素;大型片状物(点 2),主要由 Si,Zr 和 C 元素组成;块状物(点 3)主要为 Si 元素和 C 元素。结合图 5.30 和表 5.7 可以看出,细小颗粒物点 1 处 Zr,Si 元素的原子比接近 1∶2;点 2 处存在 Zr,Si 元素并伴有 C 元素的分布,分析认为此处为过渡层中部分新生成的 SiC 颗粒在液相中漂浮到表层并在 Zr-Si 类化合物周围聚集生长;块状物点 3 处,只存在 Si 元素和 C 元素,并且 Si,C 元素的原子比接近 1∶1,认为此处为 SiC。

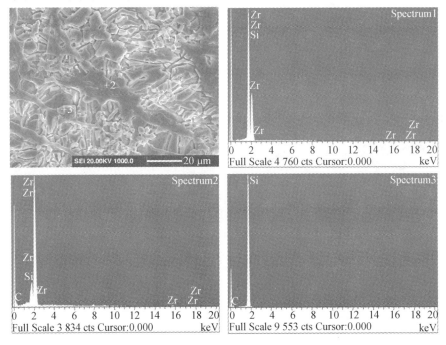

图 5.34　C-Si-Zr 复合涂层高倍组织及其能谱

表 5.7　C-Si-Zr 熔覆层各组成相的元素含量

位置	元素的质量分数/%		
	Zr	Si	C
1	61.72	38.28	
2	57.64	24.16	18.20
3		70.85	29.15

3. C-Si-Zr 复合涂层缺陷分析

当熔覆工艺改变时,熔覆电流为 130 A,氩气流量为 8 L/min,熔覆速度为 3 mm/s,预置粉末层厚度为 0.8 mm,如图 5.35 所示。复合涂层的横截面出现了裂纹,中间过渡层有空洞出现。图 5.35 中 a 处为熔覆 Zr 粉时表层产生的裂纹,其主要原因为:一方面,ZrSi 和 ZrSi$_2$ 为陶瓷相,自身硬度高并且较脆,熔覆层底部为细长状树枝晶组织结构,在凝固收缩时易受到过渡层对其产生的拉应力,在拉应力的作用下裂纹在底部萌生并释放应力。另一方面,当熔覆电流过低时,表面处 Zr 粉与 Si 粉反应不充分,并不能完全生成 Zr-Si 化合物,还可能夹杂了一些微粉,导致其存在一些空隙,空隙的存在也是裂纹扩展的直接途径。图 5.35 中 b 处为过渡层中的空洞,主要为气体在熔覆过程中未逸出而直接被包裹在涂层中。气体的来源一种为熔覆 Zr 粉时掺杂了一些气体,另一种为加入的黏结剂在高温下产生了气体,在液相中未上浮到表面就被凝固的固体所包裹住。克服复合涂层缺陷的主要措施为防止储存合金粉末时的氧化,防止熔覆和冷却时复合涂层氧化。氧化之后试样在高温下易生成气体,排气不彻底将导致其空洞量增大,空洞的存在直接影响了涂层的致密度,也为裂纹的扩展提供了便利条件。

图 5.35　C-Si-Zr 复合涂层中的缺陷情况

优质的复合涂层应能满足实际的工作条件,具有优良的保护性能和与基体良好的兼容性。一方面,涂层要与基体具有良好的化学相容性,不论反应或者生成任何新相时都不会产生聚集现象。另一方面,涂层与基体应该有良好的机械兼容性,在制备和工作时,来自涂层内部、涂层与基体结合面处的热应力、生长应力、结构应力和应变都将造成涂层和基体的损坏。

5.3.6　C-Si-Ti 复合涂层高温氧化性能分析

1. 不同熔覆电流 C-Si-Ti 复合涂层的氧化结果分析

为测定 C-Si-Ti 复合涂层在高温富氧环境下的抗氧化性能,取不同电流值 110 A,120 A,130 A,140 A,150 A 的五组试样,用 800#水砂纸磨光试样表面,露出金属光泽,将试样放进电阻炉中加热到450 ℃并保温2 h,以确保石墨基体全部烧损只保留涂层,将涂层放入酒精丙酮混合溶液中超声振荡,取出烘干后再次放入坩埚中,将坩埚放到一定温度的高温热处理炉中并每隔2 h称重,本试验的氧化温度为1 100 ℃,1 300 ℃。

根据称重数据和公式

$$A = \frac{m_1 - m_2}{s \times t} \tag{5.13}$$

式中　A——试样单位时间内质量变化速率,mg/(mm² · h);

　　　m_1——试样氧化后质量,mg;

　　　m_2——试样原始质量,mg;

　　　s——试样氧化时的表面积,mm²;

　　　t——氧化时间,h。

计算数据结果如图5.36和图5.37所示。

图5.36为不同电流C-Si-Ti涂层在1 100 ℃下氧化10 h质量变化速率。电流值为110 A的试样在氧化初期出现增重现象,其余试样在氧化初期均出现失重现象。由图5.36也可以看到,在氧化后期全部呈现质量变化速率下降状态,且最后趋于稳定;最佳电流值130 A的试样,其氧化质量变化速率最稳定;150 A试样质量变化速率曲线斜率较大。分析其形成原因,由第3章可知,电流值为110 A时由于摄入热量低导致涂层的相对致密度小,在高温富氧环境下,氧气透过表面层与中间过渡层中的SiC和Si反应,其中Si首先被氧化形成SiO,因而其质量呈增加状态;150 A试样表面整形性不好,组织酥松,相对致密度低,氧较容易穿过表面层,在1 100 ℃下氧化时,当Si与氧反应生成SiO₂的同时,SiC也参与了反应生成SiO₂和CO₂,气体的挥发对涂层的相对致密度也存在破坏作用。

图5.37为不同电流C-Si-Ti涂层在1300 ℃下氧化10 h质量变化速率。由图5.37可以看到,氧化后期质量变化速率变为负增长;150 A试样氧化初期出现失重现象,其原因为在1 300 ℃的高温下,氧迅速通过表面涂层使过渡层中的SiC被氧化,生成的气体导致表层与基体的结合不良使相对致密度下降;130 A和140 A试样的氧化前期质量变化速率较平缓,主要因为涂层在制备时表面致密度就较好,在表面涂层中生成了TiSi,TiSi₂,Ti₅Si₃化合物,当在高温下氧化时,钛硅化合物与氧结合生成了以稳定形式存在的TiO₂和SiO₂,高温下SiO₂呈玻璃态,其流动性好,在涂层表面形成一层保护膜,从而隔绝氧气侵入,并且也能弥补原涂层中存在的裂纹、空洞等一些氧气的短程扩散途径,保障了氧气与基体之间的隔离。这五组试样在

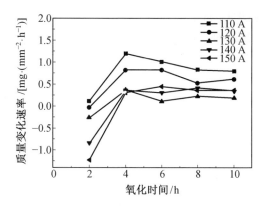

图 5.36 不同电流 C-Si-Ti 涂层在 1 100 ℃下氧化质量变化速率

氧化后期都出现了失重现象,说明此时氧化膜已经出现破损,氧气透过破损的氧化膜迅速侵蚀涂层内部组织,稳固地结合导致出现疏松且不再致密,氧化物的脱落导致出现失重现象。

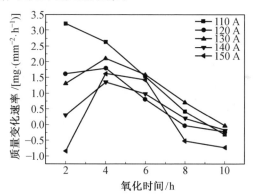

图 5.37 不同电流 C-Si-Ti 涂层在 1 300 ℃下氧化 10 h 质量变化速率

2. C-Si-Ti 复合涂层氧化后物相组成

在高温富氧的环境下,电流值为 130 A 的试样其氧化质量变化速率最平稳,抗氧化性最强,对其进行 XRD 和 SEM 测试,进而分析其抗氧化性能。

图 5.38 为熔覆电流值为 130 A 时,C-Si-Ti 试样高温氧化后 X 射线衍射图谱。根据第 4 章中氧化前 XRD 分析结果可知,其涂层中主要由 TiSi,TiSi$_2$ 和 Ti$_5$Si$_3$ 三种物质组成。涂层在 1 100 ℃和 1 300 ℃下氧化后,涂层中具有相同的 SiO$_2$ 和 TiO$_2$ 相,而且衍射强度相似,但在 1 100 ℃氧化后其涂层仍然存在 TiSi$_2$ 和 Ti$_5$Si$_3$ 相。从而表明,涂层在 1 100 ℃和 1 300 ℃下氧

化,涂层中原有的物相 TiSi, TiSi$_2$ 和 Ti$_5$Si$_3$ 在高温下与氧气发生反应生成 SiO$_2$ 和 TiO$_2$。这也证实了之前的涂层氧化质量变化速率的结果,涂层中原有的硅钛相在高温下与氧气反应生成 SiO$_2$ 和 TiO$_2$,涂层中正是由于氧的增加而导致出现涂层增重现象。SiO$_2$ 和 TiO$_2$ 能够在涂层表面形成致密的氧化层,对于氧的渗透具有优良的隔绝作用。通过氧化膜的质量变化判定其抗氧化性能:氧化初期富集的硅钛相与氧气持续反应,生成大量熔融态氧化物散布在涂层表面,并最终包裹住整个涂层形成氧化膜,在此期间氧化膜质量呈增加态;当所有的硅钛相全部转化为氧化物后,氧化膜在高温环境的长期作用下出现疲劳现象,氧化增重过渡为稳定的氧化损失。本次试验结果一直为前期的氧化增重状态。在 1 100 ℃下涂层的氧化性明显要好,其生成的 SiO$_2$-TiO$_2$ 保护层有效阻止了氧气向涂层内部的扩散,完好地保护了涂层内部组织不被氧化。由此确定 C-Si-Ti 复合涂层在 1 100 ℃ 能够有效起到抗氧化作用。

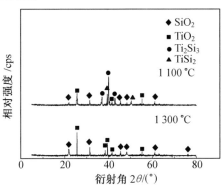

图 5.38　熔覆电流值 130 A 时 C-Si-Ti 试样高温氧化后 X 射线衍射图谱

3. C-Si-Ti 复合涂层氧化后组织分析

图 5.39 是最佳工艺(熔覆工艺的焊接电流为 130 A,气体流量为 9 L/min,焊接速度为 4 mm/s,预置粉末层厚度为 0.8 mm)下制备的试样在 1 100 ℃ 和 1 300 ℃下氧化 10 h 后的表面形貌及其能谱。

对于 C-Si-Ti 复合涂层,其表层由 TiSi, TiSi$_2$ 和 Ti$_5$Si$_3$ 组成,在 1 100 ℃ 和 1 300 ℃下氧化,硅钛化合物与氧气发生反应,生成 TiO$_2$ 和 SiO$_2$,SiO$_2$ 在高温下呈现出无定形的玻璃态,具有一定黏稠度,在涂层表面形成一层保护钝化层隔绝氧气向涂层内部渗透。从图 5.39(a)中可以看到,在 1 100 ℃下其氧化形貌呈现出颗粒状弥散分布,并且有部分颗粒团聚在一起。结合图 5.38 和图 5.39,确定颗粒状物质为 TiO$_2$,而 SiO$_2$ 呈黏稠状液

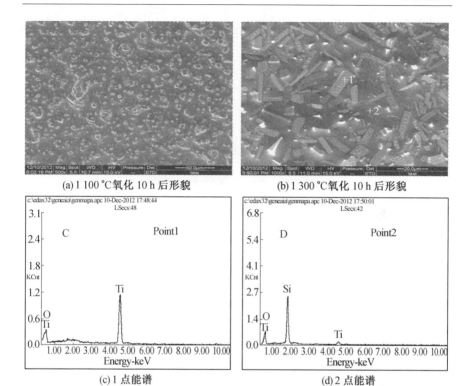

(a) 1 100 ℃氧化 10 h 后形貌   (b) 1 300 ℃氧化 10 h 后形貌

(c) 1 点能谱   (d) 2 点能谱

图 5.39　C–Si–Ti 涂层高温氧化后表面形貌及其能谱

态,冷却凝固之后把 TiO_2 全部包裹。当温度上升到 1 300 ℃时,颗粒状 TiO_2 长大变成长条板片状,SiO_2 在高温下仍呈现出流动性良好的液态,无定形的 SiO_2 将板条状的 TiO_2 完全包裹,形成了以 TiO_2 颗粒为增强相的 SiO_2 钝化保护膜,保护层致密、均匀,对氧气起到有效隔绝作用。

　　图 5.40 为熔覆电流为 150 A 时 C–Si–Ti 复合涂层在 1 300 ℃氧化 10 h 后的形貌。从图 5.40 中可以看到,涂层表面有气孔产生,在高温下,氧气容易通过表面的缺陷处到达中间过渡层,过渡层主要由 SiC 和 Si 组成,在高温下均与氧气发生反应生成 SiO_2 和 CO,CO_2 气体,气体在高温下通过裂纹向涂层表面溢出,使得表面处熔融玻璃态的 SiO_2 产生鼓包,甚至破裂。图 5.40 中熔覆电流为 150 A 时,试样氧化初期失重现象最为严重。这也与其氧化试样表面状态有关,其表层的空洞类缺陷为氧的渗透提供了短程扩散途径,加速了涂层氧化,最终导致涂层起皮脱落。

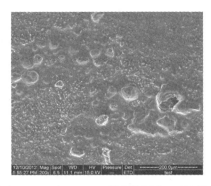

图 5.40　熔覆电流为 150 A 时 C-Si-Ti 复合涂层在 1 300 ℃ 氧化 10 h 后的形貌

5.3.7　C-Si-Zr 复合涂层高温氧化性能分析

1. 不同熔覆电流 C-Si-Zr 复合涂层的氧化结果分析

采用氧化增重法,将不同熔覆电流值的 C-Si-Zr 复合涂层试样置于 1 100 ℃ 和 1 300 ℃ 中恒温氧化,根据其质量变化数据绘制恒温氧化质量变化速率图,如图 5.41 和图 5.42 所示。

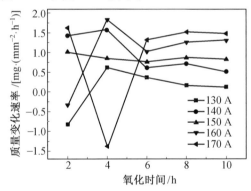

图 5.41　不同电流 C-Si-Zr 涂层在 1 100 ℃ 下氧化质量变化速率

图 5.41 为不同电流时 C-Si-Zr 涂层在 1 100 ℃ 下氧化质量变化速率,可以看到电流为 170 A 的试样在氧化初期出现增重现象,当氧化时间达到 4 h 时称重,其表面有少量的氧化皮脱落,从而图中曲线为下降状态,表现为氧化失重。其主要原因为:电流为 170 A 试样氧化前表面相对致密度为 68.4%,涂层中存有气孔和微裂纹等缺陷,在氧化初期氧气迅速通过表面处缺陷位置达到过渡层,过渡层中的 SiC 和 Si 在高温下均与氧气发生反应生成 SiO_2 和 CO_2,CO 气体,表面涂层中的硅锆相也与氧气发生反应生成 SiO_2 和 ZrO_2。反应最终吸取了一部分氧并置换掉一部分碳,并且氧的原子

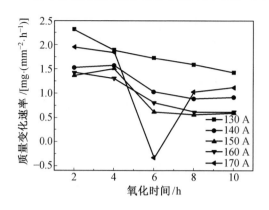

图 5.42 不同电流的 C-Si-Zr 涂层在 1 300 ℃下氧化质量变化速率

序数比碳的原子序数大,因而表现为氧化增重。电流为 130 A 的试样氧化初期为氧化失重现象,其原因为低电流的熔覆试样由于其制备时反应热量低,合金粉末与基体之间的反应不良,涂层与基体之间结合不好,相对致密度低。在 1 100 ℃恒温氧化时,氧气对基体的热侵蚀严重,SiC 与氧气反应生成的 CO_2,CO 气体挥发严重,导致涂层表面出现气泡孔,当 SiO_2 进行自愈合时,又再次受到内层挥发出的 CO_2,CO 气体影响,导致涂层表面空洞暂时无法愈合,涂层氧化失重严重。最佳制备电流为 150 A 的试样,在 1 100 ℃恒温氧化时,其氧化质量增重速率稳定,在其表面生成了一层致密均匀的钝化保护膜,能够长时间良好地保护内部材料。

图 5.42 为不同电流的 C-Si-Zr 涂层在 1 300 ℃下氧化质量变化速率图。由于在 1 300 ℃下高温氧化与 1 100 ℃下高温氧化相比,其表面涂层的氧化速度更快,热侵蚀也更剧烈。从图 5.42 可以看到,试样在 1 300 ℃氧化时其初始氧化速率都很大,且都表现为氧化增重,这也表明其涂层中原有的硅锆相和碳化硅相都与氧气发生反应,生成 ZrO_2 和 SiO_2 氧化物。生成的 SiO_2 和 ZrO_2 会在涂层表面形成一层钝化保护膜,愈合弥补涂层表面处存在的裂纹和空洞等缺陷,图中五组数据在氧化初期的变化剧烈,但随着时间的延长,质量变化速率趋于稳定。熔覆电流值为 170 A 的试样在氧化 6 h 时,质量变化速率从 1.85 mg/($mm^2 \cdot h$)变为−0.32 mg/($mm^2 \cdot h$),而后又变为 1.03 mg/($mm^2 \cdot h$)。这是由于当时间为 6 h 时,涂层出现部分氧化皮脱落,而后新露出的表面又在富氧的环境下氧化增重。而熔覆电流为 150 A 的试样,氧化过程中涂层质量在氧化初期有稍许变化,后期熔覆层质量变化基本呈现为一条直线,说明其抗氧化性最好。

2. C-Si-Zr 复合涂层氧化后物相组成

图 5.43 为采用熔覆电流为 150 A C-Si-Zr 复合涂层高温氧化后的 XRD 图谱。由第 4 章可知原涂层由 $ZrSi$，$ZrSi_2$ 及 SiC 组成，而从图 5.43 可以看出 SiO_2，ZrO_2，$ZrSi$，$ZrSi_2$ 的强衍射峰，这说明在 1 100 ℃ 和 1 300 ℃ 下氧化后 $ZrSi$，$ZrSi_2$，SiC 通过与氧气反应生成了 SiO_2 和 ZrO_2，而原涂层中的 $ZrSi$ 和 $ZrSi_2$ 被保留了下来。这是由于涂层表面的 $ZrSi$，$ZrSi_2$ 和 SiC 通过与氧气反应，生成了致密均匀的 SiO_2-ZrO_2 钝化保护层，有效地起到了封闭涂层表面缺陷、隔绝氧气的保护作用，从而使得涂层内部未受到影响，$ZrSi$ 和 $ZrSi_2$ 被保留。

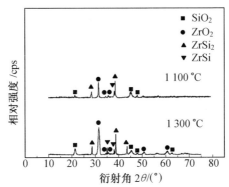

图 5.43　C-Si-Zr 复合涂层高温氧化后的 XRD 图谱

在高温下氧化 10 h 后仍有大量的 $ZrSi$ 和 $ZrSi_2$ 剩余，当再次氧化时，其剩余相会再次与氧气发生反应，生成 SiO_2 和 ZrO_2 钝化保护膜。因此说明在最佳工艺条件下制备的涂层在本试验中一直处于氧化开始阶段，在此阶段涂层受到高温作用之后，部分 $ZrSi$，$ZrSi_2$ 和 SiC 与氧气发生反应生成 SiO_2 和 ZrO_2，此阶段为增重阶段，涂层内部被完全地保护住。

3. C-Si-Zr 复合涂层氧化后组织分析

图 5.44 为在最佳熔覆工艺条件（焊接电流为 150 A，气体流量为 8 L/min，焊接速度为 3 mm/s，预置粉末层厚度为 0.8 mm）下制备的试样，在 1 100 ℃ 和 1 300 ℃ 下氧化 10 h 后的表面形貌。

根据图 5.27 可知，原图层由 $ZrSi$，$ZrSi_2$ 和 SiC 组成，经高温氧化后涂层上生成了含有 ZrO_2 和 SiO_2 的氧化保护膜。经图 5.43 XRD 分析结果和 1，2 点的能谱说明：ZrO_2 呈颗粒状团聚生长，SiO_2 无定形性生长且具有一定黏度，SiO_2 将 ZrO_2 完全包裹，保护层致密、均匀，高温下生成的 ZrO_2 和 SiO_2 钝化保护层有效地阻止了氧气向涂层内部的渗透。对比 1 100 ℃ 和

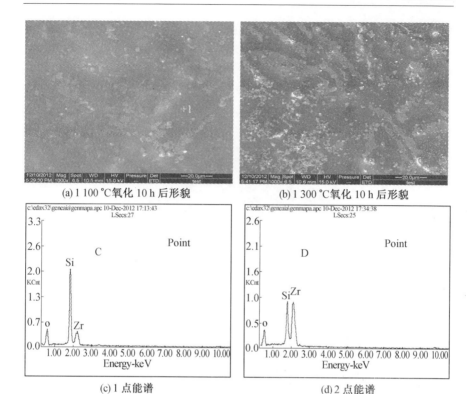

(a) 1 100 ℃氧化 10 h 后形貌

(b) 1 300 ℃氧化 10 h 后形貌

(c) 1 点能谱

(d) 2 点能谱

图 5.44　C-Si-Zr 涂层高温氧化后的表面形貌及其能谱

1 300 ℃氧化 10 h 形貌可以看到,在 1 100 ℃下,其表面涂层上氧化颗粒物少,组织均匀细小、致密、平整,能够有效地防止氧气的渗透。在 1 300 ℃下,其表面有大量的颗粒状 ZrO_2 形成,SiO_2 所占比例明显减少,说明在此温度下涂层表面氧化比较严重,氧气对涂层的侵蚀不断加剧导致氧化物不断生成,从图 5.42 可知,此时的氧化质量变化率已经基本稳定,大量的氧化物在涂层生成钝化保护膜,封闭了涂层表面缺陷,阻止了氧气向基体渗入,对基体起到了隔绝保护作用。

图 5.45 为熔覆电流为 170 A 的 C-Si-Zr 复合涂层在 1 300 ℃氧化 10 h 后的形貌。从图 5.45 中可以看到,涂层表面有大量的气孔生成,并且在气孔聚集区出现氧化层起皮的现象。其原因是在制备涂层时,Zr 的熔化温度比 Ti 的熔化温度高,因而采用大电流值(170 A),输入热量大熔覆速度慢(3 mm/s),合金粉末与过渡层组织反应剧烈,在凝固过程中部分过渡层中的 Si 与基体再次反应,新生成的 SiC 在浮力的作用下上浮到复合涂层表面并凝固。涂层中由于 SiC 相的存在,在富氧的环境下与氧气生成 CO,

CO_2气体,气体的外溢是涂层产生气泡的主要原因。气泡附近的组织由于在气体的作用下,组织变得疏松,致密度显著下降,从而在图中看到气泡聚集处有氧化层起皮现象。当氧气从这些缺陷处渗入到基体时,基体将受到严重侵蚀,涂层与基体之间也将全部由氧化物结合,当氧化物不在生成时涂层由氧化增重转变为稳定的氧化失重,导致结合区变得疏松多孔,当再次受到热侵蚀时,涂层较容易脱落导致丧失抗氧化能力。

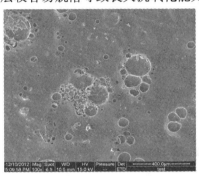

图 5.45　熔覆电流为 170 A 的 C–Si–Zr 复合涂层 1 300 ℃氧化 10 h 后的形貌

4. 抗高温复合涂层氧化机理分析

在大多数情况下,复合涂层的高温氧化是一种固相反应,反应通常发生在气体物质与复合涂层界面处和氧化膜与气相界面处。反应的进行依赖于金属阳离子与氧离子之间的相互作用,首先在金属表面的活性金属离子会与氧离子发生氧化反应生成金属氧化物,致使金属离子脱离涂层表面,而氧化物会吸附在涂层上并在金属离子脱离处进行形核,晶核沿横向生长形成连续的氧化层,沿垂直于表面方向生长使氧化层的厚度增加;随着氧化时间的延长,涂层表面已形成了一层氧化薄膜,氧离子会通过已形成的氧化物继续扩散到涂层内部,此时通过扩散作用氧离子会与内部金属发生反应形成新的氧化物,从而使得氧化层持续变厚。其氧化反应式为

$$M \longrightarrow M^{2+}+2e^- \tag{5.14}$$

$$1/2O_2+2e^- \longrightarrow O^{2-} \tag{5.15}$$

$$M^{2+}+O^{2-} \longrightarrow MO \tag{5.16}$$

图 5.46 为氧化膜生成过程模型。在高温下金属与氧气的反应是金属表面的活性金属离子 M^{2+}与氧离子 O^{2-}反应在涂层表面生成一层连续致密的氧化膜,氧化膜把金属和氧气隔离开。金属的氧化过程受氧化膜中的扩散控制,氧化反应的动力和氧化膜微观结构的变化全部依赖于氧化膜中的固体扩散作用。固体扩散的产生是由于氧化膜内存在不同的化学位梯度、

电化学位梯度和缺陷。缺陷是氧化加速进展的主要原因,通过位错、晶界和晶格缺陷快速扩散氧化。另外,金属在其生成的氧化膜中扩散系数较小时,将延缓氧化膜的继续生长。

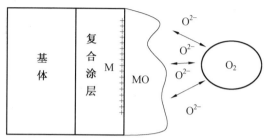

图 5.46　氧化膜生成过程模型

对于氧化膜的形成与否应分别讨论其氧化反应规律。当金属氧化时,在表面不能形成氧化膜,或在反应期间形成气相和液相产物,则氧化速度直接由形成氧化物的反应速度控制,反应符合直线定律;当金属氧化时,在表面形成了致密的氧化膜,则氧化速度与氧化膜的厚度成反比,反应符合抛物线定律[20]。

下面讨论最佳工艺条件下制备 C–Si–Ti 复合涂层的氧化机理。当温度为 1 100 ℃时,其氧化反应初期,出现质量减少的现象,这是由于具有密封作用的 SiO_2–TiO_2 玻璃相没有完全覆盖住涂层表面或没有形成,氧气通过表面处存在的孔隙和裂纹侵入到涂层内部,使基体直接与氧气作用发生氧化反应,此时氧化反应符合直线定律,氧化反应为失重反应;随着氧化时间的延长,涂层表面处的硅钛相转变为 SiO_2–TiO_2 玻璃相的数量急剧增加,生成的玻璃相弥补了部分孔隙和裂纹,使得氧气通过涂层的概率变小,基体质量损失率下降,此时的氧化速率变小,氧化曲线由直线定律和抛物线定律共同作用。当在涂层表面产生大量熔融态的玻璃相并铺展超过由于少量孔隙和裂纹引起的氧化失重时,涂层质量呈增加状态,此时为氧化增重;最终当玻璃相的 SiO_2–TiO_2 完全覆盖住涂层时,玻璃相充分填满表面处的孔隙和裂纹,氧化速率只取决于氧气在氧化膜中的扩散速度,此时氧化反应符合抛物线定律,氧化增重曲线趋于平稳。

当氧化温度为 1 300 ℃时,氧化反应初期由于起始温度高使得硅钛相转变为 SiO_2–TiO_2 玻璃相的数量大大增加,生成的玻璃相很好地填补了涂层表面处的孔隙和裂纹,而一些未得到填补的缺陷变成了氧气扩散的短路通道,此时氧化反应符合直线定律和抛物线定律的双重作用,但引起的氧化增重大于氧化失重,整个涂层质量呈增加状态;随着在高温下时间的延长,硅钛相完全转变为 SiO_2-TiO_2 玻璃相,在高温状态下其缓慢失效,原本被封闭的孔隙和裂纹又被裸露在氧气下,重新成为氧气的短路扩散通道,致使氧化失重现象严重;另一种原因是在 1 300 ℃下 SiO_2-TiO_2 玻璃相快速长大,使得体积增加过快,氧化膜内部应力变大,当与其他应力共同作用下涂层出现了裂纹,也导致涂层抗氧化性大大减弱。

氩弧熔覆制备的 C-Si-Zr 复合涂层组织致密均匀,在高温下氧化腐蚀,氧气不容易通过复合涂层进入到基体,结合 Wagner 金属氧化理论[21]分析其在高温下的氧化机理。如果氧化物 AO 的生长速度比 BO 快,一段时间后,AO 将覆盖 BO,但当 B 对 O 的亲和力比 A 大时,将发生置换反应,其反应式为

$$B^{2+}+2e^-+AO \longrightarrow A^{2+}+2e^-+BO \tag{9.17}$$

氧化过程的进行取决于两个因素[22]:①界面反应,在 C-Si-Zr 复合涂层中存在 $ZrSi$,$ZrSi_2$,SiC,在高温下均与氧气发生反应生成 SiO_2 和 ZrO_2。SiO_2 的生长速度快,在短时间内氧化复合涂层表面就已经被 SiO_2 全部覆盖。随着时间的延长,氧气通过表面 SiO_2 薄氧化膜扩散到内部与 Zr 反应生成部分 ZrO_2。同时,生成 ZrO_2 的标准自由能比生成 SiO_2 的标准自由能低,也就说明 Zr 对于氧的亲和力比 Si 大,使得涂层内部的 Zr 离子不断通过置换反应在表面处形成部分 ZrO_2,从而表面在界面反应的作用下生成了由 SiO_2-ZrO_2 组成的氧化膜。在此期间氧化膜的质量呈增加状态,氧化增重因素为 SiO_2-ZrO_2 玻璃相的不断增加填补了涂层表面缺陷,使得氧气不能进入基体中,基体得到了保护;氧化失重因素为 SiO_2-ZrO_2 玻璃相在涂层表面的形成会引起体积增大,对涂层造成压应力,应力的不完全释放使涂层产生裂纹,氧气通过此类裂纹对基体造成侵蚀。②固体扩散反应,当 SiO_2-ZrO_2 氧化膜逐渐加厚时,固体扩散反应将起到主要作用。氧气通过 SiO_2-ZrO_2 氧化膜的扩散作用进入到内部与涂层继续反应,或是涂层内部离子通过 SiO_2-ZrO_2 氧化膜扩散到外部与氧气发生反应,随着氧化膜的逐渐加厚,反应越来越困难,此时氧化质量变化速率为缓慢的增加过程。SiO_2 和 ZrO_2 在涂层内部的增加数量比较缓慢,其氧化物体积的缓慢增加可以导致氧化膜中应力松弛,有利于提高抗氧化能力。

5.4　结　　论

本章通过氩弧熔覆技术在石墨电极表面成功制备出 C-Si-Ti 和 C-Si-Zr 抗氧化复合涂层,通过扫描电镜(SEM)、能谱(EDS)和 X 射线衍射仪

（XRD）对涂层的微观组织、结合情况和物相组成进行观察和测定,并在
1 100 ℃ 和 1 300 ℃ 下对涂层的抗氧化性能进行了测试,得到以下结果:

①当选择以下熔覆工艺参数时,即焊接电流为 200 A,气体流量为
8 L/min,焊接速度为 4 mm/s 时,制备的 C-Si 复合涂层表面光滑无缺陷,
涂层与石墨基体呈冶金结合,复合涂层主要由 Si 和 SiC 组成。而 C-Ti 和
C-Zr 复合涂层与基体结合区均出现明显裂纹,且组织不致密。

②在最佳工艺条件下制备的 C-Si-Ti 复合涂层和 C-Si-Zr 复合涂层,
这两种涂层表面均具有金属光泽,且平整光滑,涂层与基体呈现连续的冶
金结合,无明显的缺陷。C-Si-Ti 复合涂层的最佳制备工艺,氩气流量为
9 L/min,熔覆电流为 130 A,熔覆速度为 4 mm/s,预置粉末层厚度为
0.8 mm。C-Si-Zr 复合涂层最佳制备工艺,氩气流量为 8 L/min,熔覆电流
为 150 A,熔覆速度为 3 mm/s,预置粉末层厚度为 0.8 mm。

③C-Si-Ti 复合涂层形成时,受到 Ti 和 Si 原子浓度的影响使得涂层
中存在 Ti_5Si_3,$TiSi_2$ 和 TiSi,呈板条状、颗粒状和片状。C-Si-Zr 复合涂层在
凝固过程中部分新生成的 SiC,在浮力作用下上浮到复合涂层表面并凝固,
最终涂层中存在 ZrSi,$ZrSi_2$ 和 SiC 相。

④C-Si-Ti 复合涂层在 1 100 ℃ 下氧化 10 h 仍能表现出良好的抗氧化
性,氧化膜的主要组成成分为 SiO_2 和 TiO_2,氧化质量变化速率为氧化增重。
当在 1 300 ℃ 下氧化 10 h,氧化初期仍能较好地产生致密均匀的氧化膜,
呈氧化增重现象,但随着氧化时间的延长,氧化膜组织受到严重的热侵蚀,
表面氧化膜开始出现失效现象,导致抗氧化能力逐渐下降。

⑤采用 1 100 ℃ 和 1 300 ℃ 两个温度条件,对不同电流 C-Si-Zr 复合
涂层的抗氧化性能进行了测试。在 1 100 ℃ 下氧化 10 h,氧化质量变化速
率为 0.866 $mg/(mm^2 \cdot h)$,在 1 300 ℃ 下,氧化质量变化速率为
0.934 $mg/(mm^2 \cdot h)$。C-Si-Zr 复合涂层在界面反应的作用下生成了由
SiO_2-ZrO_2 组成的氧化膜,不断增加的 SiO_2-ZrO_2 填补了涂层表面缺陷,使
得氧气不能进入基体中,基体得到了保护。SiO_2 和 ZrO_2 在涂层内部的增加
数量比较缓慢,其氧化物体积的缓慢增加可以导致氧化膜中应力松弛,有
利于提高抗氧化能力。

参考文献

[1] 王振廷,梁刚. 氩弧熔覆原位合成高温抗氧化性涂层[J]. 黑龙江科技
    学院学报,2012,22(3):308-310.

[2] STRIFE J R, SHEEHAN J E. Ceramic coatings for carbon-carbon composites [J]. Ceram Bull, 1988, 67(2): 369-374.

[3] LIS J, MIYAMOTO Y, PAMPUCH R, et al. Ti_3SiC-based materials prepared by HIP-SHS techniques[J]. Materials Letters, 1995, 22(3): 163-168.

[4] SOWMYA A, CARIM A H. Synthesis of titanium silicon carbide[J]. Journal of the American Ceramic Society, 1995, 78(3): 667-672.

[5] ZHIMEI S, YI Z, YANCHUN Z. Synthesis of Ti_3SiC_2 powders by a solid-liquid reaction process[J]. Scripta Materialia, 1999, 41(1): 61-66.

[6] KAO C R, WOODFORD J, CHANG Y A. A mechanism for reactive diffusion between Si single crystal and NbC powder compact[J]. Journal of Materials Research, 1996, 11(4): 850-854.

[7] HENAGER J R, BRIMHALL J L, BRUSH L N. Tailoring structure and properties of composites synthesized in situ using displacement reactions [J]. Materials Science and Engineering A, 1995, 195(1): 65-74.

[8] MESCHTER P J, SCHWARTZ D S. Silicide-matrix materials for high-temperature applications[J]. Journal of Metals, 1989, 41(11): 52-55.

[9] BALING B J. Power semiconductor devices for variable frequency drives [J]. Proc. IEEE, 1994, 82: 1112-1122.

[10] LEUCHT R, DUDEK H J. Properties of SiC-fibre reinforced titanium alloys processed by fibre coating and hot isostatic pressing[J]. Materials Science and Engineering A, 1994, 188: 201-210.

[11] GUO S Q, KAGAWA Y, FUKUSHIMA A, et al. Interface characterization of duplex metal-coated SiC fiber-reinforced Ti-15-3 matrix composites[J]. Metallurgical and Materials Transactions A 1999, 30(3): 653-666.

[12] WAKELKAMP W J J, VAN LOO J J, METSELAAR R. Phase relations in the Ti-Si-C system[J]. Journal of the European Ceramic Society, 1991, 8(3): 135-139.

[13] GEIB K M, WILSON C, LONG R G. Reaction between SiC and W, Mo, and Ta at elevated temperatures[J]. Journal of Applied Physics, 1990, 68(6): 2796-2801.

[14] BHANUMURTHY K, SCHMID-FETZER R. Solid state phase equilibria and reactive diffusion in the Cr-Si-C system [J]. Zeitschrift fuer

Metallkunde/Materials Research and Advanced Techniques, 1996, 87 (1): 61-71.

[15] CHOU T C, JOSHI A, WORDSWORTH J. Solid state reactions of SiC with Co, Ni, and Pt [J]. Journal of Materials Research, 1991, 6 (4): 796-809.

[16] MITRA R. Mechanical behaviour and oxidation resistance of structural silicides[J]. International Materials Reviews, 2006, 51 (1): 13-64.

[17] MITRA R. Microstructure and mechanical behavior of reaction hot-pressed titanium silicide and titanium silicide-based alloys and composites[J]. Metallurgical and Materials Transactions A: Physical Metallurgy and Materials Science, 1998, 29 (6): 1629-1641.

[18] 刘元富, 赵海云, 张凌云, 等. 激光熔覆 Ti_5Si_3/NiTi 金属间化合物复合材料涂层组织与高温抗氧化性能研究[J]. 应用激光, 2002, 22 (3): 269-274.

[19] MASSAISKI T B, MURRAY T L, BENNETT L H, et al. Binary alloy phase diagrams[J]. Binary Alloy Phase Diagrams, 1986, 16 (4): 72-70.

[20] 杨波. 铝镁合金熔炼中镁的防氧化工艺研究[D]. 阜新: 辽宁工程技术大学, 2004.

[21] 孙秋霞. 材料腐蚀与防护[M]. 北京: 冶金工业出版社, 2002.

[22] STECURA S. Two-layer thermal barrier coatings effects of composition and temperature on oxidation behavior and failure[J]. Thin Solid Films, 1989, 182 (1-2): 121-139.

第6章 氩弧熔覆–注射技术制备纳米结构 WC 复合涂层

以 Ni60A 和微米 WC、纳米 WC 和微米 WC 喂料为原料,再利用氩弧熔覆–注射技术在 45 钢表面制备出微米结构 WC 涂层和纳米结构 WC 涂层。微米 WC 喂料是由纳米 WC 粉经团聚、烧结而成,优化了三种不同尺寸 WC 粉料制备复合结构涂层的工艺参数,在各自的最佳工艺条件下,分别制备出微米 WC 涂层、微纳米 WC 涂层和纳米 WC 涂层,并利用金相显微镜、扫描电镜(SEM)及其附带的能谱仪(EDS)和 X 射线衍射仪(XRD)观察、分析涂层的显微形貌、组织结构、涂层的磨损形貌及相组成。利用 HVST-1000 显微硬度计测试各涂层截面的硬度分布情况,利用 MMS-2A 摩擦磨损试验机测试各涂层的摩数和磨损量,从而对涂层的耐磨机理进行分析。

6.1 引 言

纳米 WC 由于具有较高的强度和硬度而备受关注,并被广泛地应用于航空航天、汽车、冶金、电力等对耐磨材料需求较大的研究和应用领域,以提高较软基体金属的耐磨性能。为此纳米结构 WC 涂层的制备和研究成为新材料开发的热点。利用表面改性技术在基材表面通过喷涂、注入等方式,将纳米改性颗粒通过冶金结合和机械结合两种方式与基材相互结合,从而制备出纳米结构涂层,涂层较基材具有更加优异的综合性能。

6.1.1 氩弧熔覆–注射技术制备复合涂层现状

氩弧熔覆–注射技术是制备纳米复合结构涂层的一项新技术,是根据激光熔覆和激光熔化–注射技术的原理开发出的。氩弧熔覆–注射技术是通过氧乙炔等热源,加热预置在基体表面的自熔性合金粉体,预制出一定厚度的过渡层,采用氩弧焊头作为热源,在基体表面形成熔池,同时将增强相喂料通过特制的注射器注入熔池尾部,熔池在冷却凝固过程中,将注射的喂料"抓住",最终制备出颗粒增强金属基复合涂层的技术。本章利用氩弧熔覆–注射技术,注射微米 WC、微纳米 WC 和纳米 WC 三种不同粒径的颗粒增强相,采用氩气作为注射的动力来源,自熔性合金 Ni60A 通过与

WC 球磨均匀后,作为涂层的喂料直接注入熔池中,制备出涂层。

赵敏海等人[1]利用等离子熔化-注射技术,在 Q235 钢表面制备出 WC-17Co 金属陶瓷层。试验结果表明,等离子熔化-注射 WC-17Co 制备的涂层宏观成型较好,气孔率低,无裂纹等微观缺陷,涂层与基体为冶金结合。刘爱国等人[2]用等离子熔化-注射技术,以大颗粒 WC-8Co 为注射喂料,在 Q235 钢表面制备出金属基复合涂层。通过观察涂层的显微组织可以看到,涂层的上表面有颗粒漂浮,并有少量 WC 发生分解,涂层和基体的结合界面无微裂纹等。但是,利用等离子-注射技术制备涂层的工艺还处于试验探索阶段,各项工艺参数有待优化,涂层组织中仍然存在微观缺陷,涂层的性能还不够稳定。另外,关于采用该技术在其他基体材料上制备涂层的研究较少,并且该技术多用于制备单道 WC 涂层,尚未实现制备大面积涂层的应用。

常杰[3]以 Q235 钢作为基体,在钢表面预置 Ni 基自溶性合金粉末,选用粒径为 420 ~ 500 μm 的镀镍金刚石颗粒作为喂料,利用氩弧熔覆-注射技术,制备出微米级耐磨涂层。结果表明,镀镍金刚石能够注入熔池中,并在涂层中均匀分布,通过观察涂层组织可以看到,涂层的组织比较致密,金刚石颗粒大部分比较完整,有少量的金刚石颗粒在冷却凝固时,由于存在较大的热应力,故出现破损;涂层中的物相主要有(Fe,Ni)固溶体、$Fe_{23}B_6$、Ni 和 C(金刚石);氩弧熔覆-注射金刚石复合涂层的显微硬度平均约为 360$HV_{0.2}$,高于氩弧熔覆 Ni 基合金的硬度,其耐磨性是 Q235 钢的 56 倍。

魏晶慧[4]采用氩弧熔覆-注射技术,先用预置法将 Ni 基自熔性合金预熔于 Q235 钢表面,再注射 350 ~ 700 μm 的 WC-8Co 陶瓷颗粒,制备出耐磨表面复合涂层。分析结果表明,涂层中主要由 WC,(Fe,Ni)和 Fe_3W_3C 等相组成。涂层不同区域的组织形貌相差不大,包含四种组织:①大量颗粒相是未溶的 WC-8Co;②深灰色先共晶组织,是由多种合金元素(Ni,Cr,B,Si 和 W)形成的(Fe,Ni)固溶体;③浅灰色的非平衡凝固组织,是溶解了较多的合金元素的(Fe,Ni)固溶体的非平衡态组织;④涂层中存在少量的鱼骨状共晶组织,包括 Fe_3W_3C 相,其耐磨性是 Q235 钢的 1 200 倍。但是,在冷却凝固时受热应力作用,部分 WC-8Co 颗粒出现破损现象。

王晓娟[5]在预先喷涂 Ni 基自熔性合金的 Q235 钢表面,再利用氩弧熔覆-注射 250 ~ 420 μm 的球形 WC 陶瓷颗粒,制备出 WC 颗粒耐磨复合涂层。复合涂层中主要由 WC,γ-(Fe,Ni)和 Fe_3W_3C-Fe_4W_2C(M_6C)等相组成,多道搭接复合涂层中出现 W_2C 相。在复合涂层上、中、下部位,深灰色/浅灰色 γ-(Fe,Ni) 固溶体形貌大体相同;白色碳化物的形貌差异很大,主要有鱼骨状、块状、小平面状。复合涂层中 WC 颗粒间的平均显微硬度约为 $731.83HV_{0.2}$,其耐磨性是 Q235 钢的 6.5 倍。在高倍显微镜下观察到部分微米 WC 陶瓷颗粒出现破裂现象。

目前,氩弧熔覆–注射技术所用注射颗粒全部为微米颗粒,由于其尺寸比较大,因而在冷却凝固时颗粒自身和其周围区域受到的热应力比较大,微米颗粒不能全部完好地保留下来,部分颗粒有破损现象,对其性能的提高有所阻碍,因而需细化注射颗粒。纳米涂层对于涂层内热应力的吸收和释放有较好的效果,且性能方面比相同成分的微米涂层有很大程度的提高。本章是在 45 钢表面分别注射纳米 WC 和由纳米颗粒制备出的微米陶瓷颗粒喂料,制备出纳米结构 WC 复合涂层,并与普通的微米 WC 涂层的组织结构和性能进行对比分析。

6.1.2　WC 的制备方法和性能

我国硬质合金产量巨大,约占全球生产总量的 40%。硬质合金按合金成分分类,主要分为碳化钨基、氮化钛基、碳化钛基、碳化铬基、钢结硬质合金和涂层硬质合金等,其中碳化钨是应用较早范围较广的硬质颗粒增强相。硬质合金主要应用于切削、耐磨材料和采掘等领域,是国家重点发展的新材料[6]。

模具、活塞、轴承等均可通过硬质合金来增强其表面的强度、硬度、耐蚀等性能。对于接触磨损来说,方亮等人[7]采用湿磨料磨损试验机分别对钴基硬质合金与氧化铝、碳化硅和氮化硅陶瓷进行了摩擦磨损对比试验。结果表明,陶瓷和硬质合金的耐磨性能相差不大,相比而言,陶瓷的磨损率要大于硬质合金的磨损率,因而在选取耐磨硬质合金时还要充分考虑材料的断裂韧性,防止晶粒脱落。

6.1.3　纳米 WC 的组织结构与性能

纳米 WC 的制备方法主要有两步法和一步法,利用有机碳、活性炭等作为碳源,碳原子通过扩散等进入纳米钨晶体的八面体间隙中,制备出纳米 WC。图 6.1 为钨原子晶格结构示意图。由于钨的晶体结构为体心立方,其晶格常数为 $a=b=c=316.52$ pm, $\alpha=\beta=\gamma=90°$。

钨晶体的体心立方中存在大量的八面体间隙,空间较大,其所能容纳的原子半径的最大值为

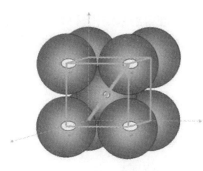

图 6.1　钨原子晶格示意图

$$r_{\max} = \frac{\sqrt{2}}{2}(a-r) \qquad (6.1)$$

式中　$r_{\max}$——四面体间隙所能容纳原子半径的最大值；

　　　a——钨原子的晶格常数；

　　　r——钨原子半径。

钨原子半径为 $r = 137$ pm，计算得 $r_{\max} = 86.81$ pm，而碳原子半径为 70 pm，其共价半径为 77 pm，均小于 $r_{\max}$，因此为碳原子填隙法制备碳化钨提供了可能。传统的碳化钨制备方法主要有直接烧结法、溶剂萃取法和离子交换法等[8]。对纳米碳化钨的制备研究主要集中在低温碳化还原法、气相反应法和等离子化学碳化法等。

纳米材料具有量子尺寸效应、表面效应和小尺寸效应等，结合碳化钨本身所具备的优异的物理和力学性能，使纳米碳化钨成为一种优良的表面改性材料。表 6.1 对碳化钨的物理性能参数进行了说明。

表 6.1　WC 的物理性能参数[9]

物理性能	参　数
晶体结构	六方晶体
熔点	2 870 ℃
沸点	6 000 ℃
相对密度(18 ℃)	15.63
线膨胀系数(20～1 000 ℃)	$3.84 \times 10^{-6}/℃$
热导率(20 ℃)	29.3 W/(m·K)
抗弯强度	551.6 MPa
抗张强度	344.7 MPa

与微米材料的涂层相比，纳米结构涂层具有十分优越的强度、硬度及高温塑性，还具有优异的耐磨和抗蚀性能等。目前获得纳米结构涂层的方法有热喷涂法、磁控溅射法、气相沉积及电沉积法等。采用氩弧熔覆-注射

技术制备纳米结构涂层是获得纳米结构材料的最具发展潜力的技术之一。该技术通过制备具有纳米结构的微米喂料,采用氩弧熔覆-注射技术工艺,在基体表面分别注射微米 WC 喂料和纳米 WC 构筑具有纳米结构材料特征的涂层体系,并与传统的微米 WC 涂层进行对比分析,以期改善和强化材料表面的硬度和耐磨性能。此外,采用这种技术制备纳米结构涂层,还具备工艺简单、涂层和基体的选择范围广、涂层厚度变化范围大以及容易形成复合涂层等优点。因此,氩弧熔覆-注射技术制备纳米结构涂层在工业领域中有着非常诱人的应用前景。

本章将氩弧熔覆技术与粉末注射技术相结合,采用氧乙炔烧熔 Ni60A 粉于 45 钢表面,作为 45 钢和 WC 粉之间的黏结层,再将聚乙烯醇分散-团聚处理的纳米 WC 粉置入注射系统中,采用氩弧熔覆技术制备出纳米 WC 涂层,分析不同工艺参数和涂层材料配比对涂层的硬度、耐磨性、耐蚀性的影响,以获得最优工艺参数和最佳合金成分配比,制备出高性能的耐磨涂层。

6.2 试验方法

6.2.1 试验材料

1. 基体材料

45 钢是应用较多的中碳调质结构钢,有良好的切削加工性能和较高的强度,其韧性、塑性、耐磨性一般,主要用作轴、模具以及模具修复领域等。其力学性能见表 6.2。

表 6.2 45 钢的主要力学性能

抗拉强度	屈服强度	伸长率	收缩率	冲击功
≥600 MPa	≥355 MPa	17%	40%	39 J

45 钢的化学成分见表 6.3。

表 6.3 45 钢的化学成分

元素	C	Mn	Mn	P	S	Cr	Ni	Cu	Fe
质量分数/%	0.42 ~ 0.50	0.17 ~ 0.37	0.50 ~ 0.80	≤0.040	≤0.045	≤0.25	≤0.25	≤0.25	余量

2. 涂层材料

熔覆材料选用 Ni60A 粉、微米 WC 及纳米 WC。所用 Ni60A 粉的化学成分见表6.4。

表6.4 Ni60A 的化学成分

元素	C	Si	B	Cr	Fe	Ni
质量分数/%	0.7~1.2	3.5~5.5	3.0~4.5	15~18	≤3	余量

涂层材料的性能参数见表6.5。

表6.5 涂层材料的性能参数

粉料	纯度/%	平均粒径	熔点/℃	硬度	产地
Ni60A	>97	-150~280 目	850~1 040	HRC55-65	南宫市电力耐磨材料制造厂
微米 WC	>99	-150~280 目	2 860	—	—
纳米 WC	>99.9	400 nm	2 860±50	1 300HV$_{0.2}$	上海水田材料科技有限公司

图6.2为扫描电镜放大倍数为5 500的喷涂用微米 WC、微米 WC 喂料和纳米 WC 的扫描电镜图。

从扫描图片中可以明显地看到,图6.2(a)微米 WC 中虽然也存在一部分细小的颗粒,但大颗粒是主要存在方式;图6.2(b)微米 WC 喂料是由纳米 WC 经乙二醇处理后再与纳米 WC 混合后得到的,纳米粉末依靠乙二醇本身的黏性和分子间作用力,形成细小、块状的颗粒,并黏附为微米级的颗粒;图6.2(c)中纳米 WC 的粒径为400 nm,其尺寸合格,没有微米颗粒。

表6.6为三种不同粒度 WC 的能谱分析结果。

表6.6 三种不同粒度 WC 的能谱分析结果

WC 粉料	质量分数/%		原子数分数/%	
标记点	C	W	C	W
+1(微米)	14.11	85.89	71.55	28.45
+2(微米喂料)	15.18	84.82	73.26	26.74
+3(纳米)	7.94	92.06	56.90	43.10

从表6.6中可以看出,纳米 WC 的原子比接近1,微纳米 WC 中 C 原子数分数最高,这是因为引入了乙二醇的缘故,在1 000 ℃的高温烧结处理后,残留有部分游离碳。

3. 试验设备

本章所采用的试验设备及其参数见表6.7。

(a) 微米 WC

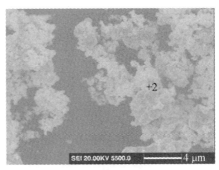

(b) 微米 WC 喂料

(c) 纳米 WC

图 6.2　WC 粉料的扫描电镜图

表 6.7 试验设备及其参数

名 称	型 号	参 数
摩擦磨损试验机	MMS-2A	最大试验力 2 000 N
电火花线切割机	NH7720A	输入功率 2 kW,380 V,AC/3
砂轮机	M3320	380 V,功率 0.5 kW,2 850 r/min
压片机	DY-20	1~33.4 MPa
钨极氩弧焊机	MW3000	22 V,最大电流 300 A
电子天平	VIC-1501	最大称量质量 1 500 g,$d=0.1$ g
分析天平	BS 224 S	最大称量质量 220 g,$d=0.1$ mg
电热鼓风恒温干燥箱	101-1	功率 2.5 kW,室温升 10~300 ℃
电热恒温水浴锅	DK-98-ⅡA	功率 1 500 W,温度范围室温(~100±0.5)℃
超声波清洗机	VGT-1620T	频率 40 kHz,功率 60 W
球磨机	MD7-2L	变频范围(0~50)±0.5 Hz,功率 0.75 kW

4. 涂层喂料的制备

用电子天平($d=0.1$ g)称量 15 g 的乙二醇晶体,倒入烧杯中,加入 100 mL 的去离子水,并在加热到 70 ℃ 的恒温水浴坩埚中不断搅拌,获得悬浊液,再称量一定质量的纳米 WC 粉料,缓慢倒入烧杯中并不断搅拌,与乙二醇悬浊液进行溶胶-凝胶处理用。搅拌 3 h 后取出,并在 50 ℃ 的电热鼓风干燥箱中烘干 48 h,初步破碎,再将其置入马弗炉中进行烧结处理。在 1 000 ℃ 的高温下烧结后,加入一定量的纳米 WC 粉料,用研钵研磨,制备出具有纳米 WC 的微米 WC 喂料待用。

用 BS224S 型分析天平($d=0.1$ mg)称量一定质量的微米 WC、微米 WC 喂料、纳米 WC 和 Ni60A 粉,按照不同的涂层喂料配比对原始粉料进行分组,并采用行星式球磨机将不同尺寸的 WC 粉料和 Ni60A 粉料进行球磨,球磨时间为 4 h,以获得混合充分且均匀的涂层喂料。球磨罐中的陶瓷球用酒精浸泡一段时间后清洗,过滤后用烘干箱烘干 4 h,取粉待用。

5. 涂层的制备

用线切割机从柱状 45 钢中截取尺寸为 10 mm×10 mm×35 mm 的长条形试样块作为基体,45 钢基体的熔覆面用砂轮机的细面打磨,以获得表面光滑的基体。用砂轮机的边缘将基体的中心部位打磨,获得有一定深度的凹坑,并用酒精清洗,去除油污、磨屑后用脱脂棉擦干待用。

采用 MW3000 型钨极氩弧焊头作为提供熔覆能量的来源,采用注射粉料的方法制备 WC 复合结构涂层。

送粉方式对涂层的性能影响很大。传统添加粉料的方式主要是预置法,即把预先混合均匀的涂层粉料与少许有机黏结剂如乙二醇或无机黏结剂如水玻璃等搅拌均匀,再涂覆在基体表面,经压实、烘干即可获得预置涂层,再利用氩弧焊机制备出涂层。注射法就是将混合喂料置入注射器中,通过氩气气流将粉体喂料注入氩弧熔覆产生的熔池中,冷却后获得涂层。

图 6.3 为不同送粉方式对涂层显微硬度的对比图。图中第一组前两个分别采用预置法和注射法,采用纳米 WC 粉末作为喂料,制备出的涂层显微硬度对比柱状图,其次为微纳米和微米粉。由图 6.3 可知,注射法制备出的涂层明显优于预置法制备出的涂层,这是由于在熔覆过程中,预置粉末含有易挥发的黏结剂,涂层加热使得黏结剂剧烈挥发,产生极大的内部压强,使涂层材料跟随挥发气体向外飞溅,降低了熔池中硬质颗粒的浓度。在此过程中,氩弧不能达到保护涂层和基体不受氧化,进一步削弱了涂层的强度、硬度,引入的杂质也降低了涂层的显微硬度。

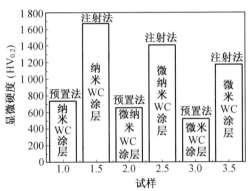

图 6.3　不同送粉方式对涂层显微硬度的对比图

图 6.4 是氩弧熔覆-注射工艺示意图。该技术采用钨极焊头为热源,注射器针头材料为高纯石墨,用氩气气流将注射管中的合金粉末吹送到 45 钢熔池中,在焊枪氩气和注射氩气双重气体保护下,可以隔绝空气对试样、涂层材料的氧化行为。该工艺的送粉方式是将 WC 粉和 Ni60A 粉混合均匀后注射。

与传统的送粉方式相比,注射法具有明显优势:①在引入杂质方面,预置法送粉制备出的涂层不可避免地会引入氢、氧等杂质,注射法则不会引入任何杂质;②由于注射 WC 粉的动力来源于氩气,在熔覆过程中基体受到双重气体保护,更加不易被氧化;③试验操作更加简便;④注射法制备出的涂层,其显微硬度大于传统送粉方式制备出的涂层的显微硬度。

本章采用注射法制备涂层,并对熔覆工艺和性能进行分析。

设计的涂层喂料(微米、微米喂料、纳米)WC 粉和 Ni60A 粉的五种不

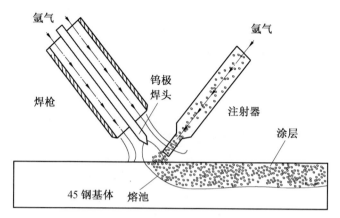

图6.4 氩弧熔覆-注射工艺示意图

同的质量配比为2∶8,3∶7,4∶6,5∶5,6∶4。采用氩弧熔覆-注射技术,利用氩弧焊头在不同的熔覆电流、氩气流量和焊头走速的工艺方法和工艺参数条件下,制备出 Ni 基 WC 增强复合结构涂层。利用单因素控制变量的方法,找出制备微米 WC 涂层、微纳米 WC 涂层和纳米 WC 涂层的最佳制备工艺参数,在该工艺条件下制备出各自尺寸下的复合结构涂层。

6.试样的制备

图6.5 为涂层的宏观形貌图。从图6.5 中可以看出,试样在氩弧熔覆过程中基本无变形,在试样的起始点即引弧部分较大且高出其余部分,与表面光滑平缓的涂层相比,Ni60A 是造成这种现象的主要因素。这是因为基体 45 钢的熔点较高,加热冷却过程中温度梯度较大,冷却速度更快,从而更早地凝固,并且与涂层之间存在润湿角,因而界面明显。涂层表面比较平缓,没有明显的起伏,氧化程度极小,只需简单地加工就可以应用。

采用 NH7720A 型电火花线切割机沿涂层横截面分别截取尺寸为10 mm×10 mm×8 mm 的小试样,作为扫描电镜试样、XRD 试样、显微硬度试样、洛氏硬度试样及摩擦磨损试样。

(1)扫描电镜试样

先将截取的小试样用粗砂纸打磨涂层的表面和横截面,将涂层表面的杂质和横截面的线切割遗留的沟壑磨去,直至表面光滑;再用水砂纸和细砂纸打磨至光亮、无明显划痕后抛光,选用 Cr_2O_3 作为抛光剂。抛光后的试样用酒精清洗后,用吹风机风干,用新配制的 $w(HNO_3)∶w(HF)=9∶1$ 的腐蚀液进行腐蚀,腐蚀时间从 5～60 s 不等,再用酒精棉擦洗,干燥后用蔡司显微镜进行组织结构的初步观察。一方面看划痕多少,若划痕较多或有

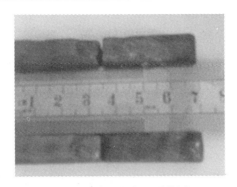

图 6.5　涂层的宏观形貌图

较深的划痕,应再重新用砂纸打磨,重复以上步骤;另一方面看腐蚀效果,经观察,选用 20 ~ 30 s 效果较好。

(2)XRD 试样

将截取的小试样用水砂纸从小号到大号的顺序,将熔覆层打磨至表面平滑并露出金属光泽,将制备好的小试样放入盛有丙酮的烧杯中进行超声清洗,超声震荡 5 h,去除试样表面的油渍、汗渍、污渍以及氧化物和磨屑等杂质,烘干后取出,密封待用。

测试后的 XRD 试样可以作为显微硬度试样和摩擦磨损试样重复使用,洛氏硬度试样可以用观察完毕的扫描电镜试样代替。

6.2.2　涂层组织与性能分析方法

1.涂层组织结构分析方法

(1)金相显微镜分析

采用蔡司金相显微镜,在低倍下观察涂层的显微组织形貌。

(2)扫描电镜分析

采用 CamScan MX2600FE 型扫描电镜观察涂层、基体和过渡层的显微结构,并对涂层与基体之间的结合界面及硬质合金的分布、形态及尺寸进行观察;利用扫描电镜自带的能谱仪对涂层中不同形态的组成相进行能谱分析,测定涂层中各物相的元素组成和相对含量。

(3)XRD 物相分析

采用 Bruker D8 ADVANCE 型 X 射线衍射仪对 WC 涂层进行物相分析,阳极靶材料为铜,辐射波长 $\lambda_{\alpha 1} = 0.1\,544\,426$ nm,$\lambda_{\alpha 2} = 0.1\,540\,598$ nm,扫描角度为 20° ~ 85°,扫描精度为 0.033 4°。

2. 涂层性能测试方法

（1）涂层的显微硬度分析

采用上海研润光机科技有限公司生产的 HVST-1000 型显微硬度计，对涂层表面和截面的熔覆层、过渡区和基体分别进行显微硬度测定，试验力为 4.903 N，加载时间为 10 s。测量时，先在涂层试样的表面随机取五个点，测得显微硬度值取平均值，记录为涂层表面的显微硬度值；涂层表面作为基点，从涂层表面到基体的距离为正值，每间隔 0.2 mm 测三个处在同一高度的点的显微硬度值。

（2）涂层的摩擦磨损分析

采用 MMS-2A 型屏显式摩擦磨损试验机，对磨环为 GCr15（65HRC）、载荷为 200 N、下试样转速为 200 r/min，分别对 45 钢基体和 WC 复合结构涂层进行摩擦磨损试验，通过对比基体和各涂层试样的摩擦因数、摩擦磨损前后试样的质量（0.1 mg）变化情况，结合各试样的磨损形貌图，对三种不同颗粒尺寸的 WC 涂层的耐磨机理进行分析。

6.3 结果与分析

6.3.1 复合涂层的影响因素

纳米结构 WC 涂层的显微硬度和耐磨性取决于涂层材料的配比和氩弧熔覆-注射技术的工艺参数，通过调节熔覆电流、氩气流量和熔覆速度，综合显微硬度和涂层组织，制备出最佳涂层。

1. 熔覆电流的影响

图 6.6 是纳米 WC，Ni60A 的配比为 1∶1，熔覆速度为 3 mm/s，氩气流量为 3 L/min，在只改变熔覆电流的工艺条件下，制备所得涂层的显微硬度曲线图。从图 6.6 中可以看出，当电流为 85 A 时，涂层表面的显微硬度为 $817.8HV_{0.2}$，随着电流的增大，涂层表面的硬度呈现先急速增加，提升速度减缓到显微硬度峰值后降低的趋势，在 105 A 时，显微硬度达到最大值。这是因为当电流过小时，熔覆材料与基体熔化不完全，硬质颗粒的分布不均匀，影响其显微硬度；当电流过大时，基体过热，使涂层稀释大，涂层的显微硬度下降。因此应选用 105～110 A 的熔覆电流。

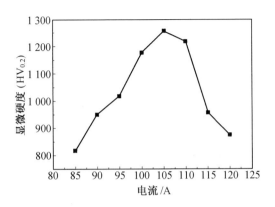

图 6.6　熔覆电流对显微硬度的影响

2. 熔覆速度的影响

熔覆速度对涂层组织与性能影响较大。采用纳米 WC，Ni60A 的配比为 1∶1，熔覆电流为 105 A，氩气流量为 3 L/min。在上述工艺条件下，通过改变熔覆速度，获得纳米 WC 复合结构涂层，测定涂层表面和截面的显微硬度。

图 6.7 为熔覆速度对涂层显微硬度的影响。从图 6.7 中可以看出，随着熔覆速度的加快，涂层显微硬度呈先增后减的趋势。熔覆速度越慢，显微硬度就越小，这是由于焊头走速越小，基体和涂层喂料的受热时间越长，造成熔池较大，在相同质量的涂层材料所获得的涂层试样中，WC 硬质颗粒相的分布就越稀薄。当熔覆速度为 3.5 mm/s，涂层的显微硬度达到峰值，为 1 461.8HV$_{0.2}$。而当熔覆速度增加时，涂层表面的显微硬度显著下降，这是由于 Ni60A 粉不能充分受热，没有完全熔化，纳米 WC 颗粒相没有获得足够的支撑点，涂层的质量比较差。

图 6.8 为熔覆速度为 4.5 mm/s 时涂层的显微组织图。从图 6.8 中可以看出，当熔覆速度过快时，一方面，涂层表面既有熔化区，也有半熔化区，会导致粉末材料分布不均匀；另一方面，温度梯度相对较大，热应力较大，导致涂层横截面中存在大量微裂纹，其显微组织结构明显不连续。另外，涂层截面中分布有凸出的白色颗粒相，这是由于 Ni60A 粉加热冷却速度较快，有少量的较大尺寸的 WC 颗粒来不及完全浸入金属液中。

3. 喂料配比对涂层组织的影响

采用自溶性良好的 Ni60A 粉作为 45 钢基体与 WC 的黏结剂，WC 选取微米级、微纳米级及纳米级三种尺寸，与 Ni60A 粉分别以不同的配比来制备涂层。采用的熔覆电流为 105 A、熔覆速度为 3.5 mm/s、氩气流量为 3 L/min。

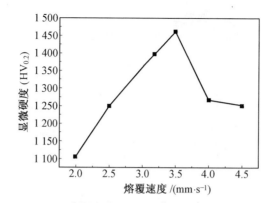

图 6.7 熔覆速度对显微硬度的影响

图 6.8 熔覆速度为 4.5 mm/s 时涂层的显微组织

图 6.9 为微米喂料 WC 占 70% 制备所得涂层的显微形貌图。其中,图 6.9(a)为放大 1 000 倍的背散射照片,图 6.9(b)为图 6.9(a)中 A 区域放大 3 000 倍的背散射照片。

从图 6.9(a)中可以看出,涂层组织主要由长短不一的深灰色棒状晶体、形状规则的白色块状大颗粒相和细小不均匀分布的白色细小颗粒相组成。涂层组织中的棒状晶体被白色颗粒相包裹住,灰色棒状晶体的长度不超过 20 μm,有长有短,相互之间的距离较小,结合紧密。较长的晶体周围白色相较少,白色颗粒相较多的地方灰色棒状晶体反而较短,长径比更小。

从图 6.9(b)中可以看出,涂层中的短棒各自独立存在,长度为 2 ~ 7 μm,组织的外观形貌比较圆润光滑,基本无裂纹,有少量细小的气孔分布在灰色棒状晶体的头部或中心,棒的表面和内部分布有白色细小颗粒相。

图 6.10 为该涂层的截面显微形貌图,其中各特征点能谱中各元素原子数分数见表 6.8。

(a)

(b)

图 6.9 微纳米 WC 为 70% 的涂层显微形貌图

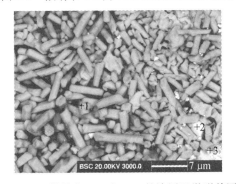

图 6.10 微纳米 WC 为 70% 的涂层显微形貌图

表 6.8　扫描图片中各点的原子数分数

原子数分数/%	C	Si	Cr	Fe	Ni	W
+1	42.44	0	47.59	2.75	5.34	1.87
+2	6.23	2.18	25.16	2.36	18.43	45.64
+3	31.47	7.27	22.76	1.18	22.92	14.40

结合图 6.10 和表 6.8 可知,在棒状组织中,C 和 Cr 的质量分数最高,不存在 Si,仅含有微量的 Ni,Fe 和 W 等元素。分析认为,当 WC 过多时,在熔覆过程中,喂料中的 C 原子容易与 Cr 结合形成棒状的 Cr_xC_y,涂层中棒状晶体区域只留存少量的 WC。涂层中的 WC 主要有三种存在方式:一种呈颗粒状,在棒状区域独立存在,且分布不均匀;另一种与其他元素,如 Si,Cr 和 Ni 等形成白色块状固溶体,颗粒尺寸较大;第三种与灰色棒状晶体相结合,被 Ni 基自熔性合金包裹,从外观上看,棒状组织颜色深浅不一。可见,涂层材料的配比影响了涂层的组织结构,从而影响了涂层的硬度等综合性能。

图 6.11 为纯微米 WC 制备的涂层的显微形貌图。从图 6.11 中可以看出,在熔覆层的底部有一个明显的过渡带,宽度在 40 μm 左右,在此区域内堆积有大量的尺寸较大、形状较规则的白色块状微米颗粒,主要由 W,C 和 Fe 三种元素组成,Fe 作为颗粒相之间的黏结剂;较小的 WC 颗粒相在熔池中与熔融的 Fe 形成涂层。

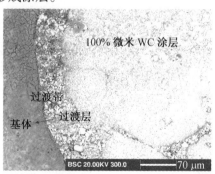

图 6.11　纯微米 WC 制备的涂层的显微形貌图

4. 喂料配比对显微硬度的影响

图 6.12 为不同颗粒尺寸的 WC 粉与 Ni60A 粉以不同的配比制备出的涂层截面显微硬度分布图。

从图 6.12 中可以看出,纳米 WC 涂层的显微硬度整体较高,且显微硬度值随着 WC 的质量分数的增加呈现先增加后降低的趋势,涂层截面的显微硬度最高,最大值为 1 677.4HV$_{0.2}$。微米喂料 WC 涂层的显微硬度值介于微米 WC 和纳米 WC 之间,涂层截面的显微硬度最大值为 1 461.7HV$_{0.2}$。微米 WC 涂层的显微硬度值总体较小,最大值为 1 177.9HV$_{0.2}$。

另外,微米级、微纳米级和纳米级 WC 涂层都是在其质量分数为 40% 时出现峰值,说明此时涂层中的碳化物 WC 和 Cr$_x$C$_y$ 的质量分数达到平衡。WC 的质量分数为 20% 时,WC 容易漂浮在熔池上方,且涂层中的 WC 硬质增强相浓度较低,造成涂层的显微硬度较小。当 WC 的质量分数在 60% 及以上时,涂层中的过渡相减少,注射时容易产生飞溅等现象,WC 会发生团聚,受热分解产生 W$_2$C,提高涂层的脆性,从而使 WC 硬质相不能获取足够的支撑相,因而导致涂层的显微硬度明显降低。

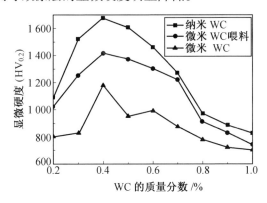

图 6.12 不同原料配比制备出的涂层截面显微硬度分布图

在纯 WC 涂层中,纳米 WC 涂层的显微硬度同样最高,微米 WC 喂料涂层次之,微米 WC 涂层最低,这说明,喂料颗粒尺寸对涂层的性能有较大影响,不同粒度的硬质相制备获得的涂层,其性能有较大差异。

测量 100% 微米 WC 涂层的显微硬度值为 626.6HV$_{0.2}$,远低于添加 Ni60A 时制备所得涂层的显微硬度。这是由于 45 钢的显微硬度在 175HV$_{0.2}$ 左右,其强度、硬度都较低,具有较大的塑韧性,导致涂层在受到外界压力时,基体会发生弹性形变,使涂层的硬度也随之降低,

综上所述,应选择涂层原料 WC 与 Ni60A 的粉料配比为 4∶6。

5. 送粉速度对涂层显微硬度的影响

图 6.13 为注射器中通入的氩气在不同流量下对涂层显微硬度的影响。其中纳米 WC 与 Ni60A 的配比为 4∶6,熔覆电流为 105 A,熔覆速度为 3.5 mm/s。

利用特制注射器,其针头材料为高纯石墨,注射管为钢管,中间通过石

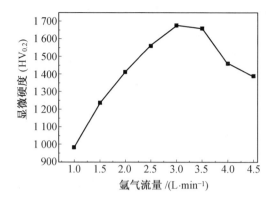

图6.13 注射器中通入的氩气在不同流量下对涂层显微硬度的影响

墨毡隔热、密封、固定,向注射器中通入氩气,通过气流带动涂层喂料,从而将喂料注入熔池中,氩气流量即为送粉的注射速度。

在氩弧熔覆−注射过程中,钨极焊头的氩气流量应尽可能小,降低焊头氩气对送粉速度和送粉质量的影响。从图6.13中可以看出,氩气流量越小,涂层的显微硬度越小,这是由于氩气流量越小,注射器与钨极之间气体对流作用越大,会形成涡流,粉料不容易被吹送到熔池中,导致熔池中的涂层喂料少。随着注射速度的增大,涂层的显微硬度值也随之增大。在注射速度为3 L/min时,涂层的显微硬度达到最大值,为1 677.4HV$_{0.2}$。随着注射速度的进一步加快,涂层截面的显微硬度反而有下降的趋势,这说明并不是涂层中所含硬质颗粒增强相越多,涂层的显微硬度就可以无限增大。分析认为,在熔覆电流、速度及喂料配比确定的条件下,熔池的大小和熔池所含的过渡相即硬质合金的支撑相的量是一定的,过多的涂层喂料对涂层的组织结构有不利影响。

6.3.2 微米结构WC涂层组织结构分析

本章采用氩弧熔覆−注射技术,在熔覆电流为105 A,熔覆速度为3.5 mm/s,氩气流量为3 L/min,粉料WC和Ni60A的配比为1∶1的工艺条件下,制备出涂层后用扫描电镜(SEM)观察微米WC、微纳米WC和纳米WC涂层的表面、与基体间的分界面及涂层截面的显微组织,借助扫描电镜自带的能谱仪(OXFORD)来判定元素组成及含量,利用X射线衍射仪(XRD)对涂层进行了物相分析,以确定涂层中的物相。

1. 微米结构WC涂层的组织结构分析

图6.14为微米WC涂层的横截面的背散射扫描图。图6.15为图

175

6.14 中 A 区的放大图,图 6.16 为图 6.14 中 B 区的二次电子放大图。

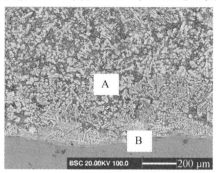

图 6.14　微米 WC 涂层横截面的背散射扫描图

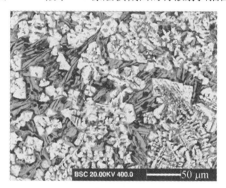

图 6.15　微米 WC 涂层的 A 区放大图

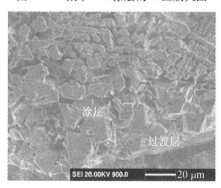

图 6.16　微米 WC 涂层的 B 区放大图

　　从图 6.14 中可以看出,白色相均匀弥散地分布在整个涂层中;涂层中不可避免地出现气孔,涂层的气孔率为 3.698 7%;涂层中没有裂纹存在;涂层与基体之间为冶金结合。涂层的厚度表现为两头略薄于中间部分,且界面较为平缓,没有较大起伏,这是由于从熔覆到冷却的过程中,涂层各部分加热时间和冷却速度不同造成的。加热时,基体内部有预热过程;冷却时,基体与涂层接触空气的外表面冷却速度更快。涂层中白色相以颗粒状、棒状、鱼骨状或松枝状的形态分布于整个涂层中,且晶粒的粒径较大;熔池底部的晶粒尺寸较小,纵横交错,成网格状;涂层与基体的结合面处白色晶体的浓度较大,分布较为密集。

从背散射图 6.15 中可以看出,涂层中的晶粒存在形态主要有块状、花瓣状、鱼骨状等,图中灰色部分是 Ni 基自熔合金形成的基体,是涂层的增韧相,白色相的主要成分为 WC,是涂层的增强相,形态各异的颗粒相是由基体作为黏结剂,将增强相与增韧相黏结而成,并镶嵌在基体中,所获得的涂层与基体之间为冶金结合,结合力强。

从图 6.16 中可以看出,越是靠近基体,涂层中的颗粒越粗大,形状较规则,主要呈块状,尺寸在 20 μm 左右,这是因为粗大的 WC 颗粒在自身重力和加热搅拌作用下,能够沉到熔池底部。而尺寸小的晶粒则是悬浮在涂层中间,借助金属液将涂层中的增强相黏结成形状不规则的小晶粒,越小的晶粒所具有的比表面积越大,表面能就越大,与熔池中的金属液之间的润湿性更好,使小晶粒的下沉速度减缓,从而分布在熔池底部与涂层表面之间。

图 6.17 为微米 WC 涂层表面的 X 射线衍射图。从图 6.17 中可以看出,涂层表面的相主要是 WC,$Cr_{23}C_6$,$FeNi_3$ 和 Fe_6W_6C 等组成。

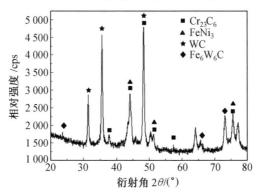

图 6.17　微米 WC 涂层表面的 X 射线衍射图

2. 微米结构 WC 涂层的能谱分析

图 6.18 为微米 WC 涂层的背散射图,图中+1 点代表 Spectrum1,以此类推。表 6.9 为能谱图中各点元素种类和原子数分数。

从图 6.18 中可以看出,涂层主要由白色不规则形状的颗粒相和灰色

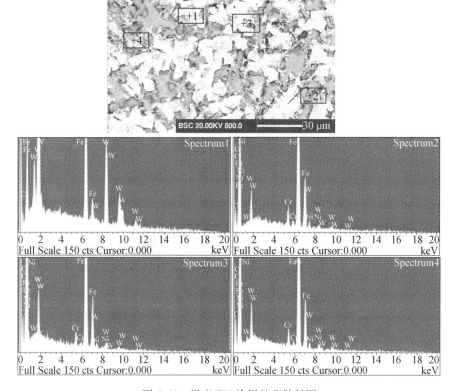

图 6.18　微米 WC 涂层的背散射图

基体组成。分别对涂层中的白色颗粒相和灰色基体进行能谱分析,结果见表 6.9。从表 6.9 中可以看出,白色粗大颗粒相主要包含 Fe,C 和 W 三种元素,Cr,Ni 的原子数分数较低,基体则主要由 Fe,C,Ni,Cr 和少量的 W 元素组成。

涂层喂料中微米 WC 的原始粉料是规则的块状和颗粒状,而涂层中的 WC 白色大颗粒形状不规则,颗粒尺寸大,结合 X 射线衍射图和表 6.9 可以看出,白色颗粒为微米 WC 通过 Fe 和 Ni 等黏结形成团簇状结构,基体则主要含有 $Cr_{23}C_6$,$FeNi_3$ 和 Fe_6W_6C 等固溶体或化合物。

表 6.9 能谱图中各点原子数分数

元素	C	Cr	Fe	Ni	W
+1 处的原子数分数	27.56	2.31	26.93	7.65	35.55
+2 处的原子数分数	11.64	8.03	52.36	22.78	4.18
+3 处的原子数分数	38.71	1.47	26.62	1.08	32.11
+4 处的原子数分数	11.84	16.35	44.30	16.10	11.41

6.3.3 微纳米结构 WC 涂层的组织结构分析

1. 微纳米结构 WC 显微组织分析

图 6.19 为微纳米 WC 涂层的横截面在不同倍数下的扫描图。

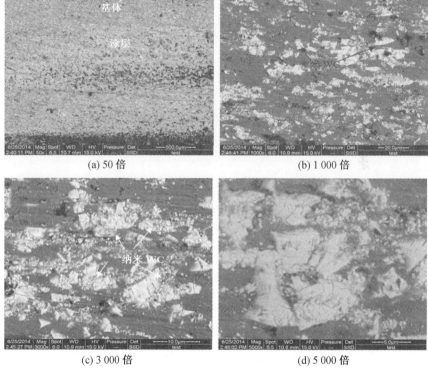

(a) 50 倍　　　　　　　　　　(b) 1 000 倍

(c) 3 000 倍　　　　　　　　　(d) 5 000 倍

图 6.19　微纳米 WC 涂层的横截面在不同倍数下的扫描图

　　在图 6.19(a)中,基体与涂层的结合界面位于扫描图片的顶部,涂层与基体之间有一部分区域,黑色基体分布较多,而白色颗粒相分布较少;凹凸不平的基体被涂层填充,涂层与基体之间为冶金结合;气孔较少。

　　从图 6.19(b)中可以看出,涂层中分布有大量细小的白色粉末状颗粒相,这些微细颗粒围绕尺寸较大、棱角分明的颗粒相均匀分布在涂层中,结合图 6.19(c) 和 (d) 可以明显看出,细小的纳米颗粒一部分来自制备涂层的原料,另一部分则是由大颗粒破碎产生的。制备微纳米 WC 涂层所使用的 WC,是由纳米 WC 粉与纳米 WC 经乙二醇团聚、烧结、破碎而获得的微米 WC 喂料混合而成。而在烧结过程中,乙二醇不能彻底挥发,会有部分残留,残留物在氩弧高温下挥发,使得团聚在一起的纳米 WC 粉沿着结合较弱的部位破碎分离,形成颗粒尺寸较小的纳米 WC 颗粒相。另外,研磨、机械球磨不可能磨碎到纳米或微米级尺度,因此为微纳米 WC 的制备提供了便利。

与简单的以微米粉和纳米粉混合来制备微纳米涂层相比,该工艺优势在于:由于涂层的颗粒增强相本身是由纳米粉经过有机黏结剂团聚而成,纳米粉之间的结合力为较弱的范德华力,使得涂层在使用过程中,可以持续破碎而产生纳米颗粒相;而微米粉本身是靠金属键等结合在一起,不能破碎出具有更加优异性能的纳米颗粒相。

2. 微纳米结构 WC 涂层的物相分析

图 6.20 为微纳米 WC 涂层的 X 射线衍射图。从图 6.20 中可以看到,涂层的物相组成主要有 WC,Fe-Cr,Fe-Cr-Ni,(Fe,Ni) 固溶体和 $Cr_{23}C_6$ 等。

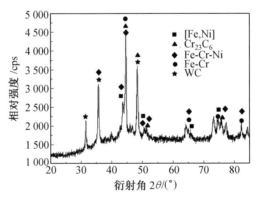

图 6.20 微纳米 WC 涂层的 X 射线衍射图

3. 微纳米结构 WC 涂层的能谱分析

图 6.21 为微纳米 WC 涂层的高倍组织及能谱分析图。表 6.10 为微纳米 WC 涂层各元素的质量分数,表中序号 1 和 2 分别表示区域扫描图和打点图的能谱数据。

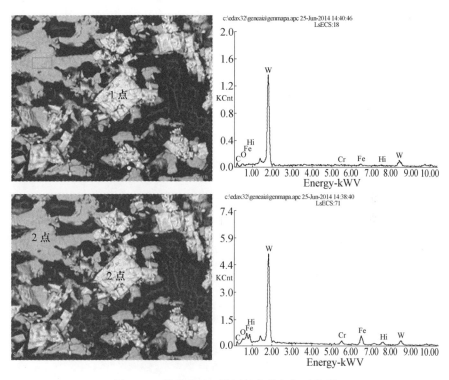

图 6.21 微纳米 WC 涂层的高倍组织及能谱

表 6.10 能谱图中各元素的组成

元素	C	O	Cr	Fe	Ni	W
1 的体积分数	29.58	16.38	04.50	16.02	08.44	25.08
2 的质量分数	06.39	02.21	00.56	01.70	0	89.14

通过对不同颜色的区域进行能谱分析,结合 XRD 和表 6.10 可以看出,涂层中灰色部分和白色部分都含有 W 元素,由于 W 的原子密度较大,因此能谱图中的峰值最高,W 的原子数分数最大。而白亮区域的 W 原子的原子数分数比灰色区域的要高,说明熔覆时 WC 不仅能够保留自身的颗粒相存在,也可以与自溶性合金形成固溶体。灰色部分与白亮部分的区别在于是否有 Ni 的存在,若不含 Vi 则颗粒呈现为白亮色。氧的存在是由乙二醇引入的,残留的 O 原子进入晶体中,与 Cr,W 等形成氧化物,对涂层整体性能是有害的;从表 6.10 中的原子数分数可以看出,在白色颗粒相的原子组成中,C 原子和 W 原子个数比接近 1:1,结合 XRD 可知,白色颗粒相为 WC,而灰色部分除了有 WC 外,还包含有一定量的(Fe,Ni)固溶体和铬的氧化物等。

6.3.4　纳米结构 WC 涂层的组织结构

1. 纳米结构 WC 涂层显微组织分析

图 6.22 为纳米 WC 涂层在不同放大倍数下的扫描镜图。图 6.21(a)
为放大 100 倍下的背散射图,图 6.21(b)为 1 000 倍下的二次电子图,图
6.21(c)为放大到 1 500 倍的背散射照片,图 6.21(d)为放大至 5 000 倍的
背散射照片。

图 6.22　纳米 WC 涂层在不同放大倍数下的扫描电镜图

从图 6.22(a)中可以看出,涂层与基体为冶金结合,涂层中存在大量
杆状的长条物,盘根错节地交织在一起,在横截面上可以看到有许多"花"
分散在涂层各处,这是由交缠在一起的细小杆状物从中截断而残留下来形
成的。这些杆状物的走向比较有规律,主要有平行于横截面方向和垂直于
横截面方向,并穿插在彼此之间,形成牢固的涂层组织。基体上的裂纹是
由水冷造成的,涂层中未见裂纹产生,可见,纳米涂层在抗热应力方面潜力
巨大。

从图 6.22(b)中可以看到,涂层中的杆状物都是实心的,其直径在 10 μm 以下,具有较高的长径比。由于腐蚀时间较长,使得腐蚀深度较大,可以明显地看得,腐蚀破损的杆状物中有大量的微细颗粒,而完好的杆状物表面比较干净,不存在细小的颗粒,说明这些微细颗粒虽然与杆状物结合在一起,但其本身仍是独立存在的,没有与其他物相反应生成新相,保留着自身的尺寸和结构特征。

从图 6.22(c)中可以看出,虽然这些杆状物是实心的,但也有部分杆状物中心处存在空洞,这可能是注射粉料时残留的氩气造成的有害现象,这些有缺陷的杆状物是涂层的薄弱之处,对涂层的强度、硬度和耐磨性有一定的削弱作用。图像下方的横截面处有裂缝,裂缝为杆状物的交界处。本章前面研究过,背散射图像中白色部分是碳化物,灰色部分是因为含有 Ni 的缘故,因此杆状物中一定含有镍,而白色颗粒很可能就是 WC。

从图 6.22(d)中可以看出,白色的颗粒相是镶嵌在基体上的,且分布较均匀,旁边的细小颗粒是腐蚀脱落而产生的残留物。

图 6.23 为 5 000 倍下纳米 WC 涂层腐蚀后的棒状组织显微形貌图。从图 6.23 中可以看出,在 HF+HNO₃ 腐蚀后的棒状组织中,颗粒的最大尺寸小于 1 μm,并有大量纳米级颗粒分布在涂层组织中。

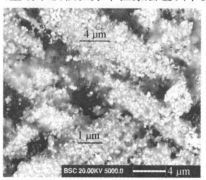

图 6.23　5 000 倍下纳米 WC 涂层腐蚀后的棒状组织显微形貌图

2. 纳米结构 WC 涂层的物相分析

图 6.24 为纳米 WC 涂层的 X 射线衍射图。从图 6.24 中可以看出,涂层的物相组成主要有 WC,Fe_7W_6,(Fe,Ni)固溶体以及少量的 $FeNi_3$ 等。

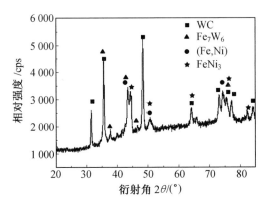

图 6.24 纳米 WC 涂层的 X 射线衍射图

3. 纳米结构 WC 涂层的能谱分析

图 6.25 为纳米 WC 的能谱分析图。表 6.11 为各点的原子数分数表。

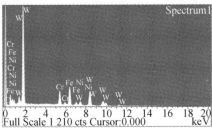

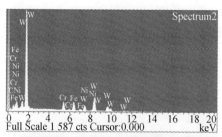

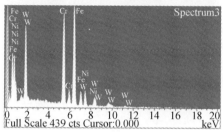

图 6.25 纳米 WC 涂层的能谱分析图

表 6.11 能谱图中各点原子数分数

元素	C	Cr	Fe	Ni	W
+1 处的原子数分数	20.90	15.39	25.98	6.59	31.14
+2 处的原子数分数	32.29	10.35	12.58	10.34	34.22
+3 处的原子数分数	31.21	22.41	33.80	6.54	6.03

结合图 6.25 表 6.11 可以看出,涂层中各点的碳原子数分数都比较高,大约为 20% ~ 30%,而碳原子有两个来源,一个是纳米 WC 提供的碳原子,一个是 45 钢中的碳原子,而 45 钢的碳含量很低,再结合 XRD 物相分析可知,纳米 WC 在熔覆过程中,碳原子不易流失。对比 +1,+2,+3 三个点的原子数分数可以看出,+1 点为纳米 WC 与 Cr 和 Fe 结合,WC 能够保留下来,没有发生分解或其他反应,而是黏附在 Ni60A 自熔合金基体表面;+2 点为 WC 与 Fe,Ni,Cr 生成其他物相,物相呈现为白色不规则大颗粒形态,多余的 W 原子与 Fe 基体形成了 Fe_7W_6;涂层中 +3 处的基体主要由 Fe,Cr 和 Ni 组成,WC 则溶解在基体中,结合物相分析可知,基体为 Fe 和 Ni 的固溶体、Fe_7W_6 及 $FeNi_3$,WC 就镶嵌在这些增韧相形成的基体中。

6.3.5 纳米结构 WC 涂层的硬度和摩擦磨损特性

本小节采用显微硬度计分别测量最佳工艺参数下制备所得不同粒度 WC 涂层的显微硬度,采用 MMS-2A 型屏显式摩擦磨损试验机(对磨环的材料为 GCr15,洛氏硬度在 65HRC 左右),在干滑动的摩擦磨损条件下,测试涂层的摩擦因数和磨损量,利用扫描电镜来观察磨损形貌,分析了三种不同粒径 WC 涂层的耐磨机理。

1. 显微硬度分析

采用显微硬度计分别测量 45 钢基体和三种不同粒径 WC 涂层的显微硬度,将测量结果列表,并进行对比分析。

表 6.12 为基体与 WC 涂层截面的显微硬度值。

表 6.12　基体与 WC 涂层截面的显微硬度值

试样	显微硬度值(HV)
45 钢	226.3
微米 WC 涂层	1 177.9
微纳米 WC 涂层	1 414.1
纳米 WC 涂层	1 677.4

从表 6.12 中可以看出,涂层的显微硬度远高于基体 45 钢的硬度,涂层的显微硬度提高了 5 ~ 7 倍。涂层中,微米 WC 涂层的显微硬度最低,说明涂层的硬度和喂料的尺寸有关;纳米 WC 涂层的显微硬度最高,说明涂层中含有大量的硬质颗粒相,均匀地分布在涂层中。

纳米 WC 涂层表面的显微硬度为 $1\ 255HV_{0.2}$,过渡区的显微硬度为 $1\ 677.4HV_{0.2}$,过渡区和涂层表面之间的显微硬度在 $1\ 255HV_{0.2} \sim 1\ 661.8HV_{0.2}$ 变化,比涂层表面和过渡区的硬度要低,说明涂层与基体之间的硬度有一个变化梯度,并且硬度值与硬质合金的浓度呈正相关,涂层表面的 WC 等硬质颗粒相的含量较熔覆层略小。熔覆后的基体的显微硬度为 $382.5HV_{0.2}$,说明氩弧熔覆提供的高温、空冷以及极大的冷却速度,使基体的组织发生改变,从而提高了基体的硬度。

2. WC 结构涂层的摩擦因数

图 6.26 为 200 N 的载荷,下试样转速为 200 r/min 的干滑动摩擦磨损试验条件下,45 钢的摩擦因数随时间的变化曲线图。

从图 6.26 中可以看出,45 钢的摩擦因数在 0.04 上下波动,波动的幅度很小,这说明 45 钢的表面粗糙度小,摩擦面较光滑,较小的波动范围则说明 45 钢中组织均匀,没有硬质相存在。

图 6.27 为 200 N 的载荷,下试样转速为 200 r/min 的试验条件下,质量分数为 40% 的微米 WC 涂层的摩擦因数与时间的关系曲线图。

从图 6.27 中可以看出,涂层的摩擦因数在整个摩擦磨损试验中有较大起伏,在 0.625 上下波动。分析认为,由于涂层组成中大颗粒的 WC 镶

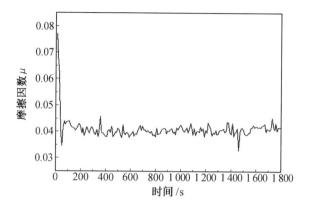

图 6.26 45 钢的摩擦因数–时间关系图

嵌在 Ni60A 的基体上,其强度、硬度都比较高,使涂层表面存在大量坚硬的硬质颗粒,造成涂层表面具有较大的粗糙度。涂层中的微米 WC 粉体通过熔融的 Fe,Ni 等黏结成较大的颗粒相,微米 WC 的比表面积较小,与基体之间的结合强度小,使微米 WC 颗粒比较容易从基体中摩擦脱落。

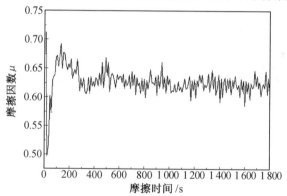

图 6.27 微米 WC 涂层的摩擦因数–时间关系图

图 6.28 为 200 N 的载荷下,质量分数为 40% 的微纳米 WC 涂层的摩擦因数与时间的关系曲线图。

从图 6.28 中可以看出,涂层的摩擦因数在 0.4 左右,波动幅度小,摩擦因数较稳定,这说明微纳米 WC 涂层中 WC 与 Ni60A 结合较好,涂层表面没有较大的颗粒相,表面相对平滑。随着摩擦磨损试验的进行,摩擦因数也在缓慢变大,这说明涂层的表面粗糙度随时间延长而变大。

图 6.29 为纳米 WC 涂层的摩擦因数–时间关系曲线图。从图 6.29 中可以看出,当纳米 WC 的质量分数为 40% 时,涂层的摩擦因数为 0.005,

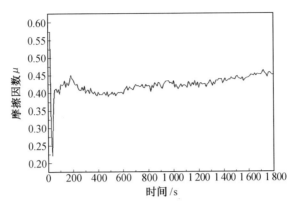

图 6.28　微纳米 WC 涂层的摩擦因数–时间关系图

WC 占 50% 时,摩擦因数是前者的 3 倍,为 0.015。相比于微米 WC 涂层和微纳米 WC 涂层,摩擦因数相差几十倍。纳米 WC 涂层的摩擦因数–时间关系的曲线图中,波峰和波谷相差不到 0.005,由此可见,纳米 WC 涂层表面很平滑,表面粗糙度极小。

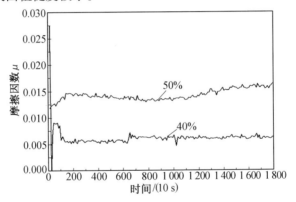

图 6.29　纳米 WC 涂层的摩擦因数–时间关系图

3. WC 结构涂层的磨损量对比

磨损量与磨损距离、法向载荷和材料硬度有关,与表面积和滑动速度无关。

图 6.30 为相同试验条件下,涂层与基体的相对磨损量对比图。试验载荷为 200 N,加载时间为 30 min。从图 6.30 中可以看到,质量分数为40% 的纳米 WC 涂层磨损量最低,质量分数为 50% 的纳米 WC 涂层磨损量略高于前者,说明 WC 的质量分数高,涂层的耐磨性能降低。总体来看,纳米 WC 涂层的磨损量最少,微纳米 WC 涂层的磨损量次之,基体的磨损量

最高,为纳米 WC 涂层的 40 ~ 50 倍。

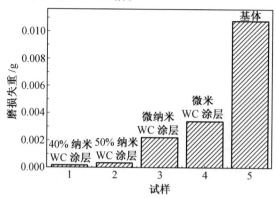

图 6.30 涂层与基体的磨损失重对比图

4. WC 结构涂层的磨损机理分析

图 6.31 为 45 钢的摩擦磨损形貌图。从图 6.31 中可以看出,基体的摩擦磨损表面没有呈现金属光泽,且分布有大量相互平行的划痕,沟壑较深,磨损表面黏附有大量白色颗粒状磨屑,这说明在摩擦磨损过程中,较硬的对磨环表面微凸体刺入较软的 45 钢基体中,并发生相对滑动,形成犁沟;较多的细小切屑在较高温度和较大应力共同作用下形成磨屑,并黏着在基体上,磨损机理为黏着-犁沟磨损。

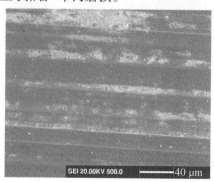

图 6.31 45 钢的摩擦磨损形貌图

图 6.32 为最佳工艺条件(熔覆电流为 105 A,熔覆速度为 3.5 mm/s,氩气流量为 2 L/min,物料配比 1 : 1)下制备的微米 WC 涂层的磨损形貌图。图 6.32(a)为放大 200 倍的扫描图片,图 6.32(b)为放大 400 倍的背散射图片。

从图 6.32(a)中可以看出,微米 WC 涂层表面有较多的浅划痕,这些

189

小型沟平行分布在涂层表面上,磨损形式为显微切削磨损;在涂层表面分布有微凸体,微凸体所在位置没有划痕,说明这些微凸体的强度、硬度要比其他区域大,是增强相。从图 6.32(b)中可以看出,微米 WC 涂层表面呈灰白色,主要由 Ni,Fe 组成;深灰色区域是氧化物,在干滑动摩擦磨损过程中基体容易氧化,因此微米 WC 涂层的耐磨性能较差。微米 WC 涂层的磨损机理为低应力擦伤磨粒磨损。

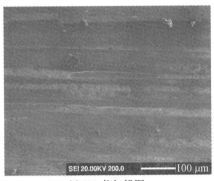

(a) 200 倍扫描图

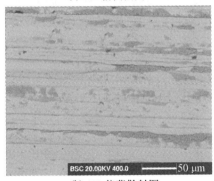

(b) 400 倍背散射图

图 6.32　微米 WC 涂层的磨损形貌图

图 6.33 为最佳工艺条件下制备的微纳米 WC 涂层的磨损形貌图。图 6.33(a)为放大倍数为 200 倍的扫描图片,图 6.33(b)为放大 1 000 倍的扫描图片。

从图 6.33(a)中可以看出,微纳米 WC 涂层的摩擦平面比较光滑,涂层的磨损表面几乎没有划痕产生。结合摩擦因数曲线和相对磨损量可知,微纳米 WC 涂层的磨损量低于微米 WC 涂层的磨损量,说明颗粒较小的微纳米 WC 与 Ni60A 的结合力更强,涂层组织更加致密,使涂层的显微硬度更高。微纳米的 WC 具有较高的硬度,塑韧性较差,在摩擦磨损过程中磨痕较浅。从图6.33(b)中可以看出,磨屑的结构有颗粒状结构和片层结构,片层状磨屑有较为尖锐的角,说明在显微切削提供的剪切应力和摩擦产生的热应力共同作用下,涂层发生破碎,呈片层状脱落。

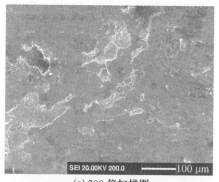

(a) 200 倍扫描图

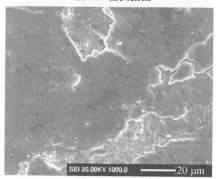

(b) 1 000 倍扫描图

图6.33 微纳米 WC 涂层的磨损形貌图

根据苏联时期 Хрущёв М М 的研究结论,在磨料磨损中,磨损量与硬度有关系。微纳米 WC 涂层的硬度(56HRC)是对磨环硬度(65HRC)的0.8~1.3 倍,处于过渡区域,磨损量不太高也不是最低,比较符合微量切削假说,磨损机理为高应力碾碎式磨粒磨损。

图6.34 为最佳工艺条件下制备的纳米 WC 涂层磨损形貌图。从图6.34(a)中可以看出,涂层的摩擦表面分布有大量白色颗粒相,未覆盖颗粒处出现较浅的划痕,这些细小的白色颗粒,既有磨屑又有涂层的颗粒相。从图6.34(b)中可以看到,纳米 WC 涂层的摩擦表面光滑,没有沟壑产生,且磨屑的尺寸较小,这说明涂层的强度、硬度较高,对磨环材料 GCr15(洛氏硬度65HRC)不能压入涂层(表面洛氏硬度67HRC)中,只能通过表面的微凸体在涂层表面进行相对滑动,微凸体在涂层硬质颗粒间较软的基体上

(a) 200 倍扫描图

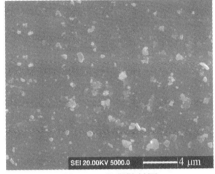

(b) 5 000 倍背散射图

图 6.34　纳米 WC 涂层磨损形貌图

产生磨粒磨损,因而使涂层表面分布有相互平行的浅划痕。

　　由于复合涂层中弥散分布有大量的纳米 WC 硬质颗粒,使得涂层的耐磨性能较基体有很大的提高。这是因为在干滑动摩擦磨损条件下,涂层表面的 Ni 基自熔性合金基体首先被磨掉,剩余的纳米 WC 颗粒从基体中凸显出来,形成微凸体,再与对磨环表面的微凸体发生碰撞,在此过程中,涂层中有部分硬质相断裂,发生迁移,形成磨屑,大多数硬质相依然镶嵌在基体中。纳米 WC 涂层的磨损方式主要是低应力擦伤式磨粒磨损。

6.4　结　　论

　　以微米 WC、纳米 WC 和微纳米 WC 粉作为涂层增强相,以 Ni60A 粉作为涂层的增韧相,采用氩弧熔覆–注射技术,在 45 钢表面制备出 Ni 基 WC 涂层。通过扫描电镜及其自带的衍射仪和 X 射线衍射仪,对涂层的组织结构和物相组成进行观察和标定,并测试了涂层的显微硬度、摩擦磨损性能。

结论如下:

①氩弧熔覆–注射技术制备 WC 涂层的最佳工艺参数:熔覆电流 105 A,熔覆速度 3.5 mm/s,熔覆氩气流量 2 L/min,WC 与 Ni60A 物料配比为 4∶6,注射器中氩气流量 3 L/min。

②在氩弧熔覆–注射过程中,熔覆时氩弧焊头走速稳定,受热比较均匀,涂层组织致密,孔隙率较低,没有微裂纹等结构缺陷;涂层与基体为冶金结合。

③微米 WC 涂层截面的显微硬度值最高为 1 177.9HV$_{0.2}$,在涂层结构中的(Ni,Fe)固溶体是涂层的增韧相,起到支撑 WC 等硬质颗粒相的作用,但由于微米 WC 颗粒粒径较大,降低了涂层的硬度,洛氏硬度计测得涂层表面的洛氏硬度最高为 53HRC;微纳米 WC 涂层截面的显微硬度值最大,可达到 1 461.7HV$_{0.2}$,洛氏硬度计测得涂层表面的洛氏硬度最高达 56HRC;纳米 WC 涂层截面的显微硬度值最大,可达到 1 677.4HV$_{0.2}$,洛氏硬度计测得涂层表面的洛氏硬度最高,可达 67HRC。

④涂层组织结构包括熔覆层、过渡区和热影响区;熔覆层中的物相形态主要有颗粒状、块状、杆状和花瓣状,物相组成与粉料配比和粉料粒度有关;过渡区的组织形态和显微硬度与 WC 的粒径有关,微米 WC 涂层的过渡区由 Fe,W,C 组成,纳米 WC 涂层的过渡区物相组成和形态与熔覆层一致,其区别在于晶粒更细小;纳米 WC 涂层的物相组成主要包括 WC,Fe$_7$W$_6$,Fe 和 Ni 的固溶体等。

⑤200 N 载荷、摩擦 30 min 的磨损试验结果表明:微米 WC 涂层和微纳米 WC 涂层的摩擦因数较大,表面更粗糙;涂层较基体的耐磨性能均有提高;纳米 WC 的耐磨性能最好,是基体的 50 倍左右,磨损机理为低应力擦伤式磨料磨损;微米 WC 涂层的耐磨性能相对较差,这是因为颗粒较大,涂层较脆,磨损机理为磨料磨损。

⑥质量分数为 40% 的纳米 WC 涂层的显微硬度最大,摩擦因数最小,磨损量是微米 WC 涂层的 1/15 左右,耐磨性能较好,综合考虑涂层的硬度和耐磨性,涂层粉料(WC 和 Ni60A)的配比设计为 4∶6。

参考文献

[1] ZHAO M H,LIU A G,GUO M H,et al. WC reinfoced surface metal matrix composite produced by plasma melt injection[J]. Surface and Coating Technology,2006,201(34):1655-1659.

［2］ LIU A G, GUO M H, ZHAO M H, et al. Microstructures and wear resistance of large WC particles reinforced surface metal matrix composites produced by plasma melt Injection［J］. Surface and Coatings Technology, 2007,201(18):7979-7981.

［3］ 常杰. 氩弧熔覆-注射金刚石复合涂层研究［D］. 哈尔滨:哈尔滨工业大学,2010.

［4］ 魏晶慧. 氩弧熔覆-注射 WC_8Co 表层复合材料制备［D］. 哈尔滨:哈尔滨工业大学,2008.

［5］ 王晓娟. 氩弧熔覆-注射球形 WC 耐磨表层复合材料的制备［D］. 哈尔滨: 哈尔滨工业大学,2010.

［6］ 江丙武,蔡海燕,宋耀强,等. 国内外路面铣刨刀具用硬质合金的现状与发展趋势［J］. 硬质合金,2014,3:194-200.

［7］ 徐涛. 硬质合金高端产品及新材料发展趋势分析［J］. 硬质合金, 2011,6:395-402.

［8］ 谢海根. 纳米碳化钨粉的制备及其性能研究［D］. 长沙:中南大学, 2007.

［9］ 宋贵宏、杜昊、贺春林. 硬质与超硬涂层［M］. 北京:化学工业出版社, 2007.

第7章　Q235钢表面氩弧熔覆 Ni-Mo-Zr-WC-B₄C复合涂层

7.1　引　言

近年来,材料表面改性技术得到了迅速发展,普通材料表面耐磨复合涂层的研究备受人们的关注[1,2]。原位合成金属基复合涂层是近年来材料领域研究的热点之一,原位合成金属基复合涂层消除了基体和增强相间的界面不相容性,并具有界面干净、无污染、热力学稳定等特点,已在诸多要求耐磨性的领域获得了广泛应用[3-5]。目前原位合成复合涂层的方法主要有激光熔覆、电子束熔覆和等离子熔覆等[6,7]。然而利用氩弧熔覆技术制备原位合成金属基复合涂层研究较少。本章对采用氩弧熔覆技术在 Q235钢表面制备颗粒增强金属基复合涂层进行论述,并对涂层的组织结构、硬度和耐磨性进行研究。

7.2　试验方法

试验选用 Q235钢作基体材料,尺寸为 40 mm×20 mm ×10 mm,表面经过预处理后用丙酮和无水乙醇清洗。以 Ni 粉、Mo 粉、Zr 粉、WC 粉和 B_4C 粉为原料,成分设计为 $30Ni-20Mo-5Zr-10WC-35B_4C$(质量分数)。Ni粉、Mo 粉和 Zr 粉的纯度为 99.9%,平均粒度为 20 μm,WC 粉和 B_4C 粉的纯度均为 99.5%,平均粒度为 30 μm。将上述粉末按设计比例,充分混合均匀,将水玻璃作为黏结剂把混合粉末调制成膏状物,均匀涂敷于经过预处理的 Q235 钢试样表面,得到厚度为 0.8～1.5 mm 的预制涂层。将预制涂层置于 DZ-2BC 型真空干燥箱 100 ℃烘干 1 h,使预制涂层充分干燥。随后用 MW3000 型氩弧熔覆机进行熔覆,在室温下冷却即可得到厚度为0.8～1.2 mm的待测涂层试样。

采用 MX-2600FE 型扫描电子显微镜(SEM)分析涂层组织形貌;用XD-2 型 X 射线衍射仪(XRD)分析涂层的物相组成;用 MHV2000 型显微硬度计测量涂层的显微硬度(载荷 100 g、保持时间 10 s)。用 MMS-2A 型滑动摩擦磨损试验机在室温下测试涂层的干滑动摩擦磨损性能,块试样尺寸为 10 mm×10 mm×10 mm,对磨盘采用经热处理 GCr15 钢,硬度为 60HRC,尺寸为 $\phi40$ mm×10 mm。法向载荷 200 N,滑动速度 200 r/min,时间 90 min,用精度为 10^{-5} g 的 Sarto rius BS110 型电子天平称量试样的磨损质量损失。

7.3 结果与分析

7.3.1 复合涂层组织及相组成

图 7.1 为复合涂层的横截面 SEM 照片。从图 7.1 中可以看出,复合涂层的稀释率较大,涂层的内部组织均匀;涂层与基体界面处形成约 50 μm 厚的过渡区,由熔池底部向中心外延生长,表明涂层与基体具有良好的冶金结合,且涂层无气孔、无裂纹。

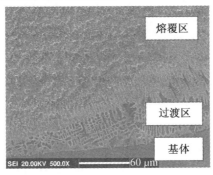

图 7.1 复合涂层的横截面 SEM 照片

图 7.2 为复合涂层组织 SEM 照片。由图 7.2 可知,复合涂层组织由立方体状颗粒、长方体状颗粒、小花瓣状颗粒和 α-Fe 基体组成。图 7.2(a)为复合涂层底部 SEM 照片,从图中可以看出,颗粒较少,分布不均。图 7.2(b)、(c)为复合涂层中部 SEM 照片,从中可以看出,颗粒较多,分布均匀。图 7.2(d)为复合涂层顶部 SEM 照片,从图中可以看出,小花瓣状颗粒增多,且大小分布均匀。通过 XRD(图 7.3)及 EDS(图 7.4)分析,小花瓣状颗粒是由 C,Zr,Fe,Mo 和 W 元素组成,立方体状颗粒由 B,Fe,Ni,Mo 和 W 等元素组成,长方体状颗粒由 Fe,B,C,Ni,Zr,Mo 和 W 元素组成。通过综合分析,最后确定小花瓣状颗粒为(Fe,Mo,W,Zr)C₀.₇,立方体状颗粒为(Fe,Mo,W,Ni)₂B,长方体状颗粒为(Fe,Mo,W,Ni,Zr)(B,

C)。

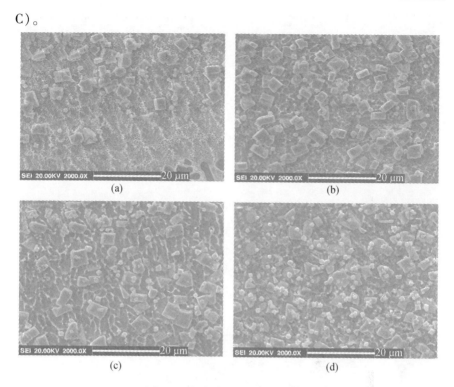

图 7.2 复合涂层组织 SEM 照片

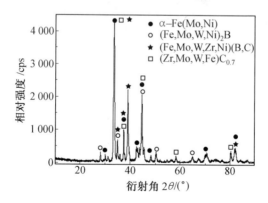

图 7.3 复合涂层的 XRD 图谱

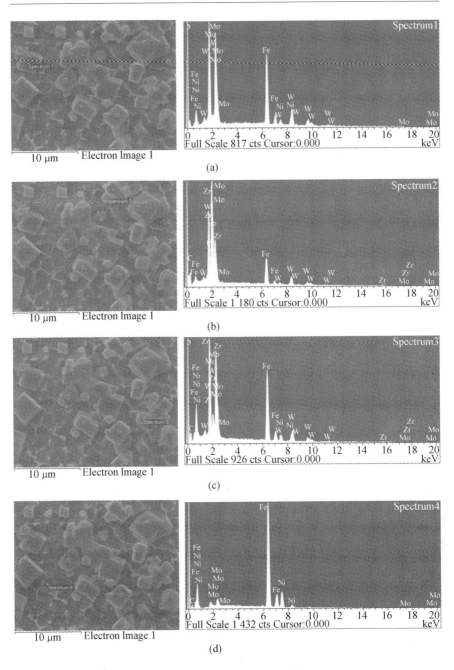

图 7.4 复合涂层的 EDS 照片

7.3.2 复合涂层的显微硬度

图 7.5 为复合涂层沿层深方向的显微硬度分布曲线。由图 7.5 可见,涂层具有很高的硬度,平均硬度为 1 300HV 左右,这主要是由于涂层中存在大量的增强相颗粒弥散分布在涂层中。同时涂层中固溶大量的 Ni,Mo,Zr 和 W 等合金元素,使基体得以固溶强化和弥散强化,从而提高该涂层的显微硬度。同时,在涂层与基体界面之间存在一定厚度的硬度较低的过渡区,这是由于此区域 Fe 的稀释率较大,导致 Ni,Mo,Zr 和 W 等元素的相对含量降低、强化效应减弱所致。

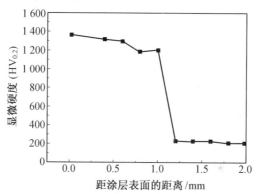

图 7.5　复合涂层沿层深方向显微硬度分布曲线

7.3.3 复合涂层的摩擦磨损特性

图 7.6 为采用经热处理的 GCr15 钢为对磨试样,Q235 和复合涂层经 90 min 磨损后的磨损量对比图。由图 7.6 可知,复合涂层的磨损量明显低于 Q235 钢,在相同试验条件下,Q235 钢的磨损量是涂层磨损量的 14 倍,说明复合涂层具有优异的耐磨性能。

图 7.7 为采用经热处理的 GCr15 钢对磨后,Q235 钢与复合涂层的表面 SEM 形貌对比照片。图 7.7(a) 为 Q235 钢试样磨损照片,在常温干滑动磨损过程中发生了严重的塑性变形,磨损表面遍布很深很宽的犁沟和片状磨屑脱落的痕迹,试样发生了严重的磨料磨损和黏着磨损。图 7.7(b) 为复合涂层磨损表面照片,从图中可以看出,只有在局部区域有很浅的划痕,没有明显的犁沟和擦划磨损迹象。这主要由于熔覆层中弥散分布大量的增强相颗粒,增强相具有极高的硬度,磨损过程中对抵抗磨料磨损和黏着磨损起主导作用,同时涂层中 α-Fe 固溶了大量的合金元素,产生了固

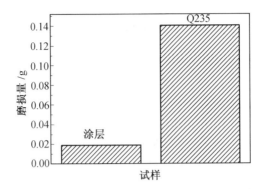

图 7.6 Q235 钢和复合涂层的磨损量对比图

溶强化,对增强相起到很好的支撑作用,防止增强相在磨损过程中发生剥落现象。因此,氩弧熔覆复合涂层具有良好的耐磨性能。

(a) Q235 钢试样

(b) 复合涂层

图 7.7 Q235 钢试样及复合涂层磨损表面形貌 SEM 照片

7.4 结 论

①以 Ni 粉、Mo 粉、Zr 粉、WC 粉和 B_4C 粉为原料,采用氩弧熔覆技术,在 Q235 钢表面原位合成颗粒增强金属基复合涂层。

②原位合成复合涂层与基体间呈冶金结合,且熔覆层无气孔、无裂纹。涂层的晶体结构主要由小花瓣状 $(Fe,Mo,W,Zr)C_{0.7}$、立方体状 $(Fe,Mo,W,Ni)_2B$、长方体状 $(Fe,Mo,W,Zr,Ni)(B,C)$ 和 α-Fe 基体组成。

③熔覆涂层沿层深方向显微硬度逐渐降低,复合涂层平均硬度为 1 300HV 左右。

④在室温干滑动摩擦条件下,与基体相比涂层具有优异的耐磨性能。

参考文献

[1] WU X L,CHEN G N. Microstructural characteristics and wear properties of insitu formed TiC particle reinforced coating by laser cladding[J]. Acta Metllurgical Sinica,1998,34(12):1284-1288.

[2] JIANG P,ZHANG J J. Wear-resistant Ti_5Si_3/Ticomposite coatings made by laser surface alloying[J]. Rare Metal Materialsa Engineering,2000,29(4):269-272.

[3] 杨森,钟敏霖,刘文今. 激光熔覆制备 Ni/TiC 原位自生复合涂层及其组织形成规律研究[J]. 应用激光,2002,22(2):105-108.

[4] 董奇志,张晓宇,胡建东,等. 激光熔覆 Ni 基 TiC 强化复合材料中内生 TiC 颗粒的生长机理[J]. 应用激光,2001,21(4):237-239.

[5] 马乃恒,方小汉,梁工英,等.激光熔覆原位合成 TiC/Al 复合材料[J]. 中国有色金属学报,2000,10(6):843-846.

[6] 刘元富,王华明. 激光熔覆 Ti_5Si_3 增强金属间化合物耐磨复合材料涂层组织及耐磨性研究[J]. 摩擦学学报,2003,23(1):10-13.

[7] 段刚,王华明.激光熔覆 Cr_3Si/Cr_2Ni_3Si 金属硅化物涂层耐磨性与耐蚀性研究[J].摩擦学学报,2002,22(4):245-249.

第8章　氩弧熔覆 $WC+Ni_3Si/Ni$ 基复合涂层

8.1 引　言

工程构件的表面最先受力、摩擦、接触腐蚀介质等,多是其失效开始的地方,因此表面涂层改性技术(即直接在构件表面制备所需性能的涂层)被认为是提高产品性能的有效方法之一。这也是节能节材、降低成本、提高生产效率的有效措施,符合国家可持续发展的方针政策。激光熔覆、等离子喷涂、火焰喷涂等制备表面涂层技术已经得到了广泛且深入的研究。相比这些方法,氩弧熔覆技术具有投资和运行费用低、操作灵活、与基体获得冶金结合等优点,但对其研究却不多。王新洪等人[1,2]已用氩弧熔覆方法成功制备出 TiC 颗粒增强 Fe 基复合涂层,涂层具有高硬度和高耐磨性。Buytoz S 等人[3,4]研究了氩弧熔覆参数对 SiC 增强低合金钢的组织及性能的影响。这些应用氩弧熔覆制备的复合涂层都明显地增强了基体的强度、硬度、耐磨性以及耐蚀性。

本章对应用氩弧熔覆技术制备出的 WC 增强 Ni 基耐磨复合涂层进行论述。说明由于氩弧熔覆技术具有较大的稀释率,因此降低了金属硅化物的硬度,提高其韧性。同时说明采用与金属熔体具有良好润湿性和极高磨粒磨损抗力的碳化钨颗粒增强 Ni-Si 合金体系,从而达到具有良好综合力学性能的基体与高强度增强相的最佳配合[5,6]。

8.2　试验方法

氩弧熔覆试验在型号为 MW3000 的钨极氩弧焊机上进行的,选用 Q235 钢作为试验用基材(试样尺寸为 30 mm ×15 mm ×10 mm),以粒子尺寸为 50~70 μm 的 Ni-Si-30WC(质量分数)合金粉末作为氩弧熔覆用粉末原材料。将上述合金粉末预置平铺于经清洗处理的 Q235 钢试样表面,预置合金粉末层厚度为 1~1.5 mm。氩弧熔覆工艺参数为:工作电压 13.5 V,焊接电流 125 A,氩气流量 7 L/min,熔覆速度 5 mm/s。

工艺流程为采用电火花线切割(NH7720)方法自基材上加工出金相试样和磨损试样;用体积比为 9∶1 的 HNO_3 和 HF 混合溶液腐蚀金相试样;

采用 XJ-17A 型金相显微镜和 MX2600 扫描电镜对试样组织进行观察;采用 XD-2 型 X 射线衍射仪(XRD)结合能谱分析仪(OXFORD)对熔覆层进行物相鉴定。

在 MMS-2A 磨损试验机上进行磨损试验,试样尺寸为 10 mm×15 mm×10 mm,对磨偶件为 GCr15(硬度为 58~62HRC)。磨损试验参数为:载荷 200 N,磨损试验机转速200 r/min,磨损时间 2 h。试验前后用丙酮将试样清洗干净,烘干后用精度为 0.1 mg 的电子分析天平称取磨损失重,试验结果为两个试样的平均值。

8.3 结果与分析

8.3.1 氩弧熔覆复合涂层组织构成

由氩弧熔覆 WC 增强 Ni 基复合涂层纵截面熔覆层和过渡区 SEM 照片(图 8.1 和图 8.2)可见,涂层内部组织细小均匀、致密,生成组织在熔覆层内弥散分布;涂层与基材间的结合为完全的冶金结合,过渡区无气孔和裂纹等缺陷。EDS 分析结果(图 8.3)结合 X 射线衍射图谱(图 8.4)表明,复合熔覆层中的主要组成相为 WC,Ni₃Si 和 Ni 基固溶体。

图 8.1 氩弧熔覆 WC 增强 Ni 基复合涂层纵截面熔覆层 SEM 照片

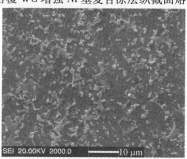

图 8.2 氩弧熔覆 WC 增强 Ni 基复合涂层纵截面过渡区 SEM 照片

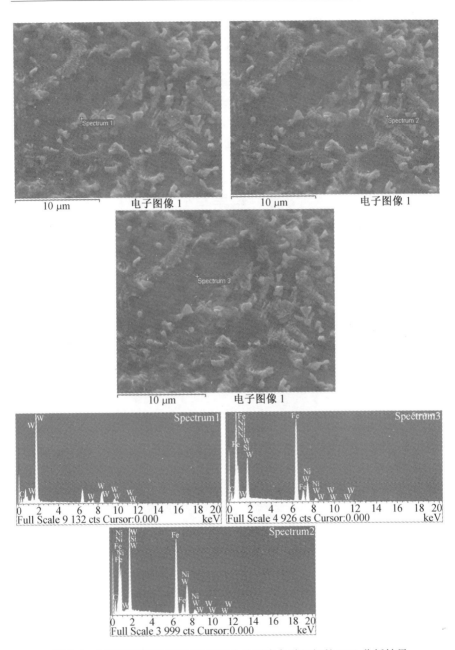

图 8.3　氩弧熔覆 WC 增强 Ni 基复合涂层中各种组织的 EDS 分析结果

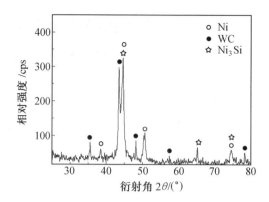

图 8.4 氩弧熔覆 WC 增强 Ni 基复合涂层 X 射线衍射图谱

因此,在氩弧熔覆 WC 增强 Ni 基复合涂层中,球块状组织主要为 WC 颗粒,枝晶状组织为 Ni_3Si 金属硅化物,周围的黑色区域为固溶了大量 Fe,Si 的 Ni 基固溶体。涂层中枝晶状 Ni_3Si 组织联结成网络状,均匀分布在以 Ni 基固溶体为基的基体上,同时 WC 颗粒弥散地分布于整个涂层中。

8.3.2 氩弧熔覆复合涂层凝固过程分析

氩弧熔覆表面合金化过程实际上是一种快速熔化、快速凝固的非平衡过程。当氩弧熔覆粉末时,在高电流作用下,热量快速传给 Q235 钢基材,钢试样表面部分区域熔化并迅速形成一定深度的熔池,与熔化或未完全熔化的合金粉末融合,发生相互扩散以及各种物理化学反应。熔覆层合金粉末成分被基材成分稀释,有大量 Fe 元素混入而形成冶金结合。在此过程中,熔覆电流、熔覆速度对稀释率的大小和合金粉末的熔化状态起关键的影响作用。通过工艺研究,优化氩弧熔覆各参数,在 Q235 钢材表面可以获得表面光滑连续、无气孔和无裂纹的合金涂层。其中,由于 WC 尺度较大使得加热时颗粒内部和表面的温度不同发生了球化现象(或柔和了原来棱角分明的形貌),这利于 WC 颗粒与基体和周围金属硅化物实现完整地冶金结合[7];同时大大提高了凝固过程的形核率,并有效地阻止了晶粒的继续长大,对熔覆层起到细晶强化的作用。

随着温度的降低,熔融的合金液体在快速的冷却过程中,金属硅化物 Ni_3Si 以非均匀形核的方式自液相中形核析出,一般依附于 WC 颗粒。由于此时的成分过冷区很大,新相长大成为树枝晶。枝晶间残余液相中的 Ni 元素(加入的量很多)逐渐富集,最终凝固析出 Ni 基固溶体,由于凝固速度很快,固溶体中 Fe 和 Si 的过饱和程度很高。

8.3.3　氩弧熔覆复合涂层耐磨性及机理研究

图 8.5 为 Q235 钢和氩弧熔覆的 WC 增强 Ni 基复合涂层磨损量对比图,对比表明氩弧熔覆 WC 增强 Ni 基复合涂层具有优异的耐磨性。

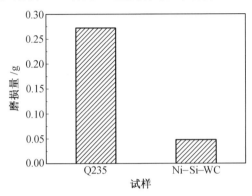

图 8.5　Q235 钢和氩弧熔覆的 WC 增强 Ni 基复合涂层磨损量对比图

分析氩弧熔覆 WC 增强 Ni 基复合涂层具有优异的耐磨性能的主要原因[8,9]:

①具有一定硬度的 Ni₃Si 和具有极高硬度的 WC,在接触应力作用下很难产生变形,对磨块微凸体难以有效压入进行显微切削,只能轻微擦划磨损表面,从而使涂层磨损表面比较光滑。

②复合涂层中 Ni₃Si 兼具金属键和共价键,与金属对磨件键合性质差异很大,在磨损过程中难以产生黏着,对磨件无法进行使之有效的磨损。

③韧性 Ni 基固溶体(Fe,Si 的大量溶入达到了固溶强化的效果)的存在,同时涂层组织均匀细小(细晶强化),赋予了涂层优良的强韧性配合,在磨损过程中对主要耐磨相 WC 起到强有力的支撑作用,减少了涂层在磨损过程中产生显微剥落和开裂等的可能性。

8.4　结　　论

以 Ni-Si-WC 合金粉末为原料,采用氩弧熔覆技术在 Q235 钢材表面成功制备出 WC 增强 Ni 基复合涂层,主要组成相为 WC,Ni₃Si 和 Ni 基固溶体。涂层在常温干滑动磨损条件下具有优异的耐磨性能。

参考文献

［1］ WANG X H,SONG S L,ZOU Z D, et al. Fabricating TiC particles reinforced Fe-based composite coatings produced by GTAW multi-layers melting process［J］. Materials Science and Engineering A,2006,441:60-67.

［2］ WANG X H,ZHANG M,ZOU Z D. In situ production of Fe-TiC surface composite coatings by tungsten-inert gas heat source［J］. Surface & Coatings Technology,2006,200:6117-6122.

［3］ BUYTOZ S,ULUTAN M. In situ synthesis of SiC reinforced MMC surface on AISI 304 stainless steel by TIG surface alloying［J］. Surface & Coatings Technology,2006,200:3698-3704.

［4］ BUYTOZ S, COAT S. Microstructural properties of SiC based hardfacing on low alloy steel［J］. Technol,2006,200:3734-3742.

［5］ 李炳,王顺兴,李玮,等. WC 和 Nb 对氩弧熔覆 Ni60+WC+Nb 合金层组织和耐磨性的影响［J］. 材料开发与应用,2005,20(1):27-29.

［6］ 王振廷,刘华辉. 感应熔覆微纳米碳化钨复合涂层组织及其摩擦磨损性能［J］. 粉末冶金技术,2006,2(1):32-36.

［7］ 刘喜明. 镍基合金+激光熔覆层的显微组织形成机理及控制［J］. 应用激光,2006,26(5):299-302.

［8］ 方艳丽,王华明. 激光熔化沉积 $Cr_{13}Ni_5Si_2/'\gamma-Ni$ 基合金的耐磨性能［J］. 金属学报,2006,42(2):181-185.

［9］ 尹延西,李安,张凌云. Cr-Cu-Si 金属硅化物合金组织与耐磨［J］. 稀有金属材料与工程,2006,35(3):391-394.

第9章　氩弧熔覆原位合成 TiN 增强 Ni 基复合涂层

9.1 引　言

原位自生颗粒增强金属基复合涂层克服了外加颗粒与基体间存在的界面反应和结合不牢等缺点,使增强相颗粒同基体具有良好的浸润性和结合强度;复合涂层具有良好的力学性能、耐磨性和耐腐蚀性,具有成本低廉等优点,从而受到越来越多的重视[1,2]。TiN 属于 NaCl 形式的晶体结构,作为增强相颗粒,具有高熔点($3\,530\,℃$)、高硬度($2\,200HV$)、韧性好、高耐磨性、导电性好和漂亮的金黄色而广泛应用于机械加工、高温材料、微电子和装饰行业,特别在工模具的表面处理方面,TiN 应用得十分广泛[3,4]。TiN 的制备方法主要有直流磁控溅射法、电子束蒸镀法[5]、等离子体浸没式离子注入技术(PIII)[6]和等离子体增强化学气相沉积(PECVD)[7]等,但这些方法多用来制备 TiN 薄膜,而 TiN 颗粒增强金属基复合涂层研究的还比较少。本章论述采用氩弧熔覆技术,以 Ti 粉、BN 粉和 Ni 粉为原料,在Q345D 钢表面制备出 TiN 颗粒增强金属基复合涂层,并对涂层的组织结构、硬度和耐磨性进行研究。

9.2 试验方法

试验选用 Q345D 钢作基体材料,尺寸为 40 mm×15 mm×10 mm,经表面预处理后用丙酮和无水乙醇清洗干净。以 Ti 粉、BN 粉和 Ni 粉为预制原料,配比为 30Ti–20BN–50Ni(质量分数),Ti 粉纯度为 99.9%,平均粒度为 20 μm。BN 粉和 Ni 粉纯度均为 99.5%,BN 粉的平均粒度为 20 μm,Ni 粉的平均粒度为 38 μm。采用有机物作为黏结剂把混合均匀的粉末调制成糊状,均匀涂刷在 Q345D 钢基体表面,厚度保持在 0.8~1.2 mm,并预留1 mm 左右的引弧端。涂刷完成后,室温下放置于通风处 24 h。进行自然干燥,然后用 DZ-2BC 型真空干燥箱 120 ℃烘干 2 h。随后用 MW3000 型数字式氩弧焊机进行熔覆,氩弧熔覆工艺参数为:焊接电流 130 A,电弧电压 20 V,氩气流量 8 mL/min,熔覆速度 125 mm/min。

利用 NH7720 型线切割机将熔覆后的试样沿垂直于熔覆层表面方向切开,采用 MX-2600FE 型扫描电镜和 OXFORD 能谱(EDS)对涂层组织进行分析,用 Rigaku D/max2200 旋转阳极 X 射线衍射仪(XRD)对涂层进行物相分析。采用 MHV2000 型显微硬度计测试涂层的显微硬度,使用载荷为 1.961 4 N,加载时间为 10 s。采用 MMS-2A 型滑动磨损试验机,在室温下测试涂层的干滑动耐磨损性能,试验载荷 200 N,用 GCr15 作为对磨环,直径为 40 mm,对磨时间为 120 min,下试样转速为 200 r/min。

9.3 结果与分析

9.3.1 复合涂层组织及相组成

图 9.1 为氩弧熔覆 TiN/Ni 基复合涂层横截面扫描图片。由图 9.1 中可见,复合涂层的横截面呈层状分布,沿横截面复合涂层分为三个区,即熔覆区(Coating)、结合区(Interface)和基体(Substrate)。熔覆层以外延方式从基体长出,在结合区存在约 30 μm 厚的过渡层,说明界面发生了原子扩散,熔覆层与基体达到冶金结合,在结合区的前沿是定向生长的枝晶和枝晶间共晶结构,枝晶轴大致与基底垂直。涂层与基体结合面良好,从显微观察可以看出无气孔、夹杂和裂纹等缺陷。

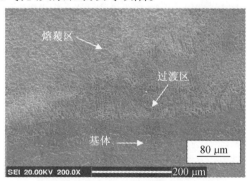

图 9.1 氩弧熔覆 TiN/Ni 基复合涂层横截面扫描图

图 9.2 是复合涂层组织 SEM 形貌。由图 9.2 可以看出,白色颗粒呈球形、不规则的椭球状和枝晶状,均匀分布在基体晶粒内部或沿晶界分布。

根据原位合成增强相的生长机制,TiN 从熔池中析出是依据溶解–析出机制[8,9],经历了溶解、形核和生长等阶段。氩弧熔覆的高温足以使 Ti 和 BN 熔化,Ti 和 BN 反应生成 TiN,在凝固过程中随着温度的降低,TiN 达到过饱和就会从熔池中析出。根据晶核生长为球形时其表面能最低、最易形核的特点,在凝固的初期,TiN 生长为球形,晶粒尺寸也比较小,为 1 ~ 4 μm。随着凝固过程的进行 TiN 晶粒不断长大,由于各个晶面生长的各向异性,TiN 晶粒可以生长为不规则的椭球状,晶粒尺寸为 1 ~ 7 μm。

在氩弧熔覆过程中,熔池内的热传导具有一定的方向性,同时由于存在成分过冷,因此,不断形成的 TiN 晶核在熔池内沿着最易散热的方向断续形核,深入到过冷度更大的液体中,生长速度较快,生长为树枝晶的主干。树枝晶主干 TiN 晶核的不断形成,降低了主干的横向上的 Ti,N 原子浓度,而且结晶潜热的散失提高了横向周围的温度,而在主干的尖端,潜热的散失要容易得多,因此 TiN 晶粒沿纵向的生长速度要快于横向速度,形成了树枝晶形貌(图 9.2)。枝晶状 TiN 是由类似不规则椭球状晶线性排列组成,彼此相连且其表面与枝晶方向倾斜成一定角度。FeNi 基体填充在 TiN 树枝晶的间隙中,可起到连接 TiN 和传递载荷的作用。这种结构将有利于提高熔覆层的耐磨性能。

5 μm

图 9.2　复合涂层组织 SEM 形貌

图 9.3 为复合涂层的能谱分析。从图 9.3 中可以看到,白色颗粒 2 富含 Ti,N 和少量 Fe,结合复合涂层的 XRD(图 9.4)可以判断出涂层中白色不规则的椭圆状小颗粒为 TiN。标示 1 处富含 Fe 和 Ni 元素,可以断定为基体 FeNi。

图 9.4 为复合涂层的 XRD 图谱。由图 9.4 中可以看到,熔覆涂层中有 TiN 生成,在复合涂层中没有发现 B 元素的存在。可能由于氩弧熔覆的温度非常高(高达 8 000 K),预涂的合金粉末和基体在此高温下熔化,在熔

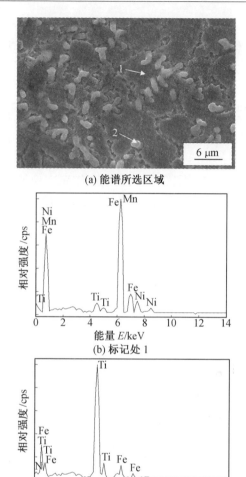

(a) 能谱所选区域

(b) 标记处 1

(c) 标记处 2

图 9.3　复合涂层能谱分析

覆过程中由于等离子流力、电磁力和表面张力的综合作用,使熔池中的液态金属发生剧烈的搅拌和对流,B 是轻合金元素,极易上浮到熔池表面,从而被烧损。

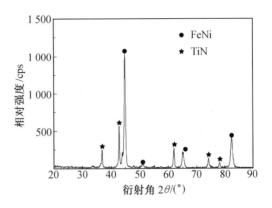

图 9.4　复合涂层的 XRD 图谱

9.3.2　复合涂层的显微硬度

图 9.5 为复合涂层显微硬度沿层深方向的分布曲线。由图 9.5 可见，氩弧熔覆试样的硬度沿层深方向呈阶梯状递减，从表面向内一定深度显微硬度值有所上升，达到最高点，而后平缓下降。在熔覆层与基体结合部位，由于基体稀释作用，且生成很少的 TiN 颗粒，硬度较低。复合涂层平均硬度为 840HV，约为基体材料的 4 倍，这是由于 TiN 颗粒的生成极大地提高了复合涂层的硬度。氩弧熔覆极高的冷却速度为表面熔化层和基体之间提供了极大的温度梯度，从而为 TiN 的析出提供了极大的过冷度，有利于得到超细 TiN 的晶粒，产生细晶强化效应。另外，在氩弧熔覆过程中，TiN 以树枝晶形式析出，形成网络状结构，构成承载的骨架。而 FeNi 相填充在 TiN 树枝晶间隙中，起到连接和传递载荷的作用。由于 TiN 硬度较高（约 2 200HV），而其周围的基体相较软，形成软基体上弥散分布细小硬质点的弥散强化效果。所以 TiN 增强金属基复合涂层的强化机制为细晶强化和弥散强化，其强化作用对改善 Q345D 钢的耐磨性能是有利的。

9.3.3　复合涂层的摩擦磨损特性

图 9.6 为 Q345D 钢与氩弧熔覆涂层的磨损量对比。由图 9.6 可以看出，熔覆涂层的磨损量很小，约为 14 mg，而 Q345D 钢的磨损量却达到 210 mg，涂层耐磨性比基体提高近 15 倍。

图 9.7 为 Q345D 钢与复合涂层磨损表面 SEM 形貌对比。图 9.7（a）为 Q345D 钢试样磨损 SEM 形貌，由此可知在室温干滑动摩擦过程中，Q345D 钢发生了严重的塑性变形，磨损表面遍布很深很宽的犁沟和片状磨

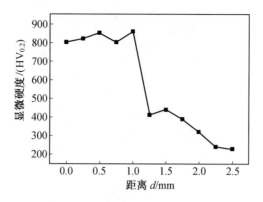

图9.5 复合涂层显微硬度沿层深方向的分布曲线

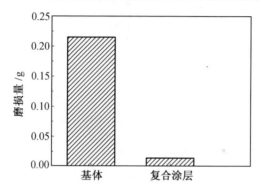

图9.6 Q345D 钢与氩弧熔覆涂层的磨损量对比

屑脱落的痕迹,试样发生了严重的黏着磨损和磨料磨损。图 9.7(b) 为涂层磨损表面 SEM 形貌,由图 9.7(b) 可知涂层磨损表面只有在局部区域有很浅的划痕,没有明显犁沟和擦划磨损迹象,涂层具有良好的干滑动磨损耐磨性。分析如下:熔覆层中弥散分布大量的 TiN 增强相颗粒,TiN 增强相具有较高硬度,在接触应力下难以变形,因而使涂层具有很高的黏着磨损抗力,所以涂层磨损表面很光滑,无明显黏着磨损的特征;同时存在大量的高硬度增强相,这在很大程度上提高了涂层的硬度,在磨损过程中,对磨偶件微凸体难以有效压入产生磨料磨损,涂层因而具有较高的磨料磨损抗力。因此,氩弧熔覆复合涂层具有良好的室温干滑动磨损耐磨性能。

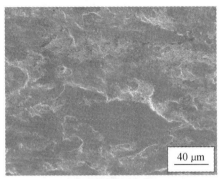

(a) Q345D 钢试样磨损 SEM 形貌

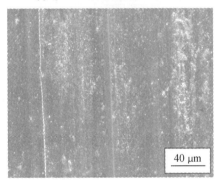

(b) 复合涂层磨损表面 SEM 形貌

图 9.7　Q345D 钢及复合涂层磨损表面 SEM 形貌

9.4　结　论

①以 Ti 粉、BN 粉和 Ni 粉为原料,采用氩弧熔覆技术,在 Q345D 钢表面原位合成 TiN 颗粒增强金属基复合涂层,涂层主要由 TiN 颗粒、固溶了 Ti,Fe 和 Ni 的基体组成,TiN 颗粒呈球形、不规则的椭球状和枝晶状。

②复合涂层沿层深方向显微硬度逐渐降低,复合涂层平均硬度可达 840HV,约为基体材料的 4 倍,复合涂层的强化机制为细晶强化和弥散强化。

③在室温干滑动摩擦条件下,复合涂层的耐磨性约为 Q345D 钢的 15 倍。

参考文献

［1］王振廷,孟君晟,王永东,等. 原位自生 TiCp/Ni60A 复合涂层组织结构及长大特性[J]. 稀有金属材料与工程,2007,6(增刊1):769-711.

［2］陈颢,李惠琪. 等离子束表面冶金原位颗粒增强铁基涂层的研究[J]. 材料热处理学报,2006,27(2):114-117.

［4］CHAWLA V, JAYAGANTHAN R,CHANDRA R. Structural characterizations of magnetron sputtered nanocrystalline TiN thin films［J］. Materials Characterization,2008,59:1015-1020.

［5］田永生,陈传忠,王德云,等.气相沉积技术制备 TiN 类硬质膜[J].材料科学与工艺,2007,15(3):438-444.

［6］王钧石. PIII 方法制备的 TiN 膜的性能[J]. 机械工程材料,2004,28(11):19-21.

［7］LIM J W, LEE J J, AHN H, et al. Mechanical properties of TiN/TiB$_2$ multilayers deposited by plasma enhanced chemical vapor deposition[J]. Surface and Coatings Technology,2003,174-175:720-724.

［8］王振廷,陈丽丽,张显友. 钛合金表面氩弧熔覆 TiC 增强复合涂层组织与性能分析[J]. 焊接学报,2008,29(9):43-45.

［9］宋思利,邹增大,王新洪,等. 多层氩弧熔覆含 TiC 颗粒增强涂层的微观组织及耐磨性能[J]. 焊接学报,2007,28(4):33-37.

第10章 氩弧熔覆 Mo-Ni-Si 复合涂层

10.1 引　言

金属基复合材料由于兼具金属和其他材料性能优点,已经成为人们深入研究的热点[1-3]。近几年,越来越多的学者利用各种熔覆技术,在零部件的工作表面冶金合成金属基复合涂层对其进行改性与强化,已经在生产生活(尤其是航空航天领域)得到了广泛的应用,并取得了喜人的成效[4,5]。传统的熔覆技术,如激光熔覆、电子束熔覆和等离子熔覆等,由于设备投资和运行成本高使其在大面积推广时受到限制。因此,利用成本低、操作灵活并可实现野外作业的氩弧熔覆方法制备与基材呈冶金结合的复合涂层不仅是工程实践的迫切需要,也是表面改性技术发展的必然趋势。

金属硅化物 Mo-Si 体系由于其优异的性能特点,在工业中具有广阔的应用前景[6,7]。三元金属硅化物 MoNiSi 在保持单相二元金属硅化物固有的高强度、高硬度和很强的原子间结合力的同时具有更好的韧性,可望成为理想的涂层材料。本章介绍以 Mo-Ni-Si 合金粉末为原料,在 Q235 钢材表面利用氩弧熔覆技术,原位合成了金属硅化物复合涂层,并对涂层的组织和性能进行了研究。

10.2　试验方法

本试验采用的基材是工程用的 Q235 钢。试样尺寸为 100 mm×30 mm×10 mm,表面用无水酒精和丙酮清洗。合金粉末为 Mo 粉、Si 粉及 Ni 粉,其中 Mo 粉粒度为 70 μm,纯度为 99.0%;Si 粉及 Ni 粉的粒度皆为 50 μm,且它们的纯度分别为 99.7% 和 99.99%。利用精度为 0.1 mg 的 FC204 型电子天平进行合金粉末的称量。材料配比为 37Ni-36Mo-27Si(质量分数)。采用水玻璃作为黏结剂把混合粉末调成糊状,涂刷在钢材表面上,厚度控制在 1 mm 以内,并预留 1 mm 左右的引弧端。用 DZ-2BC 型真空干燥箱在 100 ℃下烘干 1 h,以去除粉末表面可能吸附的湿气。

用 MW3000 型数字式焊机进行氩弧熔覆,熔覆过程如图 10.1 所示。各熔覆参数分别为:电流 130 A,气体流量 12 L/min,焊速 8 mm/s。

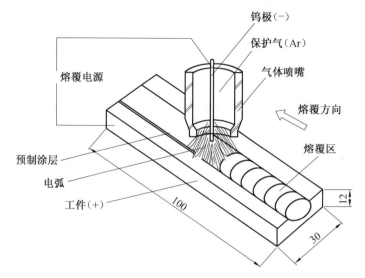

图 10.1　氩弧熔覆过程示意图

采用 MX-2600FE 型扫描电镜观察组织形貌,用 XD-2 型 X 射线衍射仪对涂层进行物相分析。采用国产 MHV2000 型显微硬度仪测量氩弧熔覆涂层的显微硬度,使用载荷为 100 g,加载时间为 10 s。沿氩弧熔覆层横断面的最厚点由表及里测定复合涂层的显微硬度,每个值的确定需要在同一深度上测量三个点取平均值。

10.3　结果与分析

10.3.1　复合涂层组织特征

熔覆后试样表面复合涂层和截面的宏观照片如图 10.2(a)、(b)所示。从图 10.2 可以看出,在所选择工艺条件下制备的复合涂层表面光滑、有光泽,熔覆过程中流动性良好、无飞溅。

图 10.3 为熔覆层的 SEM 照片,随着观察倍数的增大,可以清晰地看到熔覆层中弥散地分布着树枝晶、鱼骨状组织以及周围块状灰色组织。涂层中组织均匀细小,且充分长大。图 10.4 为熔覆复合涂层的横截面 SEM 照片。从图 10.4 中可以看出,熔覆层与基体的结合界面处存在约 10 μm 厚

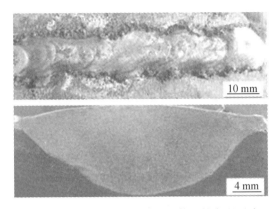

图 10.2 试样表面复合涂层和截面的宏观照片

的过渡区,此区组织致密,无气孔及裂纹等缺陷,具有良好的冶金结合界面。

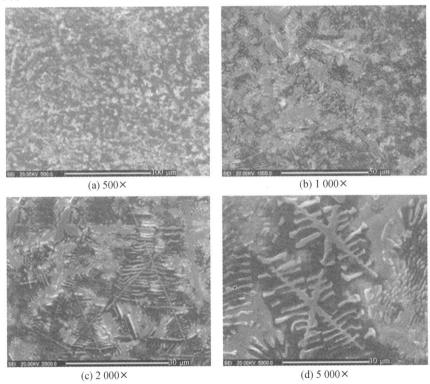

图 10.3 复合涂层的 SEM 照片

图 10.5 为复合涂层的 X 射线衍射图谱。对衍射峰标定表明,复合涂

层由 MoNiSi, Ni$_3$Si 以及 α-Fe 相组成。涂层中组织的 SEM 形貌及标定如图 10.6 所示。

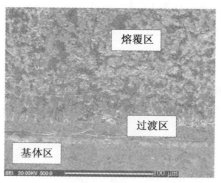

图 10.4　熔覆复合涂层的横截面 SEM 照片

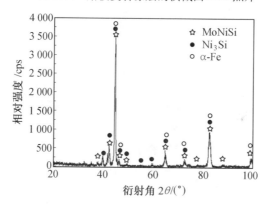

图 10.5　复合涂层的 X 射线衍射谱

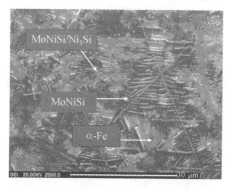

图 10.6　涂层中组织 SEM 形貌及标定

10.3.2 复合涂层中的组织生长过程分析

根据三元相图[8],随着温度的降低,熔融的合金液体在快速的冷却过程中,三元金属硅化物 MoNiSi 优先自液相中自由析出,并生长为发达的树枝晶。伴随着大量 MoNiSi 树枝晶的析出,枝晶间残余液相形成 MoNiSi/Ni_3Si 共晶组织。

而由于熔覆时电流很大,另外受气体动力及重力的作用,熔池中产生很大的对流,以致基体中的 Fe 进入到熔覆区,形成占据很多位置的 α-Fe,与共晶组织一起作为三元金属硅化物 MoNiSi 树枝晶的强有力的支持体系,成为涂层区的基体组织。同时由于 Fe 与 Ni 两种元素的固溶度极高,Fe 元素也可以固溶到树枝晶以及共晶组织中,或者占据组织中 Ni 的位置,使得增强相以及基体中含有大量的 Fe 元素,而具有软韧性质的 α-Fe 又起到增韧的作用。

10.3.3 熔覆涂层的显微硬度

MoNiSi/Ni_3Si 复合涂层的显微硬度试验结果如图 10.7 所示。从图 10.7 中可以看出,复合涂层的硬度很高,而且沿层深方向分布均匀。在界面向涂层方向的 200 μm 左右的范围内显微硬度呈现梯度渐降的特征,且结合区范围内的硬度分布仍然高于基体区的硬度。这是因为初生的树枝晶 MoNiSi 金属硅化物是原子间结合力强、硬度高的物质,同时共晶组织 MoNiSi/Ni_3Si 的硬度也很大。且两种组织在涂层中体积分数较高,在涂层中弥散分布。因此以高硬度的金属硅化物为增强相的 MoNiSi/Ni_3Si 金属硅化物复合涂层具有很高的硬度,且沿层深方向分布均匀。

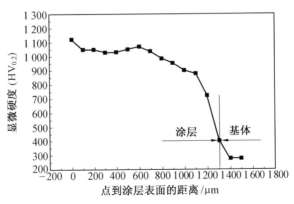

图 10.7 MoNiSi/Ni_3Si 复合涂层的显微硬度试验结果

10.4 结　论

①以 Mo-Si-Ni 合金粉末为原料,利用氩弧熔覆技术,在 Q235 钢表面原位合成了 MoNiSi/Ni$_3$Si 金属硅化物复合涂层。

②涂层组织由初生相 MoNiSi、共晶相 MoNiSi/Ni$_3$Si 和 α-Fe 组成,且涂层中组织呈弥散均匀分布。

③涂层的显微硬度较原基体材料得到了显著的提高,最高硬度为 1 150HV 左右,约为原来的 3 倍。

参考文献

[1] 黄伯云,肖鹏,陈康华. 复合材料研究新进展[J]. 金属世界,2007,2: 46-48.

[2] 张洁,许晓静,戴峰泽. 石墨对亚微米 SiCp/Cu 复合材料耐磨性能的影响[J]. 金属热处理,2007,32(9):79-81.

[3] 王振廷,刘华辉. 感应熔覆微纳米碳化钨复合涂层组织及其摩擦磨损性能[J]. 粉末冶金技术,2006,2(1):32-36.

[4] 杜宝帅,邹增大,王新洪,等. 激光熔覆原位自生 TiB$_2$-TiC/FeCrSiB 复合涂层研究[J]. 应用激光,2007,27(4):269-272.

[5] 药宁娜,成来飞,徐永东,等. C/SiC 刹车材料硼硅玻璃防氧化涂层的结构与性能[J]. 固体火箭技术,2007,30(4):358-361.

[6] PETROVIC J J, VASUDEVAN A K. Key developments in high temperature structural silicides[J]. Materials Science and Engineering A, 1999,261:1-5.

[7] 段刚,王华明. 激光熔覆 Cr$_3$Si/Cr$_2$Ni$_3$Si 金属硅化物涂层耐磨性与耐蚀性研究[J].摩擦学学报,2002,22(4):245-249.

[8] 吕旭东,王华明. 激光熔覆 Mo$_2$Ni$_3$Si/NiSi 金属硅化物复合材料涂层组织与耐磨性[J]. 稀有金属材料与工程,2003,32(10):848-851.

第11章 氩弧熔覆制备(Zr,Ti)C/Ni60A 复合涂层

以 Zr 粉、Ti 粉、C 粉和 Ni60A 粉末为原料,采用氩弧熔覆技术,在 Q235 钢表面制备出原位合成(Zr,Ti)C/Ni60A 熔覆层。利用扫描电镜(SEM)和 X 射线衍射仪(XRD)分析熔覆层的显微组织及相结构,并探讨了熔覆层的凝固过程及增强相(Zr,Ti)C 颗粒的形成机理。通过显微硬度试验和磨损试验对熔覆层的硬度及磨损性进行了测试,并对熔覆层耐磨机制和强化机理进行了分析。

11.1 引 言

TiC 属立方晶系,为 NaCl 型面心立方结构,晶体结构如图11.1所示,晶格常数为 $a = 0.43\ 274$ nm。TiC 具有高熔点(3 200 ℃)、高硬度(3 100HV)、高模量以及良好的导电性、导热性和耐腐蚀性等一系列优点[1]。所以,TiC 已经成为金属基复合涂层研究者们较为青睐的理想增强相。

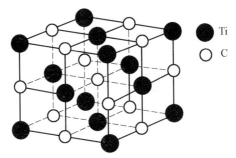

图 11.1 TiC 的晶体结构

ZrC 为 B1-NaCl 型面心立方结构,其晶格常数为 $a = 0.469\ 3$ nm,其晶体结构示意图如图 11.2 所示。ZrC 同样具有高硬度(2 890HV)、高熔点(3 530 ℃)、较强的耐腐蚀性等优点[2]。近几年,ZrC 作为磨料和硬质合金的原料被广泛使用,也逐渐成为研究颗粒增强金属基熔覆层较为理想的增强相颗粒。以 ZrC 作为单独的增强相,金属基复合涂层仅在激光熔覆中

进行了少量的研究。研究者采用激光熔覆搭接技术,在中碳钢基体上制备出原位析出的 ZrC 颗粒增强金属基复合材料涂层,涂层与基体间实现了冶金结合,涂层中析出的颗粒是以 ZrC 为主的复合碳化物,涂层中的组织比较复杂,颗粒较粗大,涂层的硬度不高。

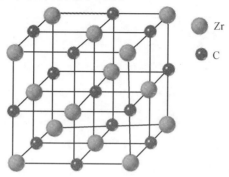

图 11.2　ZrC 晶体结构示意图

11.2　试验方法

11.2.1　试验材料

1.基体材料

本试验采用的基体材料为廉价的低碳 Q235 钢,试样尺寸为 50 mm× 20 mm×10 mm,其化学成分见表 11.1。在预置涂层前,基体表面用砂轮机打磨出金属光泽,以去除其表面的铁锈和氧化皮,然后用无水乙醇和丙酮清洗除油去锈,干后待用。

表 11.1　Q235 钢的化学成分

元素	C	Si	Mn	Fe
质量分数/%	0.14~0.22	0.12~0.30	0.4~0.65	余量

2.熔覆原始粉末

试验用熔覆原始粉末为 Zr 粉、Ti 粉、Ni60A 粉和石墨粉,其中 Ni60A 粉末的化学成分见表 11.2。各原始粉末的 SEM 照片及相应的能谱图如图 11.3 所示。各种原始粉末的尺寸及纯度见表 11.3。

表 11.2　Ni60A 化学成分

元素	Si	Cr	B	C	Fe	Ni
质量分数/%	3.5~5.5	15~20	3.0~4.5	0.5~1.1	≤5	余量

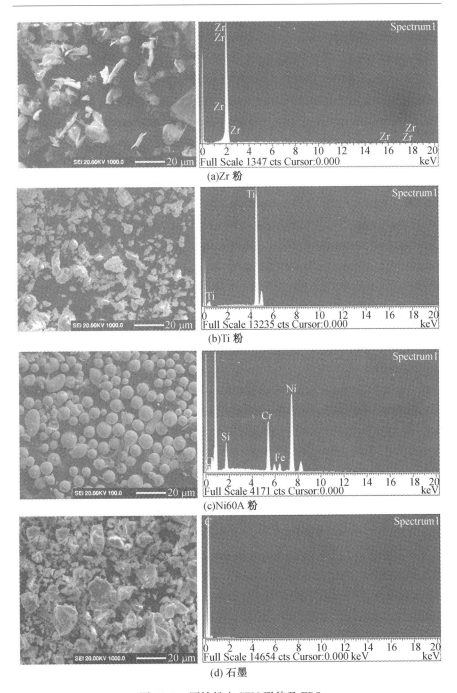

图 11.3　原始粉末 SEM 形貌及 EDS

表 11.3　熔覆用原始粉末的尺寸及纯度

粉末	晶粒尺寸/μm	纯度
Zr 粉	5 ~ 15	大于 99.0%
Ti 粉	15 ~ 20	大于 99.9%
Ni60A 粉	70 ~ 75	大于 99.5%
石墨粉末	25 ~ 35	大于 99.5%

3. 熔覆原始粉末配比设计

试验中使用 FC204 型电子天平进行原始粉末的称量,其精度为 0.000 1 g。每种配比粉末的总质量为 5 g,共进行两组配比设计:一组配比保持 Zr 和 Ti 的物质的量比不变,熔覆材料的成分配比见表 6.4;另一组配比保持 Ni60A 的质量分数不变,熔覆材料的成分配比见表 6.5。C 含量的确定均是以 Zr 与 C,Ti 与 C 化学反应方程式的物质的量比为基础,并在此基础上尽量使 C 含量过量,以保证 Zr 和 Ti 能充分反应。此外,制备纯 Ni60A 含量的熔覆层做对比试样。称量后的粉末用研钵研磨混合均匀,使熔覆过程中粉末能充分接触,反应更充分。

表 11.4　熔覆材料成分配比

Ni60A 的质量分数/%	$w(\text{Ti}):w(\text{Zr})$	Ti 的质量/g	Zr 的质量/g	C 的质量/g	Ni60A 的质量/g
60	1:1	0.8	0.8	0.4	3.0
70	1:1	0.6	0.6	0.3	3.5
80	1:1	0.4	0.4	0.2	4.0
90	1:1	0.2	0.2	0.1	4.5

表 11.5　熔覆材料成分配比

样品	Ni60A 的质量分数/%	$w(\text{Ti}):w(\text{Zr})$	Ti 的质量/g	Zr 的质量/g	C 的质量/g	Ni60A 的质量/g
S1	70	2:1	0.8	0.4	0.3	3.5
S2	70	1:1	0.6	0.6	0.3	3.5
S3	70	1:2	0.4	0.8	0.3	3.5
S4	70	1:4	0.25	1.0	0.25	3.5

4. 熔覆层的制备

将配制好的合金粉末通过研磨混合均匀后用胶水调匀预涂在 Q235 钢的表面,然后将其烘干,使用钨极氩弧焊进行熔覆,制得试验用的熔覆层。在此过程中主要应注意以下几个问题:

(1)基体试样表面预处理

熔覆用的 Q235 低碳钢表面试验前先进行打磨除锈、清洗除油等预处理。避免氩弧熔覆时,合金粉末在基体表面形成熔滴,不能与金属基体均匀熔合。

(2)黏结剂

加入黏结剂之前,原始粉末必须用研钵进行研磨处理,以使得原始粉末充分混合。本试验采用胶水作为黏结剂。

(3)预置涂层

手工进行预置涂层的涂覆,预置涂层涂好后,将其表面用吹风机吹干,然后用经过丙酮清洗处理的玻璃板压实、压平,使预置涂层表面具有一定的平整度。

(4)烘干

涂覆好的试样放在通风的地方自然风干 24 h,使预置涂层中的水分进行充分挥发,然后放入烘箱进行烘干。烘干时,先升温至 70 ℃保温 1 h,然后再升温至 150 ℃保温 2 h,使预置涂层彻底烘干。如果不进行自然风干和逐步升温烘干过程,则预置涂层里面的水分蒸发过快,会在预置涂层内部产生大量气泡,使预置涂层变得疏松,使用钨极氩弧焊机对其进行熔覆时会出现合金粉末烧损或吹跑现象。试验前,将试样的一端用砂轮机打磨出 2 mm 左右的引弧端。

5. 熔覆

利用 MW3000 型钨极氩弧焊机,对以上方法制得的试样进行熔覆,获得试验用熔覆层。

6. 试验工艺流程

氩弧熔覆原位合成(Zr,Ti)C/Ni60A 熔覆层的试验基本按照设计、制备、测试及分析的工艺流程进行。制备(Zr,Ti)C/Ni60A 熔覆层的工艺流程如图 11.4 所示。

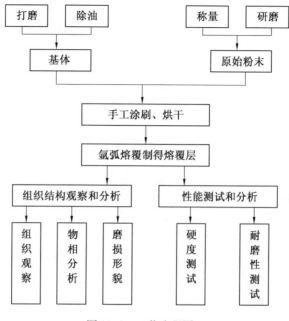

图 11.4　工艺流程图

11.2.2　熔覆层组织及性能的测试方法

1. 熔覆层的显微组织结构分析方法

采用扫描电镜(SEM)、能谱分析(EDS)、X 射线衍射(XRD)等现代分析手段,对试验制备的氩弧熔覆原位生成(Zr,Ti)C/Ni60A 熔覆层,进行显微组织形貌观察及相组成分析。

(1)扫描电镜分析

扫描电镜主要对熔覆层的显微组织形貌进行观察,即观察熔覆层的界面组织特征、熔覆层中显微组织形态和分布特征,并分析熔覆层中增强相颗粒的分布形态和尺寸大小。本试验采用 MX－2600FE 型扫描电镜(英国能谱牛津公司,分辨率为 1.5 nm,工作电压为 0~5 kV)。

(2)能谱分析

能谱分析可作为元素的定性和定量分析,对熔覆层增强相颗粒中的元素进行线扫描分析和面扫描分析。能谱分析的作用是确定熔覆层中的元素组成和分布情况。本试验采用 MX－2600FE 型扫描电镜自带的 OXFORD 能谱分析仪。

(3)X 射线衍射分析

X 射线衍射分析的作用是结合 EDS 分析,标定熔覆层中的相组成。本试验采用日本理学公司 XD-2 型 X 射线衍射仪(测试范围为 10°~90°,速度为 4(°)/min,步距为 0.02°,电压为 40 kV,电流为30 mA,铜靶)。

2.熔覆层硬度测试方法

(1)熔覆层洛式硬度测试

采用 HR-150A 型洛氏硬度仪(山东莱州华银试验仪器有限公司,金刚石圆锥压头:150 kgf,1 kgf=9.806 65 N)对熔覆层进行洛式硬度测定。对熔覆层进行洛式硬度测试时,需分别在熔覆层表面测定五个点,然后取其平均值记录。

试验要求:试验中各个测定点之间的距离必须大于 3 倍压痕直径,且任何一测定点距试样边缘的距离应大于 3 mm。

(2)熔覆层显微硬度

采用 MHV2000 型显微硬度仪(上海材料试验机厂,载荷为 100 g,加载时间为 15 s)对熔覆层的显微硬度进行测定。熔覆层进行显微硬度测试时,沿熔覆层的最大熔深方向由熔覆层表层到其与基体的界面,每隔0.25 mm进行测定,以便分析熔覆层显微硬度分布特征。

3.熔覆层的磨损性能测试方法

采用 MMS-2A 型磨损试验机(山东济南益华摩擦测试技术有限公司,转速为 200 r/min,试验载荷为 50 N 和 200 N,磨损试验时间为3 600 s)进行熔覆层的摩擦磨损试验。摩擦磨损试样尺寸为 10 mm×10 mm×10 mm(北京凝华科技有限公司生产的 NH7720 型电火花线切割机切割),试验中所用对磨材料为 GCr15 的对磨环(硬度为 63HRC~66HRC)。

试验过程:

①试验前将熔覆层磨损试样表面用丙酮清洗干净后,用砂纸进行打磨,使磨损试样表面具有一定的平整度;

②对试样进行称量记录,对 MMS-2A 型磨损试验机进行试验设置,并装配好试样,然后进行试验;

③试验结束后,保存试验数据,并对磨损试样进行再次称量记录。

图 11.5 为磨损试验机试验装配示意图。

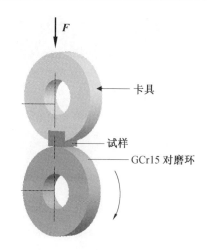

图 11.5　磨损试验机试验装配示意图

11.3　结果与分析

11.3.1　原位合成(Zr,Ti)C/Ni60A 熔覆层的质量控制

1. Ni60A 质量分数对熔覆层组织结构及硬度的影响

图 11.6 为 Ni60A 质量分数不同而 Ti,Zr 的物质的量比(n(Ti)：n(Zr)= 1∶1)保持不变的熔覆层 SEM 形貌,从图 11.6(a) ~ (d)可以看出,Ni60A 的质量分数从 60%到 90%依次增大。

由 11.6 图可知,随着 Ni60A 质量分数的增加,熔覆层中增强相颗粒的尺寸和形状变化不大,而增强相颗粒的数量和分布情况却有明显的变化。当 Ni60A 的质量分数为 70%时,熔覆层中均匀弥散分布着大量的增强相颗粒,如图 11.6(b)所示;当 Ni60A 的质量分数为 60%或为 90%时,熔覆层中的增强相颗粒明显减少,且增强相颗粒出现明显的团聚现象,分布十分不均匀,如图 11.6(a)、(d)所示;当 Ni60A 的质量分数为 80%时,熔覆层中也存在着相对较多的增强相颗粒,但与 Ni60A 的质量分数为 70%时相比,增强相颗粒的数量仍有所减少,增强相颗粒也出现了团聚现象,并且增强相颗粒的形状十分不规则,如图 11.6(c)所示。因此,从增强相颗粒的数量、分布特征和微观形貌分析,本试验选择 Ni60A 的质量分数为 70%。

图 11.7 为 Ni60A 质量分数不同而 Ti, Zr 的物质的量比(n(Ti)：

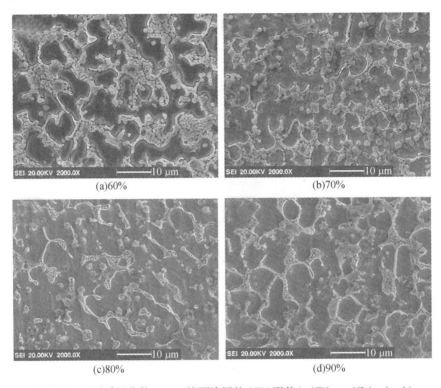

图 11.6　不同质量分数 Ni60A 熔覆涂层的 SEM 形貌($n(\mathrm{Ti})$ ∶ $n(\mathrm{Zr})$ = 1 ∶ 1)

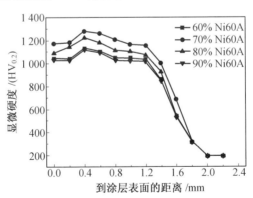

图 11.7　氩弧熔覆层的显微硬度分布图($n(\mathrm{Ti})$ ∶ $n(\mathrm{Zr})$ = 1 ∶ 1)

$n(\mathrm{Zr})$ = 1 ∶ 1)保持不变的熔覆层显微硬度分布曲线。由图 11.7 可知,随着 Ni60A 质量分数的增加,熔覆层的显微硬度曲线呈现大致相似的走向:在熔覆层表层 1.2 mm 左右的区域其显微硬度较高,均在 1 000HV 以上;在距熔覆层表面 1.2 ~ 2 mm 距离范围内,其显微硬度下降很快,最后平稳相当于基体硬度的水平。当 Ni60A 的质量分数为 70% 时,熔覆层的显微硬度最高,其最高显微硬度可达 1 200HV;当 Ni60A 的质量分数为 80% 时,熔覆层的显微硬度较低,结合前文的熔覆层微观组织形貌分析(图 11.6(c))可知,熔覆层中生成的增强相颗粒少,且增强相在凝固过程中成型不好所致;当 Ni60A 的质量分数为 60% 或 90% 时,熔覆层的显微硬度最低,且二者相差不大,结合熔覆层的微观形貌(图 11.6(a)、(d))分析可知,主要是因为熔覆层中的增强相颗粒较少,且分布不均所致。综上分析,本试验中确定 Ni60A 的最佳质量分数为 70%。

2. Ti,Zr 的物质的量比对熔覆层组织结构及硬度的影响

图 11.8 为 Ti,Zr 的物质的量比不同,Ni60A 的质量分数为 70% 时熔覆层的 SEM 形貌。由图 11.8 可知,Ni60A 的质量分数一定(70% Ni60A),Ti,Zr 的物质的量比发生变化时,熔覆层中增强相颗粒的尺寸、形状基本没有很大变化,但是熔覆层中增强相颗粒的分布特征和数量却有着明显的不同,这也直接影响了熔覆层的性能。

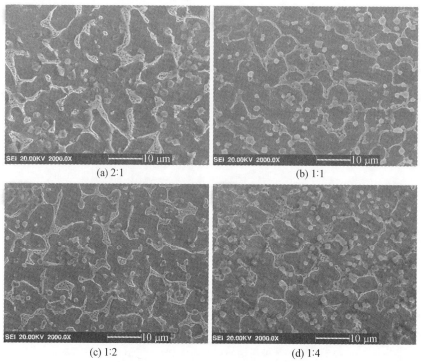

图 11.8　Ti,Zr 的物质的量比不同时熔覆层的 SEM 形貌(70% Ni60A)

当Ti,Zr的物质的量比为1∶1时,熔覆层中存在着较多呈均匀弥散分布的增强相颗粒,如图11.8(b)所示;当Ti,Zr的物质的量比为2∶1或1∶2时,熔覆层中增强相颗粒的数量有所减少且出现明显的团聚现象,如图11.8(a)、(c)所示;当Ti,Zr的物质的量比为1∶4时,熔覆层中存在着较多的增强相颗粒,但增强相颗粒分布不均,出现了大量的团聚现象且颗粒的形状变得十分不规则,如图6.8(d)所示,这会导致熔覆层的整体性能降低。所以,从增强相颗粒的数量和分布特征分析,本试验中Ti,Zr的最佳物质的量比应为1∶1。

图11.9为Ti,Zr的物质的量比不同,Ni60A的质量分数为70%时熔覆层的显微硬度分布曲线。由图11.9可知,Ni60A的质量分数一定(70%Ni60A),Ti,Zr的物质的量比的变化对熔覆层显微硬度曲线的大致走向没有很大的影响:在熔覆层表层1.2 mm左右的区域,其显微硬度较高,都在1 000HV以上,在距熔覆层表面距离1.2~2 mm范围内,其显微硬度下降较快,最后平稳相当于基体硬度的水平。当Ti,Zr的物质的量比为1∶1时,熔覆层表层(0.4 mm左右)的显微硬度最高,其平均显微硬度在1 200HV左右;当Ti,Zr的物质的量比为1∶2或2∶1时,熔覆层表层(0.4 mm左右)的显微硬度有所下降,其平均显微硬度在1 100HV左右;当Ti,Zr的物质的量比为1∶4时,熔覆层表层(0.4 mm左右)的显微硬度最低,这主要是熔覆层中增强相颗粒出现大量团聚现象,从而降低了熔覆层的平均硬度所致。结合以上分析综合考虑,本试验中Ti,Zr的最佳物质的量比确定为1∶1。

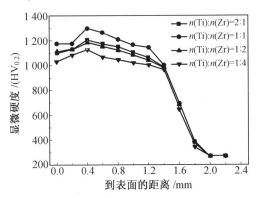

图11.9 氩弧熔覆层的显微硬度分布图(70% Ni60A)

3. 熔覆电流对熔覆层质量的影响

图11.10为不同熔覆电流下氩弧熔覆层的洛式硬度分布(70% Ni60A,

$n(\text{Ti}):n(\text{Zr})=1:1)$。由图 11.10 可知,随着熔覆电流的增加,熔覆层的洛式硬度呈先上升后下降趋势,当熔覆电流小于 120 A 时,熔覆层的洛氏硬度较低;当熔覆电流达到 120~130 A 时,熔覆层洛式硬度基本稳定于一个最大值;电流继续增大,熔覆层洛式硬度则有所下降,所以本试验熔覆电流采用 120~130 A。分析可知:熔覆电流过低(100 A 以下或不到 120 A),在熔覆过程中,由于热量输入不足,预置涂层没有完全熔化,出现明显的未熔透现象,因此熔覆层很薄或熔覆层成形很差,从而导致熔覆层洛式硬度不高;随着熔覆电流的增大(120~130 A),输入的热量增加,在熔覆过程中,预置涂层完全熔化,原始粉末充分反应,得到组织细小而致密的熔覆层,熔覆层洛式硬度较高;但是当熔覆电流超过 130 A 时,由于热输入过大,在熔覆过程中,基体熔化量明显增多,熔覆层的熔深和熔宽加大,熔覆层的稀释率增大,导致熔覆层的洛式硬度降低。因此本试验选用的熔覆电流为 120~130 A。

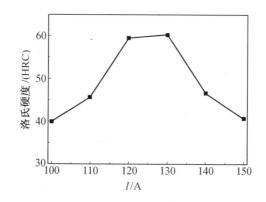

图 11.10　不同熔覆电流下氩弧熔覆层洛式硬度分布

$(70\%\,\text{Ni60A},n(\text{Ti}):n(\text{Zr})=1:1)$

4. 熔覆速度对熔覆层质量的影响

图 11.11 为不同熔覆速度下氩弧熔覆层的洛式硬度分布$(70\%\,\text{Ni60A},$ $n(\text{Ti}):n(\text{Zr})=1:1)$。由图 11.11 可知,熔覆层的洛式硬度随着熔覆速度的增加呈先上升后下降的趋势,当熔覆速度为 8 mm/s 时,熔覆层的洛式硬度达到最大值。所以本试验中熔覆速度尽量保持在 8 mm/s 左右。分析认为,在氩弧熔覆过程中,熔覆速度对熔覆层质量也会产生较大的影响。当熔覆速度较慢时,钨极在试样表面停留的时间过长,致使试样表层吸收

热量过多,基体熔化体积较大,熔覆层与基体之间的元素相互扩散严重,稀释率增大,导致熔覆层的洛式硬度显著降低;当熔覆速度较快时,钨极在试样表面停留的时间较短,表层吸收热量较少,原始粉末吸收热量较少,原始粉末并未完全熔化,原位反应不能充分进行,在熔覆层中原位合成较少的增强相颗粒,从而致使熔覆层的洛式硬度较低。此外,过快的熔覆速度会使得预置涂层底部部分原始粉末不能进行原位反应,在熔覆层和基体界面处残留一部分的原始粉末,从而影响界面结合。因此,只有在适当的熔覆速度下,原始粉末原位反应才能够充分进行,从而制得性能较好的熔覆层。

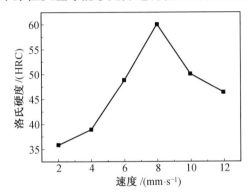

图 11.11 不同熔覆速度下氩弧熔覆层洛式硬度

(70% Ni60A,n(Ti)∶n(Zr)=1∶1)

5. 预置涂层厚度对熔覆层质量的影响

图 11.12 是不同预置涂层厚度经氩弧熔覆后得到的熔覆层宏观形貌图(70% Ni60A,n(Ti)∶n(Zr)=1∶1)。图 11.13 为不同预置涂层厚度熔覆层的洛式硬度分布(70% Ni60A,n(Ti)∶n(Zr)=1∶1)。由图 11.13 可知,当预置涂层厚度在 1.2 mm 左右时,熔覆后可以获得外观成型良好且洛式硬度较高的熔覆层;而当预置涂层厚度小于 0.9 mm 时,熔覆层不但成形较差,而且熔覆层的洛式硬度较低;当预置涂层厚度在 1.5 mm 左右时,虽然熔覆层的洛式硬度较高,但是熔覆层成型较差;当预置涂层厚度大于 1.8 mm 时,熔覆层的外观成型较差,且熔覆层洛式硬度很低。熔覆层的洛式硬度随着预置涂层厚度的增加呈先上升后下降的趋势,当预涂粉末厚度在 1.2 mm 左右时,熔覆层的洛式硬度达到最大值。因此,为了获得成型美观、性能优良的熔覆层,预涂粉末厚度应控制在 1.2 mm 左右。

(a) 0.9 mm

(b) 1.2 mm

(c) 1.5 mm

(c) 1.8 mm

图 11.12　不同预涂粉末熔覆后熔覆层表面宏观形貌
（70% Ni60A,n(Ti)∶n(Zr)= 1∶1）

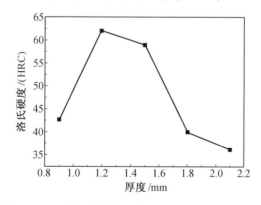

图 11.13　不同预涂粉末厚度熔覆层的洛式硬度分布
（70% Ni60A,n(Ti)∶n(Zr)= 1∶1）

11.3.2　(Zr,Ti)C/Ni60A 熔覆层的组织结构特征

通过分析试验工艺参数对熔覆层的影响,确定了本试验的最佳工艺参

数如下:Ni60A 的质量分数为 70%,Ti,Zr 的物质的量比为 1∶1,熔覆电流为 120~130 A,熔覆速度为 8 mm/s,预置涂层厚度为 1.2 mm。在此工艺参数下制得熔覆层。本章利用扫描电镜(SEM)和 X 射线衍射仪(XRD)现代分析手段,分析了最佳试验工艺参数下原位合成(Zr,Ti)C/Ni60A 熔覆层界面特征、微观组织形貌及增强相颗粒分布特征;分析了熔覆层中元素分布特征;最终对氩弧熔覆原位合成(Zr,Ti)C/Ni60A 熔覆层相组成进行表征;并初步确认熔覆层中增强相颗粒的形成机理。

1.熔覆层稀释区界面组织特征

图 11.14 为(Zr,Ti)C/Ni60A 熔覆层的宏观截面 SEM 形貌。由图 11.14(a)可知,氩弧熔覆原位生成的(Zr,Ti)C/Ni60A 熔覆层熔覆区质量良好,无气孔、裂纹等缺陷,熔覆层与基体之间呈典型的冶金结合。

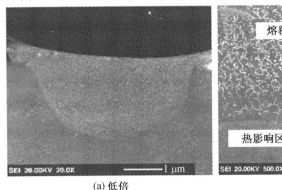
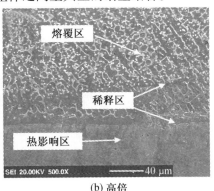

(a) 低倍 　　　　　　　　　(b) 高倍

图 11.14　(Zr,Ti)C/Ni60A 熔覆层的宏观截面 SEM 形貌

(70% Ni60A,n(Ti)∶n(Zr)= 1∶1)

分析认为,氩弧熔覆原位合成的(Zr,Ti)C/Ni60A 熔覆层的熔覆过程本质上是一种非平衡快速熔化、快速凝固的过程。在钨极氩弧高温作用下,金属基体表面快速熔化并形成与弧斑直径尺寸相近的熔池,原始粉末经快速加热,呈熔化或半熔化状态进入熔池并与基体金属混合、扩散、反应,熔池以"液珠"的形式存在,熔池"液珠"在表面张力、气体动力、氩弧吹力等共同作用下,在金属基体表面铺展开来,使得原始粉末的合金熔液与金属基体表面充分接触。在熔池的前半部分,原始合金粉末与部分基体金属熔化后混合并进行冶金反应;在熔池的后半部分,熔化速度急剧下降,直到流入和流出的热流密度相等,熔化过程即转变为凝固过程,液态的原始粉末合金熔液快速凝固形成了非平衡组织,最终获得原位反应合成增强相颗粒增强金属基熔覆层,并实现熔覆层与基体之间呈典型的冶金结合[3,4]。

由图 11.14(b)可知,原位合成(Zr,Ti)C/Ni60A 熔覆层存在三个非常明显的区域,即熔覆区、稀释区和热影响区。熔覆区:预涂粉末经氩弧熔覆后在基体表面以上形成的部分;稀释区:受氩弧高温热源的影响,基体部分熔化并与熔覆区发生合金元素扩散的区域;热影响区:基体未发生熔化,但氩弧高温热源对基体的影响温度超过了基体金属的相变点,因快速冷却基体金属发生淬火出现相变的部分区域。熔覆区的颗粒比较多,且分布均匀;稀释区内的颗粒很少,分布十分不均匀,稀释区有一定厚度,平均厚度为 30 μm 左右。文献[5]研究表明:熔覆层的凝固具有明显的分层凝固特征,熔覆层与基体结合区为平面晶向胞/枝晶过渡转变区,熔覆层中部为等轴晶,熔覆层表层为碎叶状晶。这种凝固组织形态的变化是由原始粉末合金成分、凝固速度 R 和液态合金凝固温度梯度 G 三者综合作用决定的。在成分相对稳定的情况下,温度梯度/凝固速率(G/R)决定了凝固组织生长速度。由于凝固条件不同,最终所形成的结晶形态也有所差异。在熔池与基体材料界面处(即熔池底部)$R \to 0$,而此处液态合金凝固温度梯度 G 最大,G/R 值很大,不存在成分过冷,液态金属凝固所释放出的热量通过界面下方的基体材料进行充分扩散,使结晶界面缓慢地向前推移,凝固组织以较低速度、平面状外延方式生长,形成无结构的平面晶。平面晶以上的合金熔池,由于凝固潜热的释放和凝固速率 R 的增大,使得 G/R 值逐渐减小,平面凝固界面失稳,熔池底部晶体外延生长而形成胞/枝晶转变区,其晶体生长方向在很大程度上受传热条件的影响,且基本与热流方向一致。在熔合线附近,主要由枝晶组织组成,且大部分热量优先垂直向下传向基体材料,并通过维持热流一维传导使凝固界面沿逆热流方向推进,完成局部定向凝固。但在某些区域,胞/枝晶的生长方向与固液界面法向成一定角度,这是因钨极氩弧流作用于合金熔池,产生的强制对流所致。在熔覆层中部,基体材料传热和结晶潜热保持局部平衡,G 和 R 均减小,成分过冷加大,晶体的形核长大较快,晶体生长方向杂乱无章而出现等轴晶。熔覆层表层热传导主要是通过周围空气实现的,冷却速度较快,因此也形成了枝晶。但是熔覆层表层在周围空气流动方向和氩气吹力的影响下出现了强制液相流动的现象,从而获得了一种特殊的凝固组织,即碎叶状晶。

2. 熔覆层的显微组织分布特征

图 11.15 为熔覆层顶部到底部不同区域的显微组织形貌。由图 11.15 可知,在熔覆层顶部分布着大量的增强相颗粒,增强相颗粒的形状不规则,且分布不均匀,增强相颗粒出现了较严重的团聚现象,增强相颗粒周围的网状物不十分明显,如图 11.15(a)所示。在熔覆层的中上部,增强相颗粒

的数量有所减少,同时增强相颗粒的团聚现象有所下降,增强相颗粒分布较均匀,其周围仍然存在网状物,但网状物的数量有所上升,如图11.15(b)所示。在熔覆层的中下部,增强相颗粒数量减少不明显,颗粒几乎呈均匀弥散状分布于熔覆层中,只在局部出现团聚现象,网状物的数量继续增加,如图 11.15(c)所示。在熔覆层底部,增强相颗粒的数量急剧减少,熔覆层中含有大量的网状物,如图 11.15(d)所示。熔覆层顶部增强相颗粒的数量明显多于底部,其主要原因是,相对于基体而言,增强相颗粒的密度较小,在凝固过程中增强相颗粒上浮到熔覆层表面所致。此外,基体对熔覆层的稀释作用也是导致熔覆层底部增强相颗粒数量较少的一个原因。

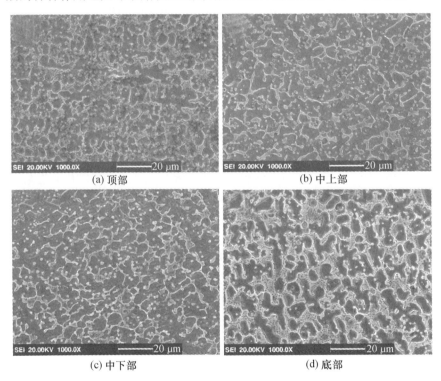

图 11.15　熔覆层不同区域的显微组织形貌(70% Ni60A,$n(\text{Ti}):n(\text{Zr})=1:1$)

图 11.16 为熔覆层高倍组织形貌。由图 11.6 可知,在氩弧熔覆原位合成(Zr,Ti)C/Ni60A 熔覆层中,原位合成了大量的增强相颗粒,增强相颗粒在熔覆层中呈均匀弥散分布,且增强相颗粒比较细小,其尺寸为 1 ~ 2 μm,增强相颗粒的形状无较大差异,但其形状不规则。在增强相颗粒的周围存在网状物。

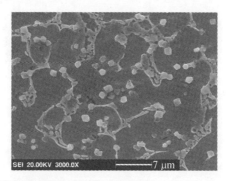

图 11.16　熔覆层高倍组织形貌($70\%\ Ni60A, n(Ti)：n(Zr)=1：1$)

3. 熔覆层中物相的能谱分析

图 11.17 为熔覆层中各组成相的能谱图,图中已标明其微区分析的位置,1,2,3,4 分别为网状物、基体及颗粒相。由图 11.17 可知,网状物主要由 Cr,C 元素组成,其中固溶很少量的 Ti,Fe,Ni 元素;基体中主要含有 Fe 和 Ni 元素,固溶少量的 Cr 和 C 元素;颗粒相含有的元素成分主要为 Zr,Ti 和 C 元素,固溶少量 Fe 和 Ni 元素。

表 11.6 为图 11.17 中各组成相中各元素的质量分数。从表 11.6 可以看出,颗粒相含有 Zr,Ti 和 C 元素,在颗粒相中 Zr,C 的质量分数比均接近于原子个数比 1：1,且颗粒相中均含有部分 Ti 元素;网状物主要由 Cr 和 C 元素组成,此外含有部分 Fe,Ni 元素和很少量的 Ti 元素;基体中主要含有 Fe 和 Ni 元素,此外含有少量的 Cr 和 C 元素。

表 11.6　熔覆层中各组成相元素的质量分数

位置	元素的质量分数/%					
	Zr	Ti	C	Fe	Cr	Ni
1		0.35	10.74	51.74	27.06	10.11
2			2.84	74.90	3.46	18.80
3	28.73	4.81	25.54	32.81		8.11
4	52.03	1.27	36.06	9.24		1.40

图 11.18 为熔覆层中各元素线扫描图谱。由图 11.18 可知,Zr,Ti 和 C 元素在颗粒相存在处出现了明显的峰值,且 Zr,Ti 和 C 元素分布规律出现一致性。分析认为,在颗粒相中主要含有的元素为 Zr,Ti 和 C 元素。基体中所含的元素主要是 Fe 元素。

图 11.19 为熔覆层中各元素面扫描图谱。由图 11.19 可知,Zr 和 Ti 元素主要富集在颗粒相中,此外,颗粒相中也含有一定量的 C 元素;Fe 和

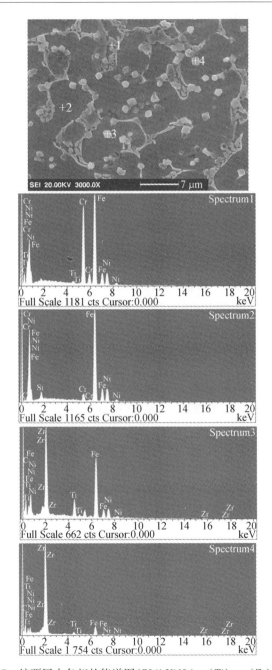

图 11.17　熔覆层中各相的能谱图(70% Ni60A, $n(\mathrm{Ti}) : n(\mathrm{Zr}) = 1 : 1$)

Ni 元素则富集在颗粒外围的基体中;网状物中富集一定量的 Cr 和 C 元

素;Zr 和 Ti 元素的分布与 Fe 元素的分布大致呈现互补性,即 Zr 和 Ti 元素富集处,Fe 元素含量少,否则反之。分析认为,熔覆层中的颗粒相为含 Zr,Ti 和 C 元素的相,而网状物为含 Cr 和 C 元素的相,基体中所含的主要元素为 Fe 和 Ni 元素。

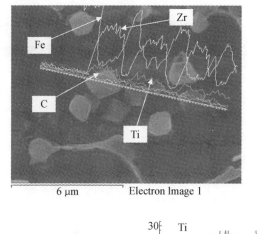

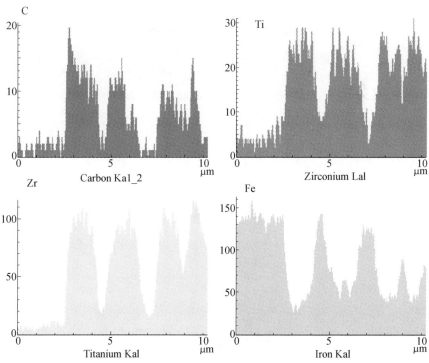

图 11.18　熔覆层各元素线扫描图谱(70% Ni60A,$n(\text{Ti})$: $n(\text{Zr})$ = 1 : 1)

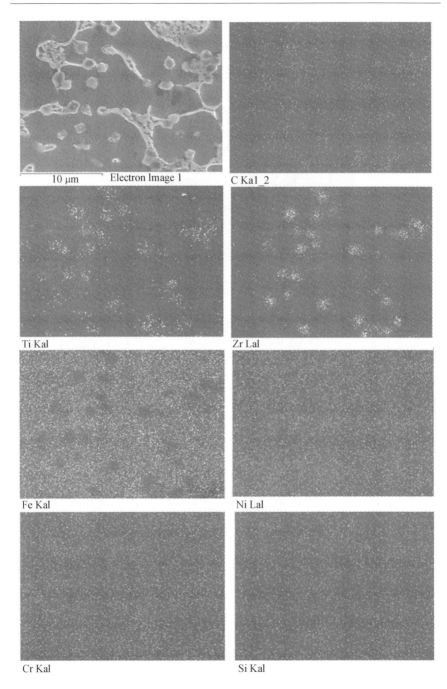

图 11.19　熔覆层各元素面扫描图谱(70% Ni60A, $n(\text{Ti}) : n(\text{Zr}) = 1 : 1$)

4. 熔覆层中物相的 XRD 分析

图 11.20 为熔覆层表面的 X 射线衍射图谱。由图 11.20 可知,熔覆层主要由$(Zr,Ti)C,Cr_7C_3$ 和 FeNi 相组成。结合本书前文的热力学分析及能谱分析可知,经氩弧熔覆后,Zr 粉、Ti 粉、C 粉和 Ni60A 原位反应生成了 $(Zr,Ti)C/Ni60A$ 熔覆层。熔覆层中的颗粒增强相为 $(Zr,Ti)C$ 颗粒,网状物为 Cr_7C_3,基体为 FeNi 固溶体。此外,在图 11.20 中未发现 ZrC 相和 TiC 相的衍射峰,说明熔覆层中增强相 $(Zr,Ti)C$ 颗粒是一种由 ZrC 和 TiC 无限互溶所形成的复合体颗粒。

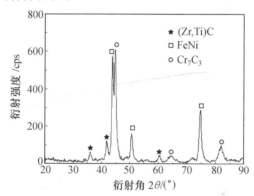

图 11.20 熔覆层表面 X 射线衍射图谱($70\%\ Ni60A, n(Ti):n(Zr)=1:1$)

5. Zr–Ti–C 体系的热力学分析

本书用于原位合成 $(Zr,Ti)C$ 增强相颗粒的原始粉末以 Zr,Ti 和 C 为基本组分,因此氩弧熔覆时涉及的熔池反应主要为 Zr–Ti–C 体系的反应。通过各种合金元素化学反应及各种化合物相的形成自由能随温度变化曲线,来分析形成各种化合物的趋势。对于 Zr–Ti–C 合金系,本试验选择了两个基本的反应方程式

$$Zr+C \longrightarrow ZrC \tag{11.1}$$

$$Ti+C \longrightarrow TiC \tag{11.2}$$

在合金粉末 Zr–Ti–C 体系中,合金元素有 Zr,Ti 和 C,因此在合金反应中涉及三种元素的反应。运用"无机热化学数据库"可进行热力学数据检索和系列元素反应的热力学计算,从而对试验中氩弧熔覆层原始粉末各元素之间的反应进行热力学分析。通过各种合金元素可能形成相的化学反应 G–T 图,即各种化合物相的形成自由能随温度变化曲线,来分析本试验中原始粉末反应最终所得各种化合物的趋势。

在热化学数据库中,Zr,Ti 和 C 三种元素可能组成 ZrC 和 TiC 两种化

合物,对这些化合物形成反应进行热力学计算,其自由能与温度的关系曲线如图 11.21 所示。由 11.21 图可知,在 298 ~ 3 100 K 温度范围内,ZrC 和 TiC 颗粒形成的自由能均为负值,且 ZrC 颗粒形成的自由能比 TiC 颗粒形成的自由能低。因此,从热力学角度分析,在熔覆层中,ZrC 和 TiC 的形成是可行的。ZrC 和 TiC 形成以后,在熔覆层中发生固溶变化,最终在熔覆层中形成(Zr,Ti)C 颗粒也是可行的[6,7]。

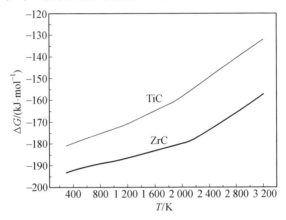

图 11.21　ZrC,TiC 的自由能随温度变化曲线

6. 熔覆层中增强相(Zr,Ti)C 形成机理

在氩弧熔覆原位合成的(Zr,Ti)C/Ni60A 熔覆层中,原始粉末发生一系列复杂的冶金化学反应。经分析认为主要有以下两种情况:

一种是 Fe-Zr-Ti-C 这一体系在熔覆过程中,存在 Zr+C ——→ZrC,Ti+C ——→TiC 两个反应,依据前文的热力学研究,两个反应的自由能 ΔG 均为负值,说明这两个反应在热力学上都是可行的,但前一反应的自由能 ΔG 较低,所以前一反应优先进行。因原始粉末成分设计时,保持元素的过量,所以前一反应完成时,后一反应也能顺利进行。通过以上两个反应在熔覆层中首先生成了 ZrC 和 TiC,由于 ZrC 和 TiC 的晶体结构都是 NaCl 型面心立方结构,而 Zr,Ti 元素的原子半径非常相近(r_{Zr} = 0.216 nm,r_{Ti} = 0.2 nm),满足休莫-罗塞里(Hume-Rothery)条件,因此,ZrC 和 TiC 无限互溶,最终形成了一种复合体颗粒即(Zr,Ti)C 颗粒[8-11]。

另一种是 Fe-Zr-Ti-C,这一体系在熔覆过程中仅存在 Zr+C ——→ZrC 反应,依据前文的热力学研究,此反应的自由能 ΔG 也为负值,说明此反应在热力学上也是可行的。通过此反应在熔覆层中首先生成了 ZrC,而后 Ti 原子作为溶质原子置换了作为溶剂的 ZrC 晶格中的某些 Zr 原子,从而形成了一种新型的$(Zr,Ti)C$复合体颗粒。

综合分析认为,氩弧熔覆原位合成$(Zr,Ti)C/Ni60A$熔覆层中,增强相$(Zr,Ti)C$颗粒为ZrC和TiC无限互溶所形成的一种复合体颗粒,其形成机理如图11.22所示。

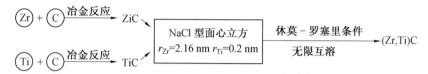

图11.22 $(Zr,Ti)C$形成机理示意图

7. 熔覆层中增强相$(Zr,Ti)C$颗粒的生长机制

氩弧熔覆原位合成的$(Zr,Ti)C/Ni60A$熔覆层中,增强相$(Zr,Ti)C$颗粒的生长机制是一个较为复杂的过程。熔覆层中增强相的形核长大过程除了受界面能、相变熵等内在因素的影响外,还受凝固过程中Zr,Ti,C的原子浓度、热量传输等热力学和动力学条件的影响。

研究表明,TiC晶体为八面体形[12]。陈丽丽[13]进行了$ZrC-ZrB_2$形核长大的研究。研究表明,$ZrC-ZrB_2$的形核长大是一个较为复杂的过程,最终所得颗粒为针状或棒状的$ZrC-ZrB_2$复合体形态,以及不规则块状和花瓣状的ZrC颗粒形态。周晓辉[14]等人进行了$TiC-TiB_2$形核长大过程的研究。研究表明,初晶TiC呈八面体状,共晶TiC呈花瓣枝晶状,初晶TiB_2呈正六面体状,共晶TiB_2呈棒状。在凝固过程中,TiB_2以TiC枝晶壁小平面形核,最后TiC被TiB_2所包围。此外,吴晓峰、张海峰、张庆茂、何金江等人[15,16]对ZrC晶体形核长大也进行了研究。ZrC和TiC同为面心立方结构,其晶体中以共价键为主,因此六配位的八面体生长基元间连接的稳定性与sp3d2杂化轨道有关,以棱连接时稳定性最好。六配位的八面体生长基元在以棱边连接方式堆积过程中,有四个棱边同时连接的堆积方式应是最稳定的,从结构上也容易保证平衡。当生长基元以棱边连接方式连接时,在{001}面上存在自然的四面锥形台阶(凹坑),四面锥形台阶正好可容纳MC_6基元的一半,MC_6基元的四个棱边同时连接,且连接一个MC_6基元后形成了新的台阶,有利于后续生长基元的叠合,能够连续生长,表现出较快的生长速度,使得{001}易于消失,不易显露。因此,{111}面的生长速度慢,容易显露。综上可知,ZrC和TiC理想形态应为{111}面显露的规则八面体状。在氩弧熔覆过程中,预涂粉末由于吸收了钨极氩弧的热量而迅速加热至熔化状态,形成熔池,Zr,Ti和C元素沉浸在Ni60A基熔液中形成活性极强的[Zr],[Ti]和[C]活性原子,Fe 基熔池和氩气的保护使以上各活性原子避免被氧化,而且熔池剧烈的搅拌和对流作用使[Zr],[Ti]和[C]接触充分,增大了各元素的扩散速率,最终形成了(Zr,Ti)C 增强相颗粒,其形态为不规则的六面体形(图 11.23),这与 ZrC 或 TiC 理想形态有较大差别。

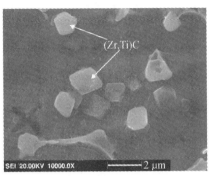

图 11.23　(Zr,Ti)C 颗粒形貌

分析认为,在钨极氩弧熔覆的特殊热循环条件下,熔池中的 Zr,Ti 和 C 原子浓度分布不均匀,凝固过程中共晶 ZrC 或 TiC 均会在 Zr,Ti 和 C 原子浓度较高的区域形核,其形核具有分散性和偶然性较强的特点。依据前文的热力学分析,ZrC 和 TiC 的反应自由能 ΔG 均为负值,且在氩弧熔覆的温度范围 ZrC 始终具有更负于 TiC 的自由能,所以在熔覆层中 ZrC 优先形核长大。但是,因原始粉末成分设计时,保持 C 过量,所以在 ZrC 形核长大过程中,TiC 也进行形核长大。那么在这一过程中,二者又限制了彼此的形核长大,使得最终所得到的(Zr,Ti)C 增强相颗粒的形态,与 ZrC 或 TiC 理想形态有较大差别,最终呈现不规则的八面体形且颗粒尺寸更加细小。此外,在凝固过程中,由于 α-Fe 的生长速度快,体积分数大,因此,有些共晶凝固时的 α-Fe 会很快包覆在未能长大的 ZrC 或 TiC 晶核周围,抑制其晶体生长的各向异性,晶体的长大需要通过固态扩散机制进行,从而使晶体生长速度缓慢,不易分枝及选择性生长,使得最终得到的(Zr,Ti)C 增强相颗粒比较细小,尺寸为 1 ~ 2 μm,其形态呈现不规则的六面体形,与图 11.23 所示试验结果一致。

11.3.3　(Zr,Ti)C/Ni60A 熔覆层摩擦磨损性能

本小节根据显微硬度、摩擦因数、磨损量及磨损形貌,对 Q235 钢、纯 Ni60A 熔覆层以及最佳试验参数下制得的原位合成(Zr,Ti)C/Ni60A 熔覆

层的磨损性能进行了对比分析,并分析了 Q235 钢、纯 Ni60A 熔覆层和原位合成(Zr,Ti)C/Ni60A 熔覆层的磨损机制,解释了氩弧熔覆原位合成(Zr,Ti)C/Ni60A 熔覆层的强化机制。为氩弧熔覆原位合成(Zr,Ti)C/Ni60A 熔覆层作为耐磨材料在工程上的应用提供理论依据,为进一步研究氩弧熔覆制备金属基耐磨熔覆层提供理论基础。

1. 氩弧熔覆层的显微硬度

图 11.24 为氩弧熔覆原位合成的(Zr,Ti)C/Ni60A 熔覆层和纯 Ni60A 熔覆层沿熔深方向每隔 0.2 mm 的显微硬度分布曲线。

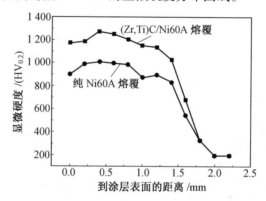

图 11.24　氩弧熔覆层显微硬度分布曲线

由图 11.24 可知,氩弧熔覆原位合成的(Zr,Ti)C/Ni60A 熔覆层,从熔覆层与基体界面处至熔覆层表层,显微硬度呈梯度上升分布。在距离熔覆层表面 1.2 mm 以内,熔覆层的硬度较高,最高可达 1 200HV 左右;从熔覆层表层到距表层 1.5 mm 以内,硬度基本保持在一个较高的水平;在稀释区其硬度值下降很快,平均硬度在 650HV 左右;到达熔合线附近后,硬度接近平稳,但热影响区硬度值仍然高于基体。分析认为,熔覆层的显微硬度分布特征主要由增强相(Zr,Ti)C 颗粒的分布情况决定。在熔覆层表层,弥散分布着大量的增强相(Zr,Ti)C 颗粒,原位合成的增强相的体积分数最高,因此熔覆层表层区域的显微硬度值最高。沿着熔覆层熔深的方向随着与表面的距离增大,熔覆层中增强相(Zr,Ti)C 颗粒体积分数减小,熔覆层硬度降低。在距表层 1.5 mm 的左右区域,增强相(Zr,Ti)C 颗粒分布变化较大,因此硬度值下降很快。到熔合线附近时,增强相(Zr,Ti)C 颗粒由于受力上浮、基体材料的稀释等作用,其体积分数急剧降低,熔覆层硬度也快速下降。在热影响区,由于在熔覆过程中氩弧高温热源引起了基体的相变,因此热影响区硬度值仍然高于基体。

Ni60A 熔覆层的硬度分布趋势与(Zr,Ti)C/Ni60A 熔覆层的硬度分布趋势基本一致。Ni60A 熔覆层因缺少增强相颗粒的存在,与(Zr,Ti)C/Ni60A熔覆涂层相比其硬度偏低,其最高显微硬度只有 1 000HV左右。但是在纯 Ni60A 熔覆层中形成了大量的 $Cr_{23}C_6$ 碳化物,此外其基体中固溶了 Ni,Cr,B 和 Si 等合金元素,所以与基体相比,Ni60A 熔覆涂层的硬度也得到较大的提高。

2.氩弧熔覆层的摩擦因数

图 11.25 为(Zr,Ti)C/Ni60A 熔覆层、纯 Ni60A 熔覆层和 Q235 钢与GCr15 对磨的摩擦因数随滑动时间的变化曲线(滑动时间为 3 600 s,法向载荷为 200 N,滑动速度为 200 r/min)。由图 11.25 可知。在相同条件下,Q235 钢的摩擦因数为 0.65 ~ 0.8,在摩擦初始阶段摩擦因数较低,随滑动时间的增加,摩擦因数逐渐上升,最终其摩擦因数稳定在 0.8 左右;纯Ni60A 熔覆层的摩擦因数为 0.4 ~ 0.6,其摩擦因数的变化规律与 Q235 钢相似,即随滑动时间的增加,其摩擦因数呈逐渐上升趋势,但其摩擦因数波动较大;与前面两者相比,(Zr,Ti)C/Ni60A 熔覆层的摩擦因数最小,其摩擦因数为 0.25 ~ 0.3,摩擦因数的波动也较小,并且其摩擦因数的变化规律与前两者也有明显的不同,在摩擦初始阶段,(Zr,Ti)C/Ni60A 熔覆层摩擦因数较稳定,随滑动时间的增加,其摩擦因数略有波动,并呈现下降的趋势,最终趋于 0.25 左右。

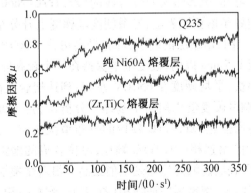

图 11.25　(Zr,Ti)C/Ni60A 熔覆层,Ni60A 熔覆层和 Q235 钢
摩擦因数随滑动时间的变化曲线

3.氩弧熔覆层磨损量

图 11.26 为(Zr,Ti)C/Ni60A 熔覆层、纯 Ni60A 熔覆层和 Q235 钢在相同摩擦状态(滑动时间 3 600 s,法向载荷为 200 N,滑动速度为 200 r/min)

下的磨损失重对比图。由图 11.25 可知,在相同的摩擦条件下,Q235 钢的磨损失重是最大的,(Zr,Ti)C/Ni60A 熔覆层的磨损失重最小,而纯 Ni60A熔覆层的磨损失重介于 Q235 钢和(Zr,Ti)C/Ni60A 熔覆层二者之间。(Zr,Ti)C/Ni60A 熔覆层的磨损失重为纯 Ni60A 熔覆层的 1/5 左右,为Q235 钢的 1/15 左右。分析认为,在(Zr,Ti)C/Ni60A 熔覆层的磨损过程中,参与摩擦磨损更多的是暴露于摩擦面的(Zr,Ti)C 颗粒,而(Zr,Ti)C 颗粒本身具有较高的硬度,在磨损的过程中,(Zr,Ti)C 颗粒由于显露在熔覆层表面,首先与对磨环接触,因此在摩擦磨损过程中需要消耗更多的摩擦功,磨损失重降低。与 Q235 钢及纯 Ni60A 熔覆层相比,(Zr,Ti)C/Ni60A熔覆层具有良好的耐磨性。

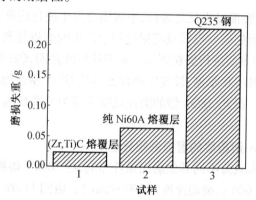

图 11.26　(Zr,Ti)C/Ni60A 熔覆层、纯 Ni60A 熔覆层和 Q235 钢磨损失重对比图

4. 基体 Q235 的磨损形貌分析

图 11.27 为载荷不同而其他磨损条件相同 Q235 钢的磨损形貌(滑动时间为 3 600 s,滑动速度为 200 r/min)。由图 11.27 可知,在低载荷磨损条件下,Q235 钢的磨损表面出现了明显的犁沟现象和黏着现象,如图11.27(a)。在高载荷磨损条件下,Q235 钢磨损表面的犁沟现象和黏着现象更加明显,如图 11.27(b)所示。

分析可知,Q235 钢具有硬度低塑性好的特点,与之相比,GCr15 对磨环硬度较高,因此对磨环 GCr15 表面的硬质点很容易对 Q235 钢表面进行显微切削。在法向分力的作用下,对磨环 GCr15 表面的硬质点很容易刺入Q235 钢表面,然后刺入 Q235 钢表面的硬质点做切向运动。如果这些硬质点具有锐利的棱角和合适的切削角度,将对 Q235 钢表面进行显微切削,使Q235 钢表面出现深而长的犁沟,从而导致 Q235 钢表面磨损;如果这些硬质点边缘较圆滑,就会把 Q235 钢表面的部分金属推到犁沟的两侧而形成

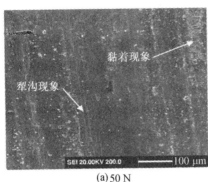
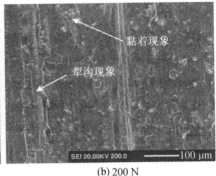

(a) 50 N　　　　　　　　　　　　　(b) 200 N

图 11.27　Q235 钢的磨损形貌

微观犁皱,由于磨损过程反复进行,犁皱则会发生硬化脱落,形成磨屑。对磨环 GCr15 表面的硬质点以及磨损过程中产生的磨屑起到了磨粒的作用,从而对 Q235 钢表面进行磨粒磨损。对于某些摩擦面,Q235 钢上脱落的磨屑经过反复的碾压和摩擦,被发生塑性流动的 Q235 钢表面吸附,从而形成黏着磨损[17-19]。因此,Q235 钢的磨损机制主要为显微切削、磨粒磨损和黏着磨损。

5. 纯 Ni60A 熔覆层的磨损形貌分析

图 11.28 为载荷不同其他磨损条件相同,纯 Ni60A 熔覆层的磨损形貌（滑动时间为 3 600 s,滑动速度为 200 r/min）。由图 11.28 可知,在高低载荷条件下,纯 Ni60A 熔覆层的磨损表面同样出现了犁沟现象和黏着现象,但是与 Q235 钢相比较,纯 Ni60A 熔覆层在磨损过程中出现轻微的犁沟现象和黏着现象。分析可知,与 Q235 钢相比,纯 Ni60A 熔覆层组织中存在大量的碳化物,且其基体中固溶了 Ni,Cr,B 和 Si 等合金元素,所以其硬度有了很大程度的提高。在磨损过程中,硬度高的对磨环 GCr15 表面的硬质点不易刺入纯 Ni60A 熔覆层的表面,并对其产生切削作用。因此,在低载荷下纯 Ni60A 熔覆层表面出现了较轻微的犁沟现象。在高载荷磨损条件下,纯 Ni60A 熔覆层的犁沟现象和黏着现象更加明显,而且在熔覆层的局部出现了片层剥离现象。因此,纯 Ni60A 熔覆层的磨损机制主要为显微切削、磨粒磨损、黏着磨损和剥离磨损。

6. 原位合成（Zr,Ti）C/Ni60A 熔覆层磨损形貌

图 11.29 为载荷不同其他磨损条件相同,（Zr,Ti）C/Ni60A 熔覆层的磨损形貌（滑动时间为 3 600 s,滑动速度为 200 r/min）。由图 11.29 可知,在低载荷下,（Zr,Ti）C/Ni60A 熔覆层磨损表面只有在局部区域有很浅的

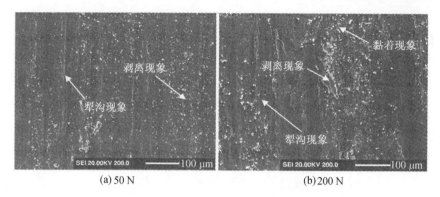

(a) 50 N　　　　　　　　　　　　(b) 200 N

图 11.28　纯 Ni60A 熔覆层的磨损形貌

划痕,没有明显的犁沟现象,磨损表面无黏着现象存在,如图 11.29(a)所示。其原因如下:(Zr,Ti)C/Ni60A 熔覆层具有很高的硬度,在低载荷下,GCr15 表面的硬质点很难刺入到熔覆层表面,对其进行显微切削,因此(Zr,Ti)C/Ni60A 熔覆层的磨损表面并未出现明显的犁沟现象,只出现轻微的划痕。但是随着载荷的增大,部分 GCr15 表面的硬质点有可能刺入到熔覆层表面,使得熔覆层和对磨环之间微凸体接点增加,熔覆层表面出现了类似切削的痕迹。同时,由于此时在熔覆层的磨损过程中产生了少量的磨屑,吸附在熔覆层的表面,从而使(Zr,Ti)C/Ni60A 熔覆层表面出现了轻微的黏着现象,说明在高转速、高载荷磨损试验条件下,磨损机制主要为轻微的显微切削,同时存在轻微的黏着磨损,如图 11.29(b)所示。

(a) 50 N　　　　　　　　　　　　(b) 200 N

图 11.29　(Zr,Ti)C/Ni60A 熔覆层的磨损形貌

　　分析可知,(Zr,Ti)C/Ni60A 熔覆层高载荷磨损过程中,高接触应力导致产生大量的摩擦热。一方面,大量的摩擦热可以使熔覆层磨损表面温度升高,初始黏着的磨屑由于具有较大的表面积,在高温下迅速氧化,降低磨

屑与试样表面的黏附强度,从而迅速地被磨损下来,这样就降低了磨损过程中所产生的磨屑作为磨粒对熔覆层产生的磨粒磨损;另一方面,大量的摩擦热可以使熔覆层与对磨环表面均出现软化现象,但是对磨环 GCr15 由于转速高,其表面微凸体的摩擦热在脱离试样与对磨环接触区域后可迅速地传导到周围环境中,因此其软化程度不大,仍保持其原本的硬度。那么随着磨损继续进行,较硬的 GCr15 硬质点会以切削方式磨损熔覆层表面,故此(Zr,Ti)C/Ni60A 熔覆层表面出现了轻微的显微切削现象。但在(Zr,Ti)C/Ni60A 熔覆层中弥散分布大量的(Zr,Ti)C 增强相颗粒,增强相颗粒具有较高硬度,在接触应力下难以变形,因而使熔覆层具有很高的黏着磨损抗力,所以(Zr,Ti)C/Ni60A 熔覆层磨损表面只存在轻微的黏着现象。同时,大量高硬度的(Zr,Ti)C 增强相颗粒的存在,在很大程度上提高了(Zr,Ti)C/Ni60A 熔覆层的硬度,即使在磨损过程中产生大量的摩擦热使熔覆层表面出现软化现象,但是与 GCr15 对磨环相比,(Zr,Ti)C/Ni60A 熔覆层仍具有一定的硬度优势,因此(Zr,Ti)C/Ni60A 熔覆层具有较好的磨料磨损抗力。此外,在(Zr,Ti)C/Ni60A 熔覆层基体中,固溶了大量的合金元素,产生了固溶强化,对增强相颗粒起到良好的支撑作用,防止增强相颗粒在磨损过程中发生剥落现象[20,21]。因此,(Zr,Ti)C/Ni60A 熔覆层的磨损机制为轻微的显微切削磨损和轻微的黏着磨损。

图 11.30 为(Zr,Ti)C/Ni60A 熔覆层高倍磨损形貌及能谱分析(载荷 200 N,滑动时间为 3 600 s,滑动速度为 200 r/min)。

由图 11.30 可知,在氩弧熔覆原位合成的(Zr,Ti)C/Ni60A 熔覆层磨损过程中,作为增强相颗粒的(Zr,Ti)C 颗粒既未发生塑性变形,也未从基体中拔出而出现剥落现象,划痕在(Zr,Ti)C 颗粒处出现阻断现象,(Zr,Ti)C 颗粒在整个熔覆层的摩擦磨损过程中,起着良好的抗磨骨干作用。因此,原位合成(Zr,Ti)C/Ni60A 熔覆层具有良好的室温干滑动耐磨损性能。

7. 原位合成(Zr,Ti)C/Ni60A 熔覆层强化机理研究

(1)颗粒强化

氩弧熔覆原位合成的(Zr,Ti)C/Ni60A 熔覆层中存在着大量的(Zr,Ti)C 增强相颗粒,且这些增强相颗粒在熔覆层中分布均匀,与基体结合牢固。在磨损过程中,增强相颗粒成为对熔覆层基体磨损具有保护作用的骨架,从而有效地提高了熔覆层整体材料的耐磨损性能。

(2)弥散强化

氩弧熔覆原位合成的(Zr,Ti)C/Ni60A 熔覆层中,增强相(Zr,Ti)C 颗

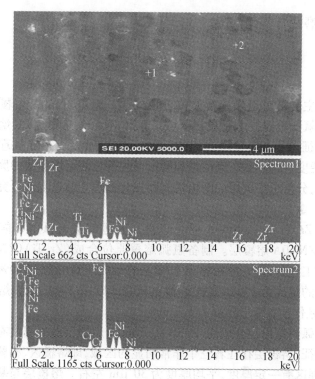

图 11.30　(Zr,Ti)C/Ni60A 熔覆层高倍磨损形貌及能谱分析(200 N)

粒作为硬质点在基体中呈弥散分布,对位错的滑移具有阻碍作用。在磨损过程中,熔覆层进行塑性变形时,位错难以越过硬质颗粒而发生位错的塞积,从而对熔覆层产生弥散强化效果。

(3)固溶强化

氩弧熔覆原位合成的(Zr,Ti)C/Ni60A 熔覆层中,增强相(Zr,Ti)C 颗粒是一种无限互溶的固溶体,虽然 Zr,Ti 元素的原子半径非常相近($r_{Zr}=0.216$ nm,$r_{Ti}=0.2$ nm),但仍存在差别,必然会引起晶格畸变,对熔覆层起到显著的固溶强化作用,从而提高熔覆层的耐磨性。同时,由于氩弧熔覆熔池的冷却速度快,高温时溶解在合金熔体中的 Ni,Cr,B 和 Si 等元素在冷却过程中来不及析出而固溶在基体中,形成了过饱和固溶体,因此产生了固溶强化作用。

另外,氩弧熔覆原位合成的(Zr,Ti)C/Ni60A 熔覆层中存在位错或层错亚结构强化,快速加热和冷却会导致熔覆区内位错密度明显增大,或第二相产生大量层错结构,从而使熔覆层得到进一步强化。总之,在多种强化机制的共同作用下,氩弧熔覆原位合成的(Zr,Ti)C/Ni60A 熔覆层具有很高的耐磨性能[22-25]。

11.4 结 论

本章主要是对氩弧熔覆原位合成的(Zr,Ti)C/Ni60A 熔覆层进行研究。利用氩弧熔覆技术制备出了(Zr,Ti)C/Ni60A 熔覆层,对熔覆层的界面组织特征、(Zr,Ti)C 增强相的形貌、分布特征及其形成机理进行了分析,并从硬度、摩擦曲线、磨损量和磨损形貌等方面对熔覆层的磨损性能进行了研究,分析了熔覆层的磨损机制和强化机理。通过上述研究得出了以下结论:

①含 Zr,Ti 和 C,Ni60A 的合金粉末通过钨极氩弧熔覆能够制备出(Zr,Ti)C/Ni60A 熔覆层。制备氩弧熔覆原位合成(Zr,Ti)C/Ni60A 熔覆层的最佳工艺参数为:原始粉末 Ni60A 的最佳质量分数为 70%;Ti,Zr 的最佳物质的量比为 1:1;最佳熔覆电流为 120~130 A;最佳熔覆速度为 8 mm/s;最佳预置涂层厚度为 1.2 mm。

②氩弧熔覆原位合成的(Zr,Ti)C/Ni60A 熔覆层的凝固具有明显的分层凝固特征,熔覆层存在着三个非常明显的区域,即熔覆区、稀释区和热影响区,稀释区有一定厚度,平均厚度为 30 μm 左右。熔覆层与基材呈典型的冶金结合。氩弧熔覆原位合成(Zr,Ti)C/Ni60A 熔覆层中,增强相颗粒呈弥散分布,从熔覆层/基体界面至熔覆层表层,增强相颗粒逐渐增加。

③通过扫描电镜和 X 射线衍射分析可知,原始粉末(Zr 粉、Ti 粉、C 粉和 Ni60A 粉)在设计的氩弧熔覆工艺参数下原位合成(Zr,Ti)C/Ni60A 熔覆层,熔覆层中的相组成为(Zr,Ti)C 颗粒、网状 Cr_7C_3 和 FeNi 相。氩弧熔覆原位合成(Zr,Ti)C/Ni60A 熔覆层中,增强相颗粒 (Zr,Ti)C 是一种 ZrC 和 TiC 无限互溶所形成的复合体颗粒。熔覆层中增强相(Zr,Ti)C 颗粒的形核长大,受界面能、相变熵等内在因素,以及凝固过程中 Zr,Ti 和 C 的原子浓度、热量传输等热力学和动力学条件的影响,增强相(Zr,Ti)C 颗粒的形态为不规则的八面体形。

④通过对熔覆层进行显微硬度测定可知,熔覆层的显微硬度,从熔覆层与基体界面处至熔覆层表层呈梯度上升分布,熔覆层最高可达 1 200HV。(Zr,Ti)C/Ni60A 熔覆层的摩擦因数较小,其平均摩擦因数为 0.25。

⑤氩弧熔覆原位合成的(Zr,Ti)C/Ni60A 熔覆层与 Q235 钢和 Ni60A 熔覆层相比,具有优异的室温干滑动磨损耐磨性能。氩弧熔覆原位合成的

(Zr,Ti)C/Ni60A 熔覆层的磨损机制为显微切削磨损和黏着磨损。氩弧熔覆原位合成的(Zr,Ti)C/Ni60A 熔覆层中存在颗粒强化、弥散强化和固溶强化等多种强化机制。由于多种强化机制的共同作用,使氩弧熔覆原位合成的(Zr,Ti)C/Ni60A 熔覆层具有很高的耐磨性能。

参考文献

[1] 颜冲,肖汉宁.碳含量对 C-SiC-TiC-TiB$_2$ 复合材料结构和力学性能的影响[J].材料工程,1998,12:18-21.

[2] 长崎诚三.二元合金状态图集[M].平林真,刘安生,译.北京:冶金工业出版社,2004:45-76.

[3] 胡汉起.金属凝固原理[M].2 版.北京:机械工业出版社,2000:15-96.

[4] FLEMINGS M C.凝固过程[M].关玉龙,译.北京:冶金工业出版社,1981:10-85.

[5] 伊赫桑·巴伦.纯物质热化学数据手册(上册)[M].程乃良,译.北京:科学出版社,2003:108-8.

[6] 伊赫桑·巴伦.纯物质热化学数据手册(下册)[M].程乃良,译.北京:科学出版社,2003:1669-1690.

[7] PASTOR H. Titanium-carbonitride alloys for cutting tools[J]. Materials Science and Engineering,1988,A105-106:401-409.

[8] SEPULVEDA R,ARENAS F. TiC-VC-Co:a study on its sintering and microstructure[J]. Refractory Metals&Hard Materials,2001,21:389-396.

[9] 王静,王一三.原位合成(Ti,V)C 颗粒增强铁基复合材料[J].材料工程,2006,9:3-5.

[10] 龚伟,王一三,王静.原位烧结合成(Ti,V)C/Fe 复合材料的组织及形成机理[J].材料热处理学报,2008,29(2):31-35.

[11] 王静.(Ti,V)C/Fe 的原位合成及机械性能研究[D].成都:四川大学,2007.

[12] 王振廷.感应加热熔敷原位自生 TiC/Ni60A 耐磨复合涂层的研究[D].北京:中国矿业大学,2005.

[13] 陈丽丽.氩弧熔覆原位生成 ZrC-ZrB$_2$ 增强铁基熔覆层的研究[D].哈尔滨:黑龙江科技学院,2009.

[14] 周晓辉.氩弧熔覆原位合成 TiC-TiB$_2$ 增强金属基复合涂层及其磨损

机理研究[D].哈尔滨:黑龙江科技学院,2009.

[15] 武晓峰,张海峰,邱克强,等.原位合成 ZrC 增强锆基非晶复合材料及力学性能[J].金属学报,2003,39(5):555-560.

[16] 张庆茂,何金江,刘文今,等.激光熔覆制备 ZrC 颗粒增强金属基复合表层组织[J].焊接学报,2002,23(2):22-24.

[17] 全永昕.摩擦磨损原理[M].杭州:浙江大学出版社,1992:5-45.

[18] 刘佐民.摩擦学理论与设计[M].武汉:武汉理工大学出版社,2009:2-65.

[19] 雷廷权.激光熔覆 Ni/TiCp 复合涂层的组织结构及干滑动磨损行为[D].哈尔滨:哈尔滨工业大学,1994.

[20] 王洪新,张敏,邹增大,等.激光熔覆 TiCp/NiCrBSi 复合涂层的组织与摩擦学性能[J].中国激光,2003,30(6):562-566.

[21] 邵荷生,曲敬信,许小棣.摩擦磨损[M].北京:煤炭工业出版社,1992:1-75.

[22] 张松,王茂才,毕红运,等.激光熔覆 TiC/Ti 复合材料的组织及摩擦学性能[J].摩擦学学报,1999,19(1):18-22.

[23] 张维平,刘硕,马玉涛.激光熔覆颗粒增强金属基复合材料涂层强化机制[J].材料热处理学报,2005,26(1):70-73.

[24] 陈剑锋,武高辉,孙东立,等.金属基复合材料的强化机制[J].航空材料学报,2002,22(2):49-53.

[25] 单际国,丁建春,任家烈.铁基自熔合金光束熔覆层的微观组织及强化机理[J].焊接学报,2001,22(4):1-4.

名词索引